成本會計實務

主　編　蘇　黎、劉莉莉

崧燁文化

前　言

　　成本會計是會計專業的核心課程之一。為了使學生更好地掌握企業成本核算的基本理論，學生在具有紮實的專業知識的同時,具有較高的專業技能,在編寫教材的過程中,翻閱了大量參考資料,吸收了目前同類教材的優點,力求通俗易懂,好教易學。

　　從全面成本管理的觀念出發，降低企業產品成本應在產品的設計、生產、銷售環節均施行產品成本的預測、決策、計劃、控制、核算和分析，以求達到全方位的成本管理與控制。力求建立一個內容完整、精練、實用的成本預測、決策、計劃、控制、核算和分析的體系，這既是本書的宗旨，也是本書的基本結構。

　　本書強調學生的素質教育和能力培養，注重培養學生的科學思維方法和創新精神。課程以服務社會為宗旨，以提高職業素養和技能為指導方針，突出應用能力的培養，把重點放在實際應用和技能訓練上，注重教、學、做的結合，體現理論性、實踐性和開放性的要求。本書力求培養學生的會計素質和技能。

　　在整個編寫過程中，我們參閱了各種版本的同類教材及有關資料和技術標準等，在此恕不一一列舉，謹致以衷心的謝意。

　　由於編者水準有限，加上時間倉促，書中難免有不足和疏漏之處，敬請廣大讀者和專家批評指正。

目 錄

第一章 總論 ……………………………………………………… (1)

    第一節 成本的含義和作用 ………………………………… (1)

    第二節 成本會計的對象 …………………………………… (4)

    第三節 成本會計的產生與發展 …………………………… (8)

    第四節 成本會計的職能和任務 …………………………… (12)

    第五節 成本會計工作的組織 ……………………………… (15)

第二章 成本核算概述 …………………………………………… (20)

    第一節 成本核算的意義和內容 …………………………… (20)

    第二節 成本核算的基本要求 ……………………………… (22)

    第三節 費用的分類 ………………………………………… (30)

    第四節 成本核算的一般程序與帳戶的設置 ……………… (33)

    第五節 成本費用核算的基本程序 ………………………… (44)

第三章 工業企業成本核算的原則、要求和程序 ……………… (47)

    第一節 成本核算的原則和要求 …………………………… (47)

    第二節 工業企業費用的分類 ……………………………… (53)

    第三節 產品成本核算的一般程序和帳戶設置 …………… (56)

    第四節 工業企業成本核算程序 …………………………… (62)

第四章 費用的歸集和分配 ……………………………………… (68)

    第一節 要素費用歸集和分配概述 ………………………… (68)

    第二節 輔助生產費用的歸集與分配 ……………………… (70)

第三節　製造費用的核算 ································· (79)

　　第四節　廢品損失和停工損失的歸集與分配 ················· (84)

　　第五節　期間費用的核算 ································· (88)

　　第六節　職工薪酬費用的歸集與分配 ······················· (89)

　　第七節　固定資產折舊的歸集與分配 ······················· (96)

　　第八節　利息、稅金及其他費用的歸集與分配 ··············· (101)

第五章　生產費用在完工產品與在產品之間的歸集與分配 ··········· (104)

　　第一節　在產品概述 ····································· (104)

　　第二節　在產品的數量核算 ······························· (106)

　　第三節　生產費用在完工產品與在產品之間的分配 ··········· (108)

　　第四節　完工產品成本結轉的核算 ························· (119)

第六章　產品成本計算方法概述 ································· (122)

　　第一節　生產類型和管理要求對產品成本計算方法的影響 ····· (122)

　　第二節　生產工藝特點對產品成本計算的影響 ··············· (124)

　　第三節　產品成本計算的主要方法 ························· (126)

第七章　成本計算的基本方法 ··································· (131)

　　第一節　品種法 ··· (131)

　　第二節　分批法 ··· (136)

　　第三節　分步法 ··· (146)

第八章　產品成本計算的輔助方法 ······························· (174)

　　第一節　分類法 ··· (174)

　　第二節　定額法 ··· (181)

第九章　成本預測、成本決策和成本計劃 ························· (187)

　　第一節　成本預測 ······································· (187)

　　第二節　成本決策 ······································· (198)

　　第三節　成本計劃 ······································· (206)

第十章　成本控制和考核 ……………………………………………（216）

　　第一節　成本控制 ……………………………………………………（216）
　　第二節　成本考核 ……………………………………………………（223）

第十一章　成本報表的編製和分析 ……………………………………（231）

　　第一節　成本報表的作用和種類 ……………………………………（231）
　　第二節　成本報表分析的程序和方法 ………………………………（233）
　　第三節　主要產品單位成本表的編製與分析 ………………………（236）
　　第四節　各種費用報表的編製和分析 ………………………………（239）

第一章　總論

第一節　成本的含義和作用

一、成本的定義

　　成本是一個廣泛的概念，有廣義和狹義之分。廣義上，成本是指為了達到特定目的所失去或放棄的資源。「特定目的」是指需要對成本進行單獨測量的任何活動，也就是成本對象。企業要生產產品就要發生各種生產耗費。這些耗費包括生產資料中的勞動手段（如機器設備）和勞動對象（如原材料）的耗費以及勞動力（如人工）等方面的耗費，這些耗費共同構成產品的價值。馬克思指出，「按照資本主義生產方式生產的每一個商品的價值（W），用公式來表示是 $W=c+v+m$。如果我們從產品價值中減去剩餘價值（m），那麼在商品中剩下的只是一個在生產要素上耗費的資本價值（$c+v$）的等價物或補償價值」。他還表示，「只是補償商品是資本家自身耗費的東西，所以對資本家來說，這就是商品的成本價格」。馬克思從耗費和補償兩方面對成本進行了論述，即已耗費的生產資料轉移的價值（c）、勞動者自己勞動所創造的價值（v）。成本是已耗費而又必須在價值或實物上得以補償的支出，這種 $c+v$ 的貨幣表現是理論成本，是規範成本開支內容的客觀依據。狹義上的成本僅指產品生產成本，是指工業企業為生產一定種類和一定數量的產品所發生的各種耗費的貨幣表現，並應從其營業收入中得到補償的價值。

　　從會計制度的角度來講，成本包括現在支出的費用、今後應付的費用以及某項資產價值的消失。

二、成本的特徵

　　（1）成本是用貨幣計量的生產和銷售一定種類與數量的產品而耗費的資源的經濟價值。人類的生產行為本身，就它的一切要素來說，也是消費行為。企業生產產品必然要消耗生產資料和勞動力。成本則是生產產品所消耗的生產資料的價值和所支付的勞動報酬，其用貨幣計量就表現為材料費用、折舊費用和工資費用

等。企業的經營活動不僅包括生產，還應包括銷售活動，因此在銷售活動中所發生的費用，也應計入成本。同時，為管理生產經營活動所發生的費用也具有成本的性質。所以說，成本是由生產和銷售一定種類與數量的產品所發生的各項費用構成的。

（2）成本是為取得物質資源所應付出的經濟價值。企業要進行生產經營活動，必須購置各種生產資料或購進商品，為此而支付的價款和費用，就是各種生產資料購置的成本或購進商品的採購成本。這些成本在生產經營活動中轉變為生產成本或銷售成本。

（3）生產經營中，企業所發生的各種耗費是否計入成本取決於成本核算制度。例如，按照中國現行會計制度的規定，工業企業應採用製造成本法計算產品成本，從而企業生產經營中所發生的全部勞動耗費就相應地分為產品製造成本和期間費用兩大部分。在這裡，產品的製造成本是指為製造產品而發生的各種費用的總和，包括原材料費用、生產工人工資及福利費用和全部製造費用。期間費用則包括管理費用、銷售費用和財務費用。在製造成本法下，期間費用不計入產品成本，而是直接計入當期損益。

（4）從更廣的含義上看，在實際工作中，涉及和應用的成本概念多種多樣，其內涵有的已經超過了商品成本的範圍（如變動成本、固定成本、邊際成本、可控成本、不可控成本、責任成本等），組成了多元化的成本概念體系。

三、費用

費用是企業在日常活動中發生的、會導致所有者權益減少、與向所有者分配利潤無關的經濟利益的總流出。費用按其與產品生產的關係可劃分為生產費用和期間費用。

（一）生產費用

生產費用是指企業一定時期內在生產產品（或提供勞務）過程中發生的各種耗費，如企業為生產產品而消耗的材料費用、應付生產工人的職工薪酬、車間為組織產品生產而發生的製造費用等。生產費用發生時，直接或間接計入產品成本。產品成本與生產費用有著密切的聯繫。生產費用是企業一定時期內為進行生產經營活動而發生的各種耗費。生產費用的具體化就是產品成本，即某一產品所負擔的生產費用就是該種產品的生產成本，二者在經濟內容上完全一致，都是以貨幣形式表現的折舊費、材料費、人工費等物化勞動和活勞動的耗費。但生產費用與產品成本（勞務成本）也有很大區別，具體表現在：生產費用是以會計期間為歸集對象，反應企業一定時期內發生的、用貨幣表現的生產耗費，它強調的是期間性；而產品成本則以產品為歸集對象，反應企業為生產一定種類和一定數量的產

品（勞務）所支出的各種生產費用的總和，它強調的是耗費的針對性。期末，當產品完工時，生產成本就表現為完工產品成本；期末，當產品未完工時，生產成本就表現為期末在產品成本或自制半成品成本。從一定會計期間來看，一個企業生產費用總額與其完工產品成本（勞務成本）的總額不一定相等。

在實際工作中，為了促使企業成本計算口徑一致，保持成本的可比性，國家通過有關法規制度界定了成本開支範圍，明確規定哪些費用開支允許列入產品成本，哪些費用開支不允許列入產品成本。這樣計算出來並登記入帳的現實成本，稱為財務成本，也叫作核算成本或制度成本。

（二）期間費用

期間費用是指企業在生產經營過程中發生的，與產品生產活動沒有直接關係，屬於某一時期發生的直接計入當期損益的費用。

期間費用發生時，同當期銷售收入相配比，全額列在利潤表上作為該期銷售收入的一個扣減項目。它不隨產品實體流動而流動，而是隨著企業生產經營活動持續期間的長短而相應增減。

期間費用主要分為管理費用、銷售費用和財務費用三項。

生產經營費用中費用與成本的關係如圖1-1所示。

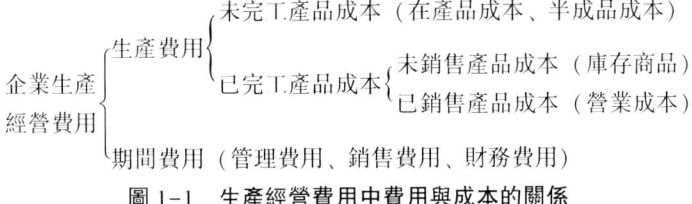

圖1-1　生產經營費用中費用與成本的關係

四、成本的作用

成本作為生產經營中的耗費，對企業的生存和發展、耗費的補償、產品的定價、產品經營決策等都具有十分重要的作用。

（一）成本是補償生產耗費的尺度

為了維持企業的再生產，企業必須用其收入對其生產經營中的耗費予以補償。企業的生產耗費是從銷售收入中得到補償的，而成本是衡量這一補償的尺度。企業的銷售收入必須首先補償成本，這樣才能使生產按原有規模繼續下去。產品成本的高低，反應從銷售收入中需要補償的份額的多少，成本越高，需要補償的份額就越多；反之，需要補償的份額就越少。同時，成本也是企業確定經營權益的重要依據。只有抵補了生產經營過程中發生的耗費後，企業才有可能盈利。

(二) 成本是綜合反應企業生產經營管理工作質量的重要指標

成本是一項綜合性的經濟指標。企業經營管理中各方面工作的業績，都能直接或間接地在成本上反應出來。例如，企業的勞動生產率水準、原材料的利用程度、固定資產的使用率、產品的質量與產量、企業預算管理等情況都可以通過成本直接或間接地反應出來。再如，通過正確確定和認真執行企業以及企業內部各單位的成本計劃指標，可以事先控制成本水準和監督各項費用的日常開支，促使企業及企業內部各單位努力降低各種耗費。又如，通過成本的對比和分析，可以及時發現在物化勞動和活勞動消耗上的節約或浪費情況，以總結經驗，找出工作中的薄弱環節，採取措施挖掘潛力，合理地使用人力、物力和財力，從而降低成本，提高經濟效益。

(三) 成本是制定產品價格的重要依據

國家和企業在制定產品價格時都應遵守價值規律的基本要求，使價格大體與產品價值相符。通常情況下，產品的價格應高於成本，否則勞動消耗就不能得到補償，就會發生虧損，長此以往，企業再生產就難以為繼。因此，成本費用是制定產品價格的重要依據。產品的價格是產品價值的貨幣表現，產品的價格與價值應大體相符。但在現階段，人們還不能準確地確定產品的價值，而成本是可以計量的，因此，可以通過成本制定產品的價格，進而確定產品的價值。

(四) 成本是企業制定和選擇決策的重要依據

企業為了自身的發展以及適應市場競爭的需要，需要隨時進行科學的經營決策。成本是考察和分析經營決策方案的經濟效益的重要經濟指標。在市場競爭中，產品成本的高低直接影響著企業的盈利水準和市場競爭能力。企業對生產經營活動中的重大問題進行決策時，必須以產品成本為依據，以經濟效益為標準。

第二節　成本會計的對象

成本會計的對象，就是成本會計核算、策劃、控制和分析的內容。在不同的行業，因其生產經營管理的過程、方式及內容不同，成本會計的對象也有所不同。

一、工業企業成本會計的對象

工業企業的主要經營活動是材料物資採購、產品生產和產品銷售三個環節，其中產品生產是中心環節。在產品的直接生產過程中，即從原材料投入生產到產

成品制成的過程中，企業一方面製造出產品，另一方面要發生各種各樣的生產耗費。這一過程中的生產耗費，包括勞動資料與勞動對象等物化勞動耗費和活勞動耗費兩大部分。前者為物化勞動耗費，即物質消耗；後者為活勞動耗費，即非物質消耗。勞動資料、勞動對象、人工成本可以稱為工業企業費用的三大要素。為了具體地反應工業企業各種費用的構成和水準，還應在此基礎上，將工業企業費用進一步劃分為以下九個費用要素：

（1）外購材料。它是指企業耗用的一切從外部購進的原料及主要材料、半成品、輔助材料、包裝物、修理用備件和低值易耗品等。

（2）外購燃料。它是指企業耗用的一切從外部購進的燃料，包括固體、液體、氣體燃料。從理論上說，外購燃料應該包括在外購材料中，但由於燃料是重要能源，需要單獨考核，因而將其單獨列作一個要素進行計劃和核算。

（3）外購動力。它是指企業耗用的從外部購進的各種動力。

（4）工資。它是指企業的職員和工人的工資。

（5）職工福利費。它是指企業發生的職工福利費。

（6）折舊費。它是指企業按照規定計算的固定資產折舊費用。出租固定資產的折舊費不包括在內。

（7）利息費用。它是指企業的借款利息費用減去利息收入後的淨額。

（8）稅金。它是指企業應交納的各種稅金，包括房產稅、車船使用稅、印花稅、土地使用稅等。

（9）其他費用。它是指不屬於以上各要素的費用，例如郵電費、差旅費、租賃費、外部加工費等。

按照上列費用要素反應的費用，稱為要素費用。

上述要素費用如為生產產品消耗，形成產品生產成本；如為組織和管理生產經營活動和銷售活動所發生，形成企業的期間費用（管理費用、銷售費用、財務費用）。

計入產品成本的生產費用在生產過程中的用途也各不相同，有的直接用於產品生產，有的間接用於產品生產。為了具體地反應計入產品成本的生產費用的各種用途，還可將其進一步劃分為若干個項目。這些項目稱為產品生產成本項目，簡稱產品成本項目或成本項目。

根據生產特點和管理要求，工業企業一般可以設立以下四個成本項目：

（1）原材料。它亦稱直接材料，是指直接用於產品生產、構成產品實體的原料、主要材料以及有助於產品形成的輔助材料。

（2）燃料及動力。它是指直接用於產品生產的外購和自制的燃料和動力。

（3）生產職工薪酬。它簡稱職工薪酬，亦稱直接人工，是指直接參加產品生

產的工人的工資以及職工福利費。

（4）製造費用。它是指直接用於產品生產，但不便於直接計入產品成本，因而沒有專設成本項目的費用（例如機器設備折舊費用），以及間接用於產品生產的各項費用（例如機物料消耗、車間廠房折舊費用等）。它是沒有專設成本項目的其他生產費用。

在構成產品成本的各項生產費用中，直接用於產品生產的費用，可以稱為直接生產費用，包括原料費用、主要材料費用、生產工人工資和機器設備折舊費用等。間接用於產品生產的費用，可以稱為間接生產費用，包括機物料消耗、輔助工人工資和車間廠房折舊費用等。

在構成產品成本的各項生產費用中，可以分清是哪種產品所耗用、可以直接計入該產品的成本及費用，稱為直接計入費用（一般簡稱為直接費用）；不能分清哪種產品所耗用、不能直接計入某種產品成本，而必須按照一定標準分配計入有關的各種產品成本的費用，稱為間接計入（或分配計入）費用（一般簡稱為間接費用）。

期間費用指企業在一定時期內從事整個企業範圍的生產經營業務活動時所發生的費用和銷售產品所發生的費用。按照經濟用途的不同，期間費用可劃分為銷售費用、管理費用和財務費用。

（1）銷售費用。指企業在銷售產品過程中發生的各項費用，以及為銷售本企業產品而專設的銷售機構發生的各項費用。

（2）管理費用。指企業為組織和管理企業生產經營活動所發生的各項費用。它通常是企業行政管理部門發生的費用。

（3）財務費用。指企業為籌集生產經營所需資金等而發生的各項費用。

綜上所述，按照企業會計準則和會計制度的有關規定，可以把工業企業成本會計的對象概括為企業生產經營過程中發生的生產經營業務成本和期間費用。

二、商品流通企業成本會計的對象

商品流通企業的主要經營活動是商品的採購和銷售。因此，商品流通企業的成本會計對象是商品採購成本和商品銷售成本，以及各項商品流通費用。為了簡化核算，商品的採購成本和銷售成本按直接進價確定，不包括相關費用。商品流通費用是商品流通企業的經營管理費用，包括為採購、儲存、銷售商品發生的經營費用，以及在經營管理中發生的管理費用和財務費用。這些費用雖不計入商品的採購成本和銷售成本，但直接影響當期損益核算，故應當作為成本會計的對象。

三、其他行業企業成本會計的對象

其他行業企業成本會計的對象，總的來說可分為成本和不計入成本的相關費用。但不同行業的生產經營特點不同，其核算和監督的內容亦各不相同。

旅遊、飲食服務業主要是為人們提供旅遊觀光、臨時食宿和其他生活服務，其成本會計的對象是營業成本，以及不計入營業成本的銷售費用、管理費用和財務費用。

施工企業的基本經濟活動是進行建築工程的施工，其成本會計的對象是工程成本，以及不計入工程成本的管理費用、財務費用。

房地產開發企業主要從事房屋和土地的開發，其成本會計的對象是房屋和土地的開發成本，以及不計入開發成本的銷售費用、管理費用、財務費用。

交通運輸企業主要從事公路、鐵路、航空和水上運輸活動，其成本會計的對象是各種運輸成本，以及不計入運輸成本的管理費用、財務費用。

農業企業主要從事種植、畜牧、水產等類產品的生產，其成本會計的對象是各種農產品的生產成本，以及農業企業發生的銷售費用、管理費用和財務費用。

由上述內容可知，成本會計的對象既包括生產經營成本，又包括各種相關費用，可以概括為各行業企業經營業務的成本和有關的經營管理費用，簡稱成本、費用。因此，成本會計實際上是成本、費用會計。

在西方發達國家中，隨著經濟的發展和企業經營管理要求的提高，成本的概念和內容都在不斷發展、變化。美國會計學會所屬的成本概念與標準委員會將成本定義為「為達到特定目的而發生的價值犧牲」，它可用貨幣單位來衡量。這就是說，成本是為了實現一定目的而支付或應支付的可以用貨幣計量的代價。成本的這一定義已經大大超越了產品生產成本和以上所述各種經營業務成本的內容和概念。

企業在管理工作中，為了適應經營管理的不同目的，會運用不同的成本概念。例如，為了遵守稅法規定，計算利潤、繳納稅金；為了進行產品成本管理，計算產品生產成本；為了進行短期生產經營的預測和決策，計算變動成本、固定成本、機會成本和差別成本；為了加強企業內部的成本控制和考核，計算可控成本和不可控成本等。

綜上所述，隨著成本概念的發展、變化，成本會計的對象和成本會計本身也相應地發展、變化。現代成本會計的對象，應該包括各行業企業生產經營業務成本、有關的經營管理費用和各種專項成本。現代成本會計就是以這些成本、費用為對象的一種專業會計。

第三節　成本會計的產生與發展

　　成本會計是基於生產發展的需要而逐步形成和發展起來的。成本會計產生於什麼年代，學者們的認識並不一致。一些學者認為，成本會計的若干理論和方法，早在 14 世紀就已經產生了。另一些學者認為，成本會計是在 19 世紀下半葉，為了決定價格而產生的。兩種說法顯然有很大差別。但多數學者認為，1880—1920 年是成本會計的奠基時期。成本會計是隨著社會經濟發展，先後經歷了早期成本會計、近代成本會計和現代成本會計三個階段，才逐步成長、完善起來的。

一、早期成本會計階段（1880—1920 年）

　　成本會計起源於英國，後來傳入美國及其他國家。當時英國是資本主義最發達的國家。隨著英國工業革命的完成，機器生產代替了手工勞動，工廠制代替了手工工場。企業規模逐漸擴大，出現了競爭，生產成本開始得到普遍重視。英國會計人員為了滿足企業管理的需要，開始對成本計算進行研究。他們起初是在會計帳簿之外，在成本會計工作的組織中用統計方法來計算成本。為了提高成本計算的精確性，適應外部審計人員的要求，他們將成本的計算同普通會計結合起來，形成了成本會計。這個時期是成本會計的初創階段。由於當時的成本會計僅限於對生產過程中的生產消耗進行系統的歸集和計算，以確定產品成本和銷售成本，所以其也被稱為記錄型成本會計。在這一時期，成本會計取得以下進展：

　　（1）建立材料核算和管理辦法。如設立材料帳戶和材料卡片，並在卡片上標明「最高存量」和「最低存量」，以確保材料既能保證生產需要，又可以節約使用資金；建立材料管理的「永續盤存制」，採取領料單制度（當時稱領料許可證）控制材料用量，按先進先出法計算材料耗用成本。

　　（2）建立工時記錄和人工成本計算方法。對工人使用時間卡片，登記工作時間和完成產量。先將人工成本按部門歸集，再分配給各種產品，以便控制和正確計算人工成本。

　　（3）建立間接製造費用分配辦法。隨著工廠制度的建立，企業生產設備大量增加，間接製造費用也很快增長。成本會計改變了過去那種只將直接材料和直接人工列作成本，而將間接製造費用作為生產損失的做法。進而，人們對間接製造費用的分配進行了研究，在實踐中先後提出了按實際數進行分配和間接費用正常分配理論。

　　（4）製造業根據生產特點，利用分批成本計算法或分步成本計算法計算產品

成本。

（5）在理論方面，成本會計著作紛紛出版。被稱為第一本成本會計著作的是 1885 年出版的梅特卡夫著的《製造成本》一書。英國電力工程師加克和會計師費爾斯合著的《工廠會計》於 1887 年問世。該書提出了在總帳中設立「生產」「產成品」「營業」等帳戶來結轉產品成本，最後通過「營業」帳戶借貸雙方餘額抵減的核算，得出營業毛利。這本書對於成本會計的建立具有極為重要的意義，被認為是 19 世紀最著名、最有影響力的成本會計著作。

（6）在組織方面，1919 年，美國成立了全國成本會計師聯合會；同年，英國也成立了成本和管理會計師協會。他們對成本會計開展了一系列研究，為成本會計的理論和方法基礎的奠定做出了貢獻。

早期研究成本會計的專家勞倫斯對成本會計作過如下定義：「成本會計就是應用普通會計的原理、原則，系統地記錄某一工廠生產和銷售成品時所發生的一切費用，並確定各種產品或服務的單位成本和總成本，以供工廠管理當局決定經濟的、有效的和有利的產銷政策時參考。」

二、近代成本會計階段（1921—1945 年）

20 世紀初，資本主義企業推行泰勒制。這個制度「一方面是資產階級剝削的最巧妙的殘酷手段，另一方面是一系列最豐富的科學成就」。所以，泰勒制得到了資本家的普遍重視，先在美國廣泛推行，後來又傳播到世界各工業發達國家。泰勒制的科學管理方法，也給成本會計提供了啟示。於是美國會計學家提出的標準成本制度脫離實驗階段而進入實施階段，為生產過程中的成本控制提供了條件。在此之前，企業沒有進行成本控制，發生多少便計算多少，生產中浪費了，只有事後計算實際成本時才知道。實行標準成本制度後，成本會計不再只是事後計算產品的生產成本和銷售成本，還要事先制定成本標準，並據以控制日常的生產消耗與定期分析成本。這樣，成本會計的職能擴大了，發展成為管理成本和降低成本的手段，使成本會計的理論和方法有了進一步的完善和發展，形成了管理成本會計的雛形。這標誌著成本會計已經進入一個新的階段。

成本控制的方法除了制定標準成本以外，還有編制預算，但是產量變動使得間接製造費用的預算數和實際數無法比較，影響了預算控制的實際效果。到了 1928 年，美國一些會計師和工程師根據成本和產量的關係，提出分別制定彈性預算和固定預算，從而使企業預算能夠合理地控制不同屬性的費用支出，有助於正

確考核經營者的工作成績。

在這一時期，成本會計的應用範圍也從原來的工業企業擴大到各種行業，並深入應用到一個企業內部的各個主要部門，特別是應用到企業經營的銷售方面。

在這一階段的後期，不少成本會計名著也問世了。例如，美國尼科爾森和羅爾巴克合著的《成本會計》、陀耳著的《成本會計原理和實務》等。自此，成本會計具備了完整的理論和方法，形成了獨立學科。

這一時期的成本會計的定義，可引用英國會計學家杰・貝蒂的表述：「成本會計是用來詳細地描述企業在預算和控制它的資源（指資產、設備、人員及所耗的各種材料和勞動）利用情況方面的原理、慣例、技術和制度的一種綜合術語。」

三、現代成本會計階段（1945年以後）

第二次世界大戰以後，科學技術迅速發展，生產自動化程度大大提高，產品更新加快，企業規模越來越大，跨國公司大量出現，市場競爭十分激烈。為了適應社會經濟出現的新情況，考慮到現代化大生產的客觀要求，管理也要現代化，要把現代自然科學、技術科學和社會科學的一系列成就應用到企業管理上來。隨著管理的現代化，運籌學、系統工程和電子計算機等各種科學技術成就在成本會計中得到了廣泛應用，從而使成本會計發展到一個新的階段。在這一階段，成本會計發展重點已由如何在事中控制成本、事後計算和分析成本轉移到如何預測、決策和規劃成本，形成了新型的著重管理的經驗型成本會計。其主要內容如下：

（1）開展成本的預測和決策。為了主動控制成本，現代成本會計逐步把成本的預測和決策放在重要地位。企業運用預測理論和方法，建立起數量化的管理技術，對未來成本發展趨勢做出科學的估計和測算；運用決策理論和方法，依據各種成本數據，按照成本最優化的要求，研究各種方案的可行性，選取最優方案，謀取企業的最佳效益，從而使成本會計向預防性管理方向發展。

（2）實行目標成本計算。隨著美國管理學家德魯克在20世紀50年代所提出的目標管理理論的應用，成本會計有了新的發展。企業在產品設計之前，按照客戶能接受的價格確定產品售價和目標利潤，然後確定目標成本；用目標成本控制產品設計，使產品實際方案達到技術適用、經濟合理的要求。這樣，成本會計擴展到技術領域，從經濟著眼，從技術入手，把技術與經濟結合起來，有效地促使成本降低。

（3）實施責任成本計算。隨著企業規模的日益擴大和管理的日趨複雜，管理集權制轉為分權制。為了加強企業內部各級單位的業績考核，1952年美國會計學家希琴斯倡導責任會計，將成本目標進一步分解為各級責任單位的責任成本，進行責任成本核算，使成本控制更為有效。

（4）實行變動成本計算法。變動成本是指其總額隨著業務量（可用產量表示，也可用直接人工小時或機器小時表示）的變化而成正比例增減變化的成本。但若就單位產品中的變動成本而言，則是不變的。必須指出，變動成本同業務量之間成正比例變動的關係是有一定範圍的，超過一定範圍，變動成本同業務量之間的比例關係可能會改變。

變動成本計算模式只把變動成本計入產品成本，而把當期固定製造費用從銷售收入中扣除，免去固定成本的分配計算程序。這既減少了計算工作量，還為企業進行預測和決策創造了便利條件。但是，由於這種模式也存在一定缺陷，所以只在企業內部使用。

（5）推行質量成本計算。隨著工業生產的發展，企業對質量管理日益重視。到 20 世紀 60 年代末，質量成本概念基本形成，確定了質量成本項目和質量成本的計算和分析方法，從而擴大了成本會計的研究領域。

20 世紀末，隨著現代高科技被廣泛應用於生產，如自動化設備、機器人、電腦輔助設計、電腦輔助生產等，企業製造環境已從過去的勞動密集型向資本密集型和技術密集型轉化。在新的製造環境下，產品成本結構發生了重大變化。如有些企業的直接人工成本占總成本的比例從 20 世紀 70 年代的 40% 左右急速下降到 10% 左右，在某些高科技企業甚至已低於 5%；而製造費用占總成本的比例卻大幅度提高，其構成內容也大大複雜化。為適應新的製造環境，適時生產系統（Just-In-Time Production System，JIT）應運而生。JIT 是一種嚴格以需求帶動生產的制度，要求企業生產經營管理環節緊密協調配合，保質、保量並適時送到後一加工（或銷售）環節，無須建立材料、在產品和產成品庫存，實現「零存貨」（Zero Inventory），以降低存貨庫存成本。正因為這樣，適時生產系統必須和全面質量管理（Total Quality Control，TQC）同步進行。TQC 同傳統質量管理不同，它的重心從事後的質量檢驗轉向事前的預防；從只管理產品質量轉向質量賴以形成的工作質量；從專職人員的檢驗轉向廣泛吸收全體人員參加，把重點放在操作工人自我質量監控上，自動糾正質量缺陷，以保證企業整個生產過程實現零缺陷（Zero Defect）。可見全面質量管理是使適時生產系統順利實施的一個必要條件。其在新的製造環境下，促使成本會計又產生了新的發展，具體表現為以下四點：

（1）完善了質量成本會計。在以往質量成本核算的基礎上，根據全面質量管理的要求，運用質量成本決策、最佳質量成本模型和質量成本綜合控制等方法進行系統管理，以全面降低質量成本，並提高產品的社會效益、企業效益和用戶效益。

（2）實行以作業為基礎的成本計算制度（Activity-Based-Costing System，ABC）。它是以生產的電腦化、自動化為基礎，同時與全面質量管理緊密聯繫的一種成本計算與成本管理相結合的方法。其特點是大大明細了製造費用核算過程，

從而能提供更加精確的成本信息，對正確進行經營決策、加強成本控制、促進成本的降低都具有重要意義。

（3）推行倒推成本法（Back Flush Costing）。該方法是一種簡化的生產成本計算法，適用於 JIT 制的企業。當產品完工或銷售時，企業採用該方法進行倒算，進而確定期末的存貨成本。

（4）成本會計對電子計算機的應用。成本會計電算化，不僅使計算更快更準確，而且能進行手工所不能做的計算，從而為成本會計適應現代管理對成本信息日益膨脹的需求提供了有利條件，充分發揮了成本的作用。

由此可見，現代成本會計是根據會計資料和其他有關資料，對企業生產經營活動過程中所發生的成本，按照成本最優化的要求，有組織、有系統地進行預測、決策、控制、分析、考核，促使企業提高產品質量、降低成本，實現生產經營的最佳運轉，不斷提高企業的經濟效益。

綜上所述，成本會計的方式和理論體系，隨著發展階段的不同而有所區別。在早期成本會計階段，企業主要是採用分批或分步成本會計制度，計算產品成本，以確定存貨成本及銷售成本；在近代成本會計階段，企業主要採用標準成本制度和成本預算制度，為生產過程的成本控制提供條件；在現代成本會計階段，企業加強事前成本控制，廣泛應用管理科學的成果，發展重點趨向預測、規劃及決策，實行最優化控制；隨著電子計算機的應用，反饋成本信息更及時，為成本會計開創出新的天地。

第四節　成本會計的職能和任務

一、成本會計的職能

成本會計的職能是指成本會計在企業的經營管理中所具有的客觀功能。成本會計的基本職能是成本核算和成本監督。隨著經濟的發展，成本會計的職能不斷擴大。現代成本會計的職能包括以下七個方面：

（一）成本預測

成本預測是根據成本核算的有關數據，以及可能發生的企業內外環境變化和可能採取的各項措施，運用一定的技術方法對未來的成本水準及其發展趨勢所做出的科學預測。成本預測可以為成本決策、成本計劃和成本控制提供及時、有用的信息和依據，從而減少生產經營管理的盲目性，提高成本管理的科學性和預見性。

(二) 成本決策

成本決策是在成本預測的基礎上，結合其他有關資料，在備選的預測方案中選擇最優方案以確定目標成本的過程。成本決策的結果為編製成本計劃提供了資料。

(三) 成本計劃

成本計劃是根據成本決策方案所確定的目標成本，是企業預先規定在計劃期內為完成規定的任務所應達到的成本水準，並提出相應實施措施的一種管理活動。成本計劃是企業進行成本控制、成本考核和成本分析的依據。

(四) 成本控制

成本控制是依據成本計劃，對成本計劃實施過程中的各項因素進行控制和監督，以保證成本計劃得以實施的一種管理活動。企業通過成本控制，可以保證計劃和目標的實現，並為成本核算提供真實可靠的成本資料。成本控制包括事前控制和事中控制。

(五) 成本核算

成本核算是根據一定的成本計算對象，採用適當的成本計算方法，按照規定的成本項目，通過各要素費用的歸集和分配，計算出各成本會計對象的總成本和單位成本。成本核算既是對生產經營過程中發生的生產耗費進行如實反應的過程，又是進行反饋和控制的過程。企業通過成本核算，可以反應成本計劃的完成情況，並為進行成本預測、編製下期成本計劃提供可靠的資料，同時也為以後的成本分析和成本考核提供必要的依據。

(六) 成本分析

成本分析是採用專門的分析方法，將本期成本核算資料與本期成本計劃、上年同期實際成本、本企業歷史先進水準、國內外同類產品先進成本水準進行比較，揭示產品成本的差異，分析產生差異的原因，進而提出改進措施、改善成本管理、降低成本耗費、提高經濟效益的一種管理活動。

(七) 成本考核

成本考核是在成本分析的基礎上，定期對成本計劃及其他有關指標的實際完成情況進行總結和評價。為了實行成本的計劃管理、落實成本管理的經濟責任制，企業應編製成本計劃，並將其分解、落實到企業內部的各責任單位以至職工個人，明確他們完成成本指標的經濟責任。企業內部應逐級對下屬單位或個人的責任成本指標的完成情況進行考核。

成本會計的七項職能是相互聯繫的有機整體。其中，進行成本核算是最基本的職能。若沒有成本核算，成本的預測、決策、計劃、控制、分析和考核都無法進行。成本會計的其他職能，是在成本核算的基礎上，隨著企業經營管理對成本會計要求的提高和管理科學的發展，隨著成本會計與管理科學相結合，而逐步發展形成的。

二、成本會計的任務

企業經營管理的最終目標是最大限度地取得經濟效益，而經營中的成本費用的高低，對企業經濟效益有著舉足輕重的影響。因此，與企業經營管理目標相一致，成本會計工作的根本任務是為企業的生產經營管理提供成本數據和信息，並促使企業不斷降低成本，提高經濟效益。圍繞著這一根本任務，根據企業經營管理的要求，適應成本會計對象的特點，成本會計在企業經營管理中主要擔負著以下幾方面的任務：

（一）合理進行成本預測，為企業進行成本管理提供依據

正確計算成本，是成本會計的核心內容。正確、及時地進行成本核算，能夠反應成本計劃的執行情況，為企業經營決策提供成本信息，並能按規定為國民經濟管理提供必要的成本數據。

（二）優化成本決策，確立目標成本

成本資料反應了企業在某一經營水準方案中的實際耗費水準。當企業的經營活動具有多個可供選擇的經營方案時，就必須從各個可行方案中選擇成本最低的方案。成本預測和成本決策是具有密切聯繫的。加強成本預測是優化成本決策的前提，而優化成本決策是加強成本預測的結果。

（三）制定目標成本，加強成本控制

根據成本最優化原則所確定的成本稱為目標成本。目標成本是企業在一定時期內為保證實現目標利潤而制定的成本控制指標。目標成本制定的正確與否對成本控制是否有效有著重要影響。企業要加強成本控制，必須對目標成本的分解指標進行歸口分級控制；並以產品成本形成的全過程為對象，結合生產經營過程各階段的不同性質和特點進行有效控制；還必須從人力、物力和財力的使用效果來衡量，著眼於工作的改進和成本效益的提高。

（四）考核、分析各項消耗定額和成本計劃的執行情況

企業要按照成本計劃及消耗定額、費用定額等要求，進行成本考核和成本分析。企業通過成本考核和成本分析，揭示影響成本高低的各種因素及其影響程度，

以正確評價企業以及企業內部各有關單位在成本管理工作中的業績，揭示企業成本管理工作中存在的問題，從而促進企業採取有效措施，改善成本管理工作，提高企業經濟效益。

第五節　成本會計工作的組織

一、成本會計工作組織的原則

一般說來，企業應根據本單位生產經營的特點、生產規模的大小和成本管理的要求等具體情況來組織成本會計工作。在具體實施時，應遵循以下三項主要原則：

（一）成本會計工作必須與技術相結合

成本是一項綜合性很強的經濟指標，它受多種因素的影響。其中產品的設計、加工工藝等技術的先進性、經濟的合理性，對產品成本的高低都有著決定性的影響。因此，為在提高產品質量的同時不斷地降低成本、提高企業經濟效益，在成本會計工作的組織上應貫徹與技術相結合的原則。這不僅要求工程技術人員懂得相關的成本知識，樹立成本意識，還要求成本會計人員必須改變傳統的知識結構，具備與參與經營決策相適應的生產技術方面的知識，正確進行成本預測。只有這樣，企業才能在成本管理上實現經濟與技術的結合，才能使成本會計工作真正發揮其應有的作用。

（二）成本會計工作必須與經濟責任制相結合

實行成本管理上的經濟責任制是降低成本的一條重要途徑。由於成本會計是一項綜合性的價值管理工作，因此企業應充分發揮成本會計的優勢，將其與成本管理上的經濟責任制有機地結合起來，使成本會計工作滲透到企業生產經營過程的各個環節，更好地發揮其在成本管理經濟責任制中的作用。

（三）成本會計工作必須建立在廣泛的職工群眾基礎之上

成本會計的根本性目標就是要不斷挖掘企業潛力，努力降低成本。在生產經營的各個環節中所發生的各種耗費的高低取決於各部門、車間、班組和職工的工作質量。同時，各級、各部門的職工群眾最瞭解具體的生產經營情況。因此，要加強成本管理，實現降低成本的目標，就不能僅靠幾個專業人員，而必須充分調動廣大職工群眾在成本管理上的積極性和創造性。這就要求成本會計人員還必須做好成本管理方面的宣傳工作，深入生產第一線，實際瞭解生產經營過程中的具

體情況，使廣大職工群眾積極參與成本管理工作，增強廣大職工群眾的成本意識和參與意識，互通信息，掌握第一手資料，更好地做好成本管理工作。

二、成本會計工作機構

　　企業的成本會計機構是指負責組織領導和從事成本會計工作的職能部門。設置成本會計機構應明確企業內部對成本會計的要求及成本會計應承擔的職責和任務，堅持分工負責與協作相結合、專業管理與群眾管理相結合，使機構的設置與企業自身規模的大小、生產經營業務的繁簡和管理上的要求相適應。

　　以工業企業為例，廠部的成本會計機構一般設在廠部會計部門中，是廠部會計處的一個科，或者廠部會計科的一個組。廠部供、產、銷等職能部門和下屬生產車間等，可以設置成本會計組，或者配備專職/兼職的成本會計人員/成本核算人員。這些單位的成本會計機構或人員，在業務上都應接受廠部成本會計機構的指導和監督。

　　企業內部各級成本會計機構之間的組織分工，有集中工作和分散工作兩種方式。①集中工作方式是指成本會計工作中的預測、決策、計劃、控制、核算、分析和考核等各方面的工作，主要由廠部成本會計機構集中進行；車間等其他單位中的成本會計機構或人員只負責登記原始記錄和填製原始憑證，並對它們進行初步的審核、整理和匯總，為廠部進一步工作提供資料。在這種方式下，車間等其他單位大多只配備專職或兼職的成本會計或核算人員。採用集中工作方式，廠部成本會計機構可以比較及時地掌握企業有關成本的全面信息，以便集中使用計算機進行成本數據處理，還可以減少成本會計機構的層次和成本會計人員的數量。但這種方式不便於實行責任成本核算，不便於直接從事生產經營活動的各單位和職工及時掌握本單位的成本信息，因而不利於調動他們自我控制成本費用、提高經濟效益的積極性，限制了成本管理責任制的效果。②分散工作方式亦稱非集中工作方式，是指成本會計工作中的計劃、控制、核算和分析工作，分散地由車間等其他單位的成本會計機構或人員分別進行，成本考核工作由上一級成本會計機構對下一級成本會計機構逐級進行。廠部成本會計機構負責對各下級成本會計機構或人員進行業務上的指導和監督，並對全廠成本進行綜合的計劃、控制、分析和考核，以及對全廠成本進行匯總核算。成本的預測和決策工作一般也由廠部成本會計機構集中進行。採用這種方式，各生產車間和職工能及時掌握本部門的成本信息，有效地進行成本控制，使成本會計工作與各生產車間的生產經營管理緊密地結合起來，充分調動車間管理人員和職工的積極性。但是這種組織方式增加了成本會計機構的層次和工作人員的數量，增加了企業核算與管理的成本。

　　企業應該根據自身規模的大小、內部各單位經營管理的要求，以及這些單位

成本會計人員的數量和素質，從有利於充分發揮成本會計工作的職能作用、提高成本會計工作的效率出發，確定採用哪一種工作方式。大中型企業一般採用分散工作方式，中小型企業一般採用集中工作方式。為了揚長避短，也可以在一個企業中結合採用兩種方式，即對內部某些單位採用分散工作方式，而對另一些單位採用集中工作方式。

三、成本會計工作人員

做好成本會計工作的關鍵因素是在成本會計機構中，配備適當數量思想品德優秀、精通業務的成本會計人員。這就要求成本會計人員具備腳踏實地、實事求是、敢於堅持原則的作風和高度的敬業精神；同時具備較為全面的會計知識，熟練掌握一定的生產技術和經營管理方面的知識。

為了充分調動和保護會計人員的工作積極性，國家在有關的會計法規中對會計人員的職責、權限、任免、獎懲以及會計人員的技術職稱等都做了明確的規定。這些規定對於成本會計人員也是完全適用的。

（一）成本會計人員的職責

成本會計機構和成本會計人員應在企業總會計師和會計主管人員的領導下，忠實地履行自己的職責，認真完成成本會計的各項任務，且從降低成本、提高企業經濟效益的角度出發，參與制定企業的生產經營決策。為此，成本會計人員應當經常深入生產經營的各個環節，結合實際情況，向企業內部有關單位和職工宣傳解釋國家的有關方針、政策和制度，以及企業在成本管理方面的計劃和目標等，督促他們貫徹執行。同時，成本會計機構和成本會計人員還應深入瞭解生產經營的實際情況，及時發現成本管理中存在的問題，提出改進成本管理的意見和建議，當好企業負責人的參謀。

（二）成本會計人員的權限

成本會計人員有權要求企業有關單位和人員認真執行成本計劃，嚴格遵守有關法規、制度和財經紀律；有權參與制定企業生產經營計劃和各項定額，參加與成本管理有關的生產經營管理會議；有權督促檢查企業各單位對成本計劃和有關法規、制度、財經紀律的執行情況。

成本會計工作是一項涉及面很寬、綜合性很強的管理工作。隨著市場經濟體制的不斷發展和完善、科學技術的不斷進步，依靠技術進步降低成本，增強企業的競爭能力，提高企業的經濟效益，已經成為成本會計工作的重要內容。因此，成本會計人員必須刻苦鑽研業務，認真學習有關的業務知識和技術，不斷充實和更新自己的專業知識，提高自己的素質，以適應新形勢的要求。

四、成本會計制度

　　成本會計制度是組織和處理成本會計工作的規範，是會計法規和制度的重要組成部分。企業在制定成本會計制度時，應符合國家頒布的《中華人民共和國會計法》《企業會計準則》《企業會計制度》等的有關規定，滿足企業內部管理和戰略成本管理的需要，適應企業的生產特點和管理要求，確保及時、全面地提供成本管理信息。

　　成本會計制度的內容一般包括以下幾個方面：①關於成本預測決策的制度；②關於定額成本、計劃成本和標準成本編製的制度；③關於戰略成本管理的制度；④關於成本核算的制度；⑤關於成本控制的制度；⑥關於責任成本的制度；⑦關於企業內部結算價格和內部結算辦法的規定；⑧關於成本指標完成的獎懲制度；⑨關於成本報表的制度；⑩關於成本分析的制度；⑪其他有關成本會計的制度。成本會計制度是開展成本會計工作的依據和行為規範。在成本會計制度的制定過程中，必須適應全球經濟一體化下的世界範圍內的競爭要求，從戰略成本管理的高度，立足企業長遠發展目標，隨著經濟形勢的變化，適時地修訂和完善成本會計制度，以保證其科學性、先進性和可行性。

五、其他職能部門相關的成本會計工作

　　根據成本責任制的原則，企業的其他職能部門都應對企業成本承擔一定的責任。

（一）企業的技術開發及工藝管理部門

　　該部門負責制定有關的物資消耗定額，從產品設計和工藝技術上確保合理利用社會資源，確保低成本、高質量、高效率。

（二）企業的生產部門

　　該部門負責制定各車間的生產定額，編製生產計劃，組織均衡生產，力求充分、合理地利用生產環節的人、財、物等基本資源，提高工時利用率，減少生產資金的佔用。

（三）企業的質檢部門

　　該部門負責全面的質量管理，確保不斷提高優質品率、合格品率，降低次品率和廢品率。

（四）企業的物流管理部門

　　該部門負責制定物資儲備定額，控制物資的消耗，合理組織物資的採購、運

輸，減少流通環節的耗費。

(五) 企業的設備管理部門

該部門負責制定設備利用定額，提高設備的完好率和利用率，降低設備修理頻率，減少維護、保養設備的費用。

(六) 企業的動力部門

該部門負責水、電、氣消耗定額的制定和管理，在保證生產需要的前提下，努力控制能源消耗。

(七) 企業的人力資源部門

該部門負責勞動力的合理配置，制定勞動定額，提高工時利用率和勞動生產率，控制職工薪酬的支出，減少勞動保護費用的開支。

本章復習思考題

1. 什麼是理論成本？什麼是實際成本？二者之間的關係如何？
2. 成本的作用有哪些？
3. 成本會計的任務和職能有哪些？
4. 簡述工業企業和商品流通企業成本會計的對象。
5. 成本會計制度通常包括哪些內容？

第二章　成本核算概述

第一節　成本核算的意義和內容

一、成本核算的意義

產品成本是企業在生產某種產品的過程中產生的各種費用的總和。企業通過生產費用的歸集和分配，將生產費用在完工產品和在產品之間進行分配之後，即可計算出各種完工產品的成本。

企業正確地組織產品成本核算工作，有著非常重要的意義，主要表現在以下幾個方面：

（一）成本核算有利於反應企業存貨的真實信息，進而為產品定價奠定基礎

通過產品成本核算計算出的產品實際成本，可以作為生產耗費的補償尺度，也是確定企業盈利的依據。同時，產品實際成本又是有關部門制定產品價格和企業編製財務成本報表的依據。在產品和產成品信息在反應資產負債表存貨信息的同時，也為利潤表中的產品銷售成本提供了信息。

（二）成本核算有利於衡量企業成本計劃的執行情況，從而為提高企業的管理效率和管理水準提供合理依據

一方面，產品成本核算通過反應和監督各項消耗定額及成本計劃的執行情況，可以控制生產過程中人力、物力和財力的耗費，從而做到增產節約、增收節支；另一方面，成本改善可以全面反應企業生產經營管理水準。對企業而言，生產效率的高低、資產使用效率和營運效率的狀況都需要通過有關的成本信息加以反應。

（三）成本核算通過對在產品的動態跟蹤和反應，為保護企業資產的安全提供依據

企業通過在產品成本的核算，還可以反應和監督在產品占用資金的增減變動及結存情況的真實信息，為加強在產品資金管理、提高資金週轉速度及有效地使

用資金提供資料。

(四) 成本核算是制定和完善企業成本管理的重要環節

通過產品成本的核算計算出的產品實際成本，可與產品的計劃成本、定額成本或標準成本等指標進行對比——不僅可對產品成本升降的原因進行分析，還可據此對產品的計劃成本、定額成本或標準成本進行適當的修改，使其更加接近實際。

二、成本核算的內容

成本核算的主要內容包括費用的匯總核算和產品成本的計算兩部分。

1. 費用的匯總核算

首先必須確定成本開支的範圍。對於不應該計入成本的費用應予以剔除，然後按照一定的核算程序歸集有關費用，按照一定的分配標準在各個成本核算對象間進行分配，以匯總、記錄、計算出所耗費的費用總數。

2. 產品成本的計算

就是要按照成本計算對象，把匯總的費用進行分配，計算出各個對象的總成本和單位成本。產品成本的計算按照它所包括的範圍可分為完全成本計算、變動成本計算和製造成本計算。

（1）完全成本計算（也稱全額成本計算、吸收成本計算）是指在計算產品成本時，把所消耗的直接材料、直接人工、製造費用、管理費用等計算在內的一種成本計算方法。這是一種傳統的成本概念和計算方法。這種方法把變動成本和固定成本都吸收到產品成本中，固定成本由生產的全部產品（包括庫存產品、在產品和售出產品）負擔，這意味著當期損益只負擔售出產品所分攤的固定成本。

（2）變動成本計算（也稱直接成本計算）是指將固定成本排除於產品成本之外，使產品成本只包括直接材料、直接人工和製造費用中變動成本部分的一種成本計算方法。這種計算方法把所有的固定成本全部作為期間成本，由當期損益負擔。變動成本計算方法通常適用於編製企業內部成本報表，為進行決策提供有關的成本信息。

（3）製造成本計算是指在計算產品成本時，只計入直接材料、直接人工和製造費用的一種成本計算方法。製造成本法與完全成本法不同，它把管理費用、銷售費用、財務費用全部作為期間費用處理，在發生期內將其全數列入當期損益，作為營業利潤的扣除部分。製造成本法與變動成本法也有所不同。製造成本法沒有要求把製造費用再區分為變動製造費用和固定製造費用，而是將全部製造費用按一定的分配標準計入產品成本。

中國《企業會計準則》規定，企業應採用製造成本計算法，管理費用、銷售費用、財務費用以及所得稅不能計入產品成本，而應作為期間費用直接計入當期損益。

第二節　成本核算的基本要求

我們已經知道，在成本會計的各項職能中，成本核算是最基本的職能。為了充分發揮成本核算的作用，應貫徹五項有關成本核算的要求。

一、成本核算與成本管理相結合，成本核算為成本管理提供信息

成本會計具有反應和監督兩大基本職能。成本核算就是要根據國家有關法規和制度規定，對工業製造企業發生的各項費用支出進行事前、事中和事後的審核和控制，監督各項費用是否需要發生，發生的費用是否計入產品成本或期間費用。對於不合理、不合法的費用或損失要及時制止，採取措施並追究責任。即在成本核算過程中，不僅僅是為核算而核算，還應該為滿足企業成本管理的需要提供有用的信息，為成本管理服務，促進企業努力降低成本，不斷提高經濟效益和企業管理水準。

二、正確劃分各種費用界限

成本核算的內容包括：①完整地歸集與核算成本計算對象所發生的各種耗費。②正確計算生產資料轉移價值和應計入本期成本的費用額。③科學地確定成本計算的對象、項目、期間以及成本計算方法和費用分配方法，保證各種產品成本的準確、及時。

為了正確計算產品生產成本和期間費用，必須正確劃分五個方面的費用界限。

(一) 正確劃分生產經營費用和非生產經營費用的界限

在工業製造企業日常生產經營活動中，用於產品生產、銷售、組織和管理生產經營活動以及籌集生產經營所需資金而發生的各種費用均屬於生產經營費用，應計入產品生產成本或期間費用。

用於購建固定資產、購買無形資產、對外投資等經濟活動，而不是企業日常的生產經營活動，其發生的費用屬於非生產經營費用，不應計入產品生產成本或期間費用。

此外，還有固定資產盤虧、毀損、報廢清理等損失，以及由於自然災害等非

正常原因造成的財產損失等，都不是日常的生產經營活動造成的，不應計入產品生產成本或期間費用。

(二) 正確劃分產品生產費用和期間費用的界限

應計入產品生產成本或期間費用的各種生產經營費用，還應根據其用途進行進一步劃分。

用於產品生產的費用，即產品生產過程中發生的各種費用，如生產產品耗用的原材料費用、生產工人的工資及福利費和製造費用等，應作為生產費用處理，並據以計算產品成本。產品成本是對象化的生產費用。產品成本要在產品銷售以後才能計入企業的損益，實現與收入的配比，以正確核算當期損益。

用於產品銷售、組織和管理生產經營活動、籌集生產經營資金的各種費用，即銷售費用、管理費用和財務費用，均屬於期間費用，直接計入當期損益，不計入產品成本。

(三) 正確劃分各期產品成本的費用界限

企業應按月進行產品成本計算，因此，必須正確劃分各個月份的費用界限。按權責發生制的原則，凡應由本期產品負擔的費用，應該全部計入本期產品成本，不應由本期產品成本負擔的費用，則不能計入產品成本。因此，對於本期發生應由以後各期產品成本負擔的費用，符合資產確認條件的，應當確認為資產，計入預付帳款或其他應收款等，待受益期間確認後轉回（分攤）計入相關期間的產品成本或期間費用；對於本期尚未發生，但應由本期產品成本或費用負擔的耗費，應當作為流動負債掛帳，同時計入當期產品成本或期間費用。正確劃分各個會計期間的費用界限，實質上是從時間上確定各個成本計算期的費用和產品成本，是保證成本核算正確與否的重要一環。

(四) 正確劃分各種產品的費用界限

為了保證每種產品成本計算對象能夠正確地歸集應負擔的費用，必須將本月發生的應由本期產品成本負擔的生產費用，在本月各產品之間正確劃分。對能夠直接分清某種產品應負擔的費用，應直接計入該種產品的成本；對不能直接分清而需分配計入的費用，則應採用適當的分配方法計入各種產品成本。另外，要注意防止在盈利產品與虧損產品之間轉移生產費用，借以掩蓋成本超支或以盈補虧的錯誤做法。

(五) 正確劃分完工產品與月末在產品的費用界限

工業製造企業在生產過程中發生的各種費用經上述劃分後就得出了每種產品當月的生產費用。如果某種產品全部完工，則這種產品的各項生產費用之和，就

是這種產品的完工成本。如果某種產品全部未完工，則這種產品的各項生產費用之和，就是這種產品月末在產品成本。如果某種產品既有完工產品，又有尚在加工中的在產品，還必須將為製造該種產品已發生的生產費用，採用適當的分配方法在完工產品和在產品之間進行分配，以便正確計算完工產品成本和月末在產品成本。

合理、嚴格地劃分以上五個方面的費用界限，是產品成本核算的重要原則，對產品成本核算工作有重要影響，在整個產品成本核算過程中佔有相當重要的地位。費用劃分的過程，也就是產品成本的核算與計算以及各項期間費用的歸集過程。

三、對財產物資正確計價並正確結轉其價值

工業製造企業在生產過程中耗費的各種物資，其價值要轉移到成本、費用中去。因而財產物資計價和價值結轉的方法，會對成本核算的正確性產生影響。因此，對財產物資正確計價並正確結轉其價值也是成本核算的要求。

財產物資的計價和價值結轉對象，主要有固定資產、原材料、包裝物和低值易耗品等存貨資產。

對固定資產來說，計價和價值結轉主要涉及固定資產原值的計算、折舊方法及固定資產後續支出的會計處理等。

對原材料、包裝物和低值易耗品等來說，計價和價值結轉主要涉及材料等存貨採購成本的組成內容、發出材料按實際成本計價還是按計劃成本計價的選擇、低值易耗品和包裝物價值的攤銷方法等的會計處理。

為了正確計算成本和費用，對於這些財產物資的計價，一般應在取得財產物資時按照其實際成本計價核算。價值結轉方法也應結合本企業生產經營特點和管理要求採用既合理又適用的方法，且各種方法一經確定，就保持相對穩定，不得隨意變更，以防止人為調節成本和費用的錯誤做法。

四、做好成本核算的基礎工作

要正確計算生產過程中人力和物力的耗費，正確核算產品成本，必須加強成本核算的各項基礎工作。

（一）建立健全各項消耗定額，加強定額管理

定額是對生產經營過程中勞動耗費所規定的標準和應達到的水準制定出先進可行的各項消耗定額，其既是編製成本計劃的依據，又是審核、控制生產費用的依據。在產品成本核算中，也經常按照產品定額消耗量或定額費用的比例進行費

用分配。企業的各項消耗定額是衡量企業工作數量和質量的客觀尺度，是重要的技術經濟指標，主要有產量定額、材料消耗定額、動力消耗定額、設備利用定額、工具消耗定額、勞動定額以及各種管理費用定額等。企業必須建立健全定額管理，才能加強生產管理和成本管理。凡是能夠制定定額的各種消耗，都應制定定額。制定定額的方法，主要有經驗估計法、統計分析法、技術測定法三種。這些方法各有優劣，企業應結合實際情況靈活運用。定額既要保持相對穩定，又要隨著技術的進步、勞動生產率的提高、生產的發展等內外因素變化的影響不斷修訂，充分發揮定額管理的作用。

（二）建立健全原始記錄

成本計算的任務就是對構成產品成本的各項費用進行數據處理，確定產品成本，因此企業需要通過一定的方式取得各項數據。原始記錄就是提供計算數據的主要方式。原始記錄是反應企業經濟活動的原始資料，是編製成本計劃、進行成本核算、分析消耗定額和成本計劃完成情況的依據。

企業應根據全面反應經濟活動和滿足實現全面經濟核算的要求，制定記載不同內容的原始記錄。企業生產過程中原材料的領用、動力和工時的消耗、費用的開支、廢品的發生、在產品及半成品的內部轉移、產品質量檢驗及產品入庫等，都應有真實的原始記錄。與成本管理有直接關係的原始記錄，主要有領料記錄、生產工時記錄、動力消耗記錄、工資及費用支付記錄、折舊計算記錄和產量記錄等。各種原始記錄的格式及內容儘管各不相同，但一般都應具備以下基本內容：原始記錄的名稱、經濟業務的內容、發生地點、時間、單位和數量以及填表人、經辦人和負責人的簽章等。原始記錄一般由該經濟業務的經管人員填寫，一式多份，以便傳遞到各有關部門，滿足各部門管理的需要。同時，還要組織好有關部門、職工做好原始記錄的登記、傳遞、審核和保管工作，以便通過原始記錄對各項活動進行嚴格監督，為及時、正確地計算產品成本提供可靠資料。

（三）建立健全材料物資的檢驗、收發、領退和盤點制度

為了進行成本管理，正確地計算成本，必須建立和健全材料物資的計量、收發、領退和盤點制度，填製相應的憑證，辦理審批手續，並嚴格進行計量和驗收，以保證帳實相符，保證成本計算的正確性。為此，企業應配備必要的計量器具，設置專職的質量檢驗機構，建立嚴密的財產物資收、發和領、退手續。企業收入的材料物資，要經過計量和驗收。領用材料物資也要有嚴格的手續和制度。有消耗定額的材料物資按定額發放，生產中剩餘的材料物資要及時退庫。半成品應建立健全保管和收發手續，單獨管理。庫存物資要定期盤點，做到帳實相符。

(四) 建立健全廠內計劃價格制度

在計劃管理較好的製造業企業中，應對原材料、半成品、自制零部件、產成品提供的計劃成本制定廠內計劃價格，作為企業內部結算和考核的依據。制定廠內計劃價格的方法一般有四種：以生產單位的計劃成本作為廠內計劃價格；在計劃成本的基礎上加上合理的內部利潤，由供需雙方協商決定；在平均實際價格成本的基礎上，考慮有關因素合理制定。廠內價格要保持相對穩定，還要根據企業實際情況的變化定期調整，一般以一年調整一次為宜。

廠內計劃價格制定得是否合理、準確，直接關係到成本計算的正確性，同時也是考核企業內部各部門的依據。因而，必須切合實際、最大限度地調動職工的積極性，共同做好成本核算工作。

五、適應生產特點和管理要求，採用適當的成本計算方法

企業應當根據本企業的生產經營特點和管理要求，確定適合本企業的成本核算對象、成本項目、成本計算週期和成本計算方法。

(一) 企業生產類型

企業的生產特點與企業生產類型密切相關，生產類型是決定成本計算方法的基礎。企業生產類型由工藝技術與生產組織兩方面決定。

1. 企業工藝技術

工業企業的生產，從工藝技術過程來看，基本上可分為連續式生產和裝配式生產兩大類型。

(1) 連續式生產。連續式生產是指產品的生產要經過若干個連續的生產步驟。其特點是原材料在第一個生產步驟投入，經第一個生產步驟製造加工後，依次轉移到第二、第三等後續生產步驟繼續進行加工製造，直到經由最後一個步驟加工成為產成品。這種類型的生產又可根據其生產過程是否可以間斷，分為連續式的簡單生產和連續式的複雜生產。

連續式的簡單生產，是指在生產工藝技術要求上，各個生產步驟之間是不可以中斷的，即自原材料投入生產後，各個生產步驟之間在時間上是不可以中斷的，它們必須緊密銜接、連續不斷，直到最終生產出產成品為止。這種連續式生產一般表現為單步驟生產，其特點是各個中間生產步驟加工完成的在產品必須全部轉移到下一個生產步驟繼續加工，即各個中間生產步驟在會計期末沒有半成品，但可以有在產品。所謂半成品是指已完成某生產步驟的加工，但尚未最終完工的產品。例如自來水廠自來水的生產、麵粉廠麵粉的生產、發電廠電的生產、化工廠化工產品的生產等，都屬於這種生產類型。

連續式的複雜生產，是指在生產工藝技術要求上，各個生產步驟之間可以中斷，即完成了某一個加工步驟後不一定馬上轉移到下一個生產步驟，在時間上可以是不連續的。這種連續式生產屬於多步驟的複雜生產。其特點是，除最後一個生產步驟完工的產成品外，其他各個中間生產步驟生產完成的都是半成品。如紡織企業從棉花到棉紗再到棉布的生產、鋼鐵廠從鐵礦石到鐵錠再到鋼產品的生產，都屬於這種生產類型。

（2）裝配式生產。所謂裝配式生產，是指原材料平行地投入各個生產車間，加工為產品的某一部分，如產品的零部件等，然後再集中到其他生產車間（如總裝車間）進行裝配，最終製造出產成品。這種生產類型也屬於多步驟的複雜生產，只是其各個步驟的生產是同時進行或平行進行的，這樣，各個生產步驟在會計期末都將有期末在產品。所謂在產品是指仍然處於加工中的產品。例如，機械廠對機械產品的製造、自行車廠對自行車的製造、汽車製造廠對各種汽車的製造、服裝生產企業的服裝生產等，都是屬於這種類型的生產。

2. 企業生產組織

所謂生產組織，是指企業產品生產的方式，它體現著企業生產專業化和生產過程重複程度的高低。企業的生產組織分為以下三種不同的類型。

（1）大量生產。大量生產是指企業在某一會計期間重複大量地生產某一種或幾種特定的產品。這種生產類型的企業所生產的產品品種往往都比較少，但每種產品的產量都比較大，而且每種產品的規格都比較單一。所以，這類企業的生產專業化水準一般都比較高。例如自來水廠、麵粉廠、化工廠、採掘企業、鋼鐵製造企業、造紙企業等，都屬於這種生產組織類型。

（2）成批生產。成批生產是指企業在某會計期間按照不同品種、規格生產一定批量的產品。這種生產類型的企業所生產的產品品種一般都比較多，而且不同品種的產品又有不同的規格。每種產品的生產數量視不同的企業和不同品種的產品而有所不同，產品產量的大小不固定。例如，服裝廠服裝的生產、機械廠機械產品的生產等，都屬於這種生產組織類型。

（3）單件生產。單件生產是指企業在某會計期間生產的數量少、種類多的產品。它一般是按客戶要求的規格和數量來組織生產。由於不同客戶對產品有不同的規格要求，所以產品的品種可能就比較多，但每種產品的數量一般都很少，而且生產完成後，該規格產品一般就不再重複生產。例如造船廠船舶的生產、重型機械廠重型機械的生產等，都屬於這種生產組織類型。

3. 生產工藝技術與生產組織的結合

不同的生產工藝技術與生產組織的結合，就形成不同類型的生產企業，體現各自不同的生產特點。

一般來說，連續式生產的企業從生產組織方面看，不論是連續式的簡單生產還是連續式的複雜生產，往往都是大量生產的企業。裝配式生產企業的情況比較複雜，由於這種企業的各生產車間平行地加工產品的某個或某些零部件，然後再由總裝車間裝配成產品，那麼各種零部件往往都根據不同產品的特定要求具有不同的規格，而且產品往往是根據客戶的需要來組織生產的。所以，它一般是屬於單件生產或成批生產。但有些企業的產品則根據市場的需求情況組織生產，其批量一般都比較大，所以又屬於大量生產。可見，企業生產特點，可以由於工藝技術和生產組織的結合，表現為如下幾種情況：

（1）連續式大量大批單步驟生產；
（2）連續式大量大批多步驟生產；
（3）裝配式大量大批多步驟生產；
（4）裝配式單件小批多步驟生產。

上述工藝技術與生產組織結合形成的不同生產特點，可以圖示如圖 2-1。

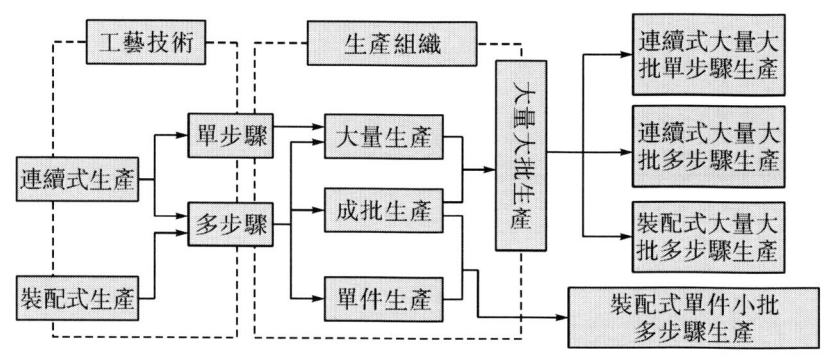

圖 2-1　工藝技術與生產組織結合

（二）生產類型決定成本計算的基本框架

成本計算方法，主要由成本計算對象、成本計算期以及生產費用在完工產品與在產品之間的分配三部分組成。在實踐中，成本計算這些基本內容的形成，主要取決於企業生產類型的特點及成本管理的要求。

1. 成本計算對象的形成

（1）連續式單步驟生產下的成本計算對象。在連續式的單步驟生產企業，由於原材料一經投入生產，在各個生產步驟之間就不能中斷，必須連續不斷地進行加工，直到最終步驟生產出產成品。由此，各個生產步驟不僅沒有期末在產品，也沒有半成品，所以其成本計算對象比較單一，只能以最終完工的產成品品種作為成本計算對象。

（2）連續式多步驟生產下的成本計算對象。在連續式多步驟生產企業，雖然

產品生產是依據一定的生產順序進行的，但在不同的生產步驟之間是可以間斷的。各個生產步驟都能產生一定使用價值的半成品。在這種類型的企業中，除了要以最終完工的產成品作為成本計算對象外，由於半成品可以直接對外銷售，或為便於成本管理和考核，往往還要計算半成品的成本，所以半成品也是成本計算對象。

（3）裝配式生產下的成本計算對象。裝配式生產通常是先製造產品的零部件，然後再裝配成產成品，其產品生產的工藝技術特點是相同的，對成本計算的影響主要在於生產組織方面。如果生產組織是單件或小批生產，其一般是以訂貨人的訂單為依據組織生產，那麼根據訂單所確定的某一件或某一批產品就是其成本計算對象。如果生產組織是大批或大量生產，通常是以最終完工產成品作為成本計算對象。多數情況下，在大量大批多步驟裝配式生產企業，主要的或通用的零部件往往也作為成本計算對象，單獨核算其成本。

2. 成本計算期的形成

在不同的生產類型中，成本計算期也不盡相同。而成本計算期的確定，則主要取決於生產組織的特點。

在單件、小批生產中，由於生產一般都是不重複進行的，所以，產品成本只能在某件或某批產品製造完工之後才能進行計算。因此，其成本計算是不定期的，而且成本計算期一般與生產週期相一致。

在大批、大量生產中，由於生產是連續不斷進行的，企業不斷地投入原材料，同時不斷地生產出產品來，而且投料與生產出產品在時間上往往都是交叉進行的。在這種情況下，一般以會計報告期（如月份）作為成本計算期，定期進行成本計算。

3. 生產費用在本期完工產品與期末在產品之間分配的方式

在連續式簡單生產條件下，由於生產週期一般都比較短，而且生產過程又是連續不斷、均衡地進行的，故期末一般都沒有在產品，或在產品數量很少而且各期的在產品數量大致相同。為了簡化成本計算手續，一般都將當期發生的生產費用作為當期完工產品的成本處理，不存在生產費用在本期完工產品與期末在產品之間進行分配的問題。

連續式的複雜生產和裝配式生產，由於其生產週期一般比較長，會計期末通常都有在產品，生產費用應根據生產組織的不同特點和成本管理的要求，在完工產品與在產品之間進行合理的分配。在單件或小批生產下，以單件或小批作為成本計算對象，如果該件產品或該批產品沒有完工，則所發生已歸屬於該件（或該批）產品負擔的所有生產費用都是在產品成本；如果該件（或該批）產品全部製造完工，則所發生已歸屬於該件（或該批）產品的所有生產費用都是完工產品成本，所以生產費用沒有必要在完工產品與在產品之間進行分配。

在大量、大批生產條件下，由於不斷的生產投入與產出，投料與完工同時存在，各生產階段必然保持一定數量不同完工程度的期末在產品，而且各期在產品數量及完工程度往往不等，這就需要將生產費用在本期完工產品與期末在產品之間進行分配。

(三) 管理要求決定成本計算的精度

產品成本計算方法，主要取決於生產類型，不同的生產類型所採用的成本計算方法是不同的。但是，各種成本計算方法的運用也受成本管理要求的影響。如在單件小批生產的企業裡，成本一般是按批別計算的，但一些規模較大的大中型裝配式生產企業，為了加強各步驟的成本管理，往往不僅要求按照產品的批別計算成本，而且還要求按照生產步驟計算產品成本。在連續式生產類型企業中，產品成本計算一般採用分步法。但在規模較小的企業，如果管理上不需要提供分步驟的成本計算資料或暫時難以按步驟計算成本，也可以不分步計算成本，只以產品品種作為成本計算對象，用品種法計算成本。另外，在工業企業裡，對那些產值比重很小的次要產品和零星產品，管理上並不要求一一提供成本明細資料，可將這些產品合併為一個「類型」，作為一個成本計算對象來歸集生產費用，然後再按一定的分配標準，分別計算各種產品成本。為了提高成本信息的管理控制效用，企業可在成本計算期的選擇、成本計算對象的細化、費用歸集分配的標準、在產品的計價基礎以及成本計算帳戶設置等方面，提出相應的要求，使各種成本計算方法的一些固有特徵，在運用中對其做出必要的調整，從而提高各種成本計算方法提供成本信息的能力，使成本信息具有更充分的決策價值。因此，管理要求對成本計算方法的影響，主要表現在大大提高了成本計算的精度。

所以，不同的生產特點和成本管理要求，決定了企業要選擇不同的成本計算方法。產品成本計算的基本方法有品種法、分批法、分步法，其中，最基本的方法是品種法。另外還有分類法、定額法等輔助方法。

第三節　費用的分類

工業企業的生產費用多種多樣，為了正確合理進行產品成本和期間費用的計算，應對企業生產經營過程中發生的各種費用按照不同的標準進行科學的分類。其中，最基本的就是按照生產費用的經濟內容和經濟用途進行分類，即費用要素和成本項目。

一、按費用的經濟內容（或性質）分類

費用按經濟內容（或性質）劃分，主要有勞動對象方面的費用、勞動手段方面的費用和活勞動方面的費用三大類。為了具體反應生產經營費用的構成和水準，還應在此基礎上將費用進一步劃分為以下九個費用要素。

（一）外購材料

外購材料是企業為進行生產經營活動而從外部購進的原料及主要材料、半成品、輔助材料、包裝物、修理用備件、低值易耗品等。

（二）外購燃料

外購燃料是企業為進行生產經營活動而從外部購進的各種燃料，包括固體、液體、氣體燃料等。

（三）外購動力

外購動力是指企業為進行生產經營活動而從外部購進的各種動力，包括電力、熱力、蒸汽等。

（四）工資

工資是指企業為進行生產經營活動而發放的職工工資。

（五）提取的職工福利費

提取的職工福利費是指企業按照職工的工資規定比例計提的職工福利費。

（六）折舊費

折舊費是指企業按照規定計提的固定資產折舊費用。

（七）利息支出

利息支出是指企業為借入生產經營資金而發生的利息支出。

（八）稅金

稅金是指企業發生的各種稅金，包括房產稅、車船使用稅、印花稅、土地使用稅等。

（九）其他費用

其他費用是指不屬於以上各種要素費用的費用，如郵電費、差旅費、租賃費、保險費、勞動保護費等。

按照上述費用要素反應的費用稱為要素費用。按照要素費用核算企業的生產經營費用，可以反應企業在一定時期內發生了哪些生產經營費用，數額是多少；可以據以分析各個時期各種生產經營費用的結構和水準，並為制定有關計劃和定額提供資料。但這種分類的不足在於它不能說明各種費用的用途，因而不便於分析各種費用的支出是否合理。

二、按費用的經濟用途分類

費用按照經濟用途的不同，首先將其分為應計入產品成本的費用和不應計入產品成本的費用兩大類。在此基礎上，對計入產品成本的費用再進一步劃分為若干產品成本項目；對不應計入產品成本的費用，則需進一步區分為若干期間費用項目。

（一）產品成本項目

產品成本項目，是指對計入產品成本的費用按經濟用途進行分類的具體項目。一般情況下，產品成本項目包括直接材料、直接人工和製造費用項目。

1. 直接材料

直接材料是指直接用於產品生產、構成產品實體的原料及主要材料，或有助於產品形成的輔助材料。主要包括原料、主要材料、輔助材料、備品配件、外購半成品、燃料、動力、包裝物、低值易耗品。

2. 直接人工

直接人工是指直接參加產品生產的工人工資以及按工人工資總額的一定比例計算提取的職工福利費及各項薪酬費用。

3. 製造費用

製造費用是企業內部各生產單位為組織和管理產品所發生的費用，主要包括以下費用：

（1）間接用於產品而沒有專設成本項目的費用，如機物料消耗、車間廠房折舊費。

（2）直接用於產品生產，但不便於直接計入產品成本，因而沒有專設成品項目的費用，如機器設備的折舊費等。

（3）為組織管理生產所發生的費用，如車間管理人員工資、辦公費用等。

以上各成本項目的費用之和構成產品的生產成本。為了使產品成本項目能夠反應企業的生產特點，滿足成本管理的要求，各企業可以根據自身的要求對以上項目做適當的調整。

（二）期間費用項目

對於不應計入產品成本的費用（期間費用），按照其經濟用途又可分為銷售費用、管理費用和財務費用。

1. 銷售費用

銷售費用是指企業在產品銷售過程中所發生的費用和為銷售本企業產品而專設的銷售機構的各項經費，包括由企業負擔的運輸費、裝卸費、包裝費、保險費、委託代銷手續費、廣告費、展覽費、租賃費和銷售服務費，以及專設的銷售機構的人員工資及福利費、差旅費、辦公費、折舊費、修理費、物料消耗、低值易耗品攤銷等。

2. 管理費用

管理費用是指企業行政管理部門為組織和管理生產經營活動而發生的各項費用。包括總部管理人員工資及福利費、差旅費、辦公費、折舊費、修理費、物料消耗、低值易耗品攤銷，以及企業的工會經費、職工教育經費、勞動保險費、待業保險費、董事會費、諮詢費、審計費、訴訟費、排污費、綠化費、稅金、土地使用費、土地損失補償費、技術轉讓費、技術開發費、無形資產攤銷、開辦費攤銷、業務招待費、壞帳損失、存貨盤虧等。

3. 財務費用

財務費用是指企業為籌集生產經營所需資金而發生的各項費用。包括企業生產經營期間發生的利息費用、匯兌損失、調劑外匯手續費、金融機構手續費等。

工業企業按經濟用途進一步分類，可以清晰地反應產品成本的構成情況，便於考核費用定額或計劃的執行情況，便於查找產品成本升降的原因，有利於加強成本管理和成本分析，同時還可以分析費用支出是否合理、節約。

生產費用以費用要素來反應它的構成內容，產品成本以成本項目來表示它的構成內容。

第四節　成本核算的一般程序與帳戶的設置

一、生產費用與產品成本的聯繫與區別

企業產品生產的過程，既是物化勞動和活勞動耗費的過程，又是價值轉移和產品創造的過程。企業生產經營費用，簡稱為生產費用，是指工業製造企業在產品生產過程中為生產產品和提供勞務而發生的能以貨幣計量的全部生產性耗費的總和。

工業製造企業因生產一定種類、一定數量的產品所發生的生產費用，就是產品成本。企業生產費用與產品成本既有聯繫又有區別。

（一）生產費用與產品成本的聯繫

（1）生產費用和產品成本，同是企業生產過程中資金耗費的表現形式，從兩個不同的方面反應同一經濟內容，即都反應生產過程的全部實際支出。生產費用從資金支出的運用方面，說明一定時期內生產過程中耗費了什麼；產品成本從資金支出的匯集方面，表明生產過程中為生產一定種類和數量的產品的全部支出，說明生產耗費的用途。

（2）生產費用是產品成本計算的基礎，產品成本是生產費用的對象化。企業一定時期內為生產產品發生的生產費用，包括期初在產品成本和本期發生的生產費用，通過一定方法在完工產品和在產品之間進行分配，計算當期完工產品成本。如果沒有生產費用，也就無所謂產品成本，生產費用落實到具體產品價值上，就形成該種產品的生產成本。

（二）生產費用與產品成本的區別

（1）兩個指標包含的量不同。生產費用是以「時期」為計算基礎，反應一定時期內企業發生的全部生產耗費。這些耗費主要是為生產產品而發生，但也有一部分並不用於產品生產，如管理費用、銷售費用和財務費用等，它們應計入當期損益。產品成本是以「產品」為計算基礎，反應該種產品整個生產過程中應負擔的全部生產耗費。可見，某一期間發生的生產費用與應計入產品成本的生產費用是不相等的。

（2）兩個指標的用途不同。生產費用指標，反應一定時期內生產經營過程的全部支出，說明該時期全部價值消耗的水準，為編製費用預算提供依據，一定程度上反應了企業生產經營的規模。產品成本指標，反應一定種類和數量產品生產製造過程中的完整生產耗費，用以綜合、全面地反應企業生產技術水準、經營管理質量以及遵紀守法的狀況、創造利潤的能力等。

二、成本計算的一般過程

（一）確定成本計算對象

成本計算對象是指成本計算的目標，是生產費用歸集和分配的對象，即生產費用的承擔者。

成本計算就是把一定時期的生產費用，按照各種成本計算對象進行歸集，並在完工產品和在產品之間進行分配，以計算其總成本和單位成本的過程。因此，成本計算對象是成本計算的中心。正確地確定成本計算對象是為了正確地解決計

算「什麼的成本」的問題，或解決成本費用由誰來承擔的問題。

從生產企業來看，可供銷售的某種、某批、某類產品是需要衡量其生產成本以計算其利潤的，因此以某種、某批、某類產品為對象歸集分配費用並計算其成本，對任何一個生產有形產品的企業來說都是必要的。但就某一個企業來說，以什麼為成本計算對象，主要取決於生產類型的特點和成本管理的要求。

在大量大批單步驟生產、大量大批多步驟生產但管理上不要求分步驟計算成本的企業，成本計算對象為最終的完工產品；在大量大批多步驟生產但管理上要求分步驟計算成本的企業，成本計算對象為步驟產品（最後步驟為完工產品成本）；小批單件（包括多步驟生產和單步驟生產）的企業，成本計算對象為訂單或批別的產品。

（二）確定成本計算期

成本計算期，是指產品成本計算的週期，即企業究竟要在多長的時間裡歸集費用和計算產品成本。一般來說，產品成本應該是指為生產該產品所發生的一切生產費用，因為只有所有生產費用都得到正確歸集，才能完整而全面地反應其實際的經濟資源耗費情況。為此，成本計算期應該與產品的生產週期一致，這是成本會計實務中的一種做法。許多企業，特別是生產週期比較長的造船企業、房地產開發企業、機械製造企業等，一般都是按產品生產週期來計算產品成本的，成本計算期與生產週期一致。

但是，對於大多數企業來說，按生產週期計算產品成本並不現實。因為在現代化大生產條件下，企業為了提高生產效率、實現規模經濟，往往都是對某一產品或某一類產品組織大量的生產，即只要企業不斷地投入原材料等生產要素，就將不斷地生產出產品來。在這種情況下，有的產品可能已經製造完工，有的產品可能還在製造加工過程中，而有的產品剛剛投產，所以，不可能具體地按照產品生產週期分清產品的生產耗費情況。另外，大量生產企業的產品生產週期一般比較短，如果以生產週期來計算產品成本，必然會大大地增加成本計算的工作量。因此，大多數企業並不是以生產週期作為成本計算期，而往往是以會計報告期作為成本計算期。會計報告分為月度、季度和年度報告，為了便於成本管理和進行成本會計報告，企業一般以月份作為成本計算期。

因此，成本計算的週期，與產品生產週期和會計報告期可能是一致的，也可能是不一致的，主要取決於生產組織的特點。一般來說，大量大批（包括單步驟和多步驟）生產的企業，按月計算成本，成本計算期與會計報告期一致，與生產週期不一致；小批單件生產的企業，是在每批產品完工後計算批別產品成本，成本計算期與生產週期一致，與會計報告期不一致。

(三) 確定成本項目及成本計算所運用的帳戶體系

成本項目是根據成本管理的目的和要求，對成本構成內容按經濟用途進行的分類。中國製造業成本項目一般包括直接材料、直接人工和製造費用。企業可以根據生產特點和管理要求，適當增設一些成本項目，如燃料和動力、廢品損失等。

明確成本項目對正確計算成本乃至考核和分析成本升降原因有著重要意義。如原材料、輔助材料等，其可直接用於產品生產，也可用於機器設備修理：用於產品生產的，可計入「直接材料」項目；用於機器設備修理的，則列作「管理費用」。又如生產人員的工資、福利費等職工薪酬，應計入「直接人工」項目；分廠、車間管理人員的工資、福利費等職工薪酬則計入「製造費用」項目。這樣就分清了費用的具體用途，有利於企業掌握費用支出的作用，明確經濟責任。

為了滿足成本計算的基本需要，企業應該建立成本計算的帳戶體系，如「基本生產成本」「輔助生產成本」「製造費用」「管理費用」「銷售費用」「財務費用」「長期待攤費用」等，用於歸集發生的各種直接或間接性生產費用，並計算產品成本。

(四) 生產費用的歸集、分配與產品成本的計算

取得反應各項生產費用發生的原始憑證及有關資料，分別按生產費用要素進行匯總，然後按其用途編製各項生產費用分配表，記入有關生產費用明細帳。對於直接用於生產產品或提供勞務發生的直接費用，直接計入「基本生產成本」「輔助生產成本」總分類帳戶及其所屬的產品或勞務生產成本明細帳（即成本計算單）；對於各車間所發生的製造費用，分別記入「製造費用」總分類帳戶及其所屬的各車間製造費用明細帳。成本計算期末，將「輔助生產成本」歸集的費用按其受益對象，採用適當的分配標準分配計入「基本生產成本」「製造費用」「管理費用」等有關帳戶及其明細帳中。然後將「製造費用」歸集的基本生產車間的間接性費用分配給所生產的各種產品，計入各種產品成本明細帳。對於各成本計算對象的成本明細帳中歸集的全部生產費用，月末要在其完工產品和在產品之間進行劃分，最終計算出完工產品成本。

(五) 編製產品成本計算表，結轉完工產品成本

通過上述步驟把生產費用在本期完工產品與期末在產品之間進行分配，並計算出本期完工產品的總成本。為了反應各產品的總成本、單位成本及其構成情況，並為將本期完工產品成本從生產成本帳戶轉作庫存商品成本提供依據，必須編製產品成本計算表，它是成本計算的最後步驟。產品成本計算表一般按成本項目分別列示各成本計算對象的總成本和單位成本，以反應其成本的構成情況。根據編製的產品成本計算表，做完工產品入庫、結轉生產成本的會計處理，至此，整個

成本計算過程才算完成。

三、成本核算帳戶的設置

　　成本核算帳戶必須根據企業會計準則和企業會計制度的規定設置和使用。在此前提下，企業可以根據自己的實際情況和需要，增減或合併某些會計帳戶。設置成本核算帳戶一般應遵循以下基本原則：

　　（1）完整性：成本核算帳戶的設置應能全面、概括地反應企業的成本形成、流轉情況，以滿足計算損益和企業經營管理的需要。

　　（2）統一性：成本核算帳戶的設置必須與企業會計準則和企業會計制度在口徑上保持一致，以滿足國家宏觀經濟管理的需要，使作為計算損益基礎的成本信息具有可比性，便於社會監督和對外公布會計信息。

　　（3）適用性：成本核算帳戶的設置應結合本企業、本單位的具體情況，充分考慮經濟管理上的需要，提供企業內部經營管理所需要的成本信息。

　　（4）明晰性：成本核算帳戶的設置應簡明扼要、內容清晰。原則上每一個帳戶應反應成本某一環節、某一責任單元的經濟內容，不可模稜兩可、相互包含，要提供便於分清考評成本責任的會計信息。

　　為了正確歸集生產費用、核算產品成本和期間費用，應設置「基本生產成本」「輔助生產成本」「製造費用」「銷售費用」「管理費用」「財務費用」等總分類帳戶及其必要的明細分類帳戶。管理上要求單獨核算廢品損失、停工損失的企業，還可增設「廢品損失」「停工損失」帳戶，並設置相應的明細帳。

（一）「基本生產成本」帳戶

　　（1）性質：本帳戶屬於成本類帳戶，如果該帳戶存在期末餘額，則反應存量資產（期末在產品）的結存價值，具有資產類帳戶的性質。

　　（2）用途：「基本生產成本」帳戶專門核算企業進行工業性生產所發生的各項生產費用，包括基本生產車間為生產產品所發生的直接材料、直接人工、製造費用等各項費用，並反應完工產品成本的計算和結轉情況，以及期末在產品成本的結存情況。

　　（3）結構：借方登記歸集的各項費用，貸方登記轉出的各項費用，餘額在借方，表示正在加工過程中的在產品成本。

　　（4）明細帳的設置：該帳戶一般可以按生產車間、產品品種等設置明細帳戶，進行相關成本明細分類核算。

　　「基本生產成本明細帳」是用來核算企業基本生產車間為生產產品所發生的各種生產費用並計算產品生產成本的帳戶。借方登記企業為進行產品生產而發生的各種費用；貸方登記轉出的完工產品成本。餘額在借方，表示期末在產品成本。

該帳戶按成本計算對象（如產品的品種、類別、批別等）設置明細帳，按產品成本項目設置專欄。基本生產成本二級帳和產品成本明細帳的基本格式如表2-1和表2-2所示。

表 2-1　　　　　　　　　　基本生產成本明細帳

車間：一車間　　　　　　　　　　　　　　　　　　　　　　　單位：元

月	日	項目	直接材料	直接人工	製造費用	合計
8	31	月初在產品成本	87,000	14,500	12,000	113,500
9	30	本月生產費用	286,000	26,400	37,800	350,200
9	30	合計	373,000	40,900	49,800	463,700
9	30	結轉完工產品成本	317,000	22,900	30,000	369,900
9	30	月末在產品成本	56,000	18,000	19,800	93,800

表 2-2　　　　　　　　　產品成本明細帳（產品成本計算單）

車間：一車間　　　　產品：甲產品　　　　產量：400件　　　　單位：元

月	日	項目	直接材料	直接人工	製造費用	合計
8	31	月初在產品成本	21,800	7,500	4,500	33,800
9	30	本月生產費用	51,200	19,500	11,700	82,400
9	30	合計	73,000	27,000	16,200	116,200
9	30	結轉完工產品成本	50,600	21,000	12,600	84,200
9	30	完工產品單位成本	126.5	52.5	31.5	210.5
9	30	月末在產品成本	22,400	6,000	3,600	32,000

上列基本生產成本明細帳上雖然沒有標明借方、貸方和餘額，但其基本結構不外乎這三個部分。其中月初在產品成本，為月初借方餘額，系上月末在產品成本轉入；本月生產費用為本月借方發生額，根據本月各種費用分配表登記；結轉完工產品成本為本月貸方發生額，記錄本月完工入庫產品的實際成本，用紅字登記；月末餘額在借方，表示月末在產品成本。

另外，不需要單獨核算廢品損失、停工損失的企業，為了反應廢品損失、停工損失，可在「基本生產成本明細帳」內增設「廢品損失」「停工損失」成本項目，用以歸集和分配基本生產車間所發生的廢品損失和停工損失等損失性費用。

（二）「輔助生產成本」帳戶

「輔助生產成本」帳戶是用來核算企業輔助生產車間所發生的各種生產費用並計算輔助生產所提供的產品或勞務成本的帳戶。借方登記為進行輔助生產而發生

的各種費用；貸方登記完工入庫產品的成本或分配轉出的勞務成本，餘額在借方，表示輔助生產在產品的成本。

提供勞務的輔助生產成本明細帳按輔助車間設置，按費用項目設置專欄（其基本格式如表2-3所示）。生產工具、模具的輔助生產成本明細帳按成本計算對象設置，按成本項目設置專欄（與產品生產成本明細帳同）。

表2-3　　　　　　　　　　輔助生產成本明細帳
車間：供水車間　　　　　　　　　　　　　　　　　　　　　　單位：元

月	日	摘要	材料	動力	工資	福利費	折舊費	水電費	其他	合計
9	30	耗用材料	6,800							6,800
9	30	支付電力費用		3,504						3,504
9	30	支付工資費用			4,600					4,600
9	30	計提福利費				644				644
9	30	計提折舊費					1,976			1,976
9	30	支付水費						763	655	763
9	30	支付其他費用								655
9	30	合計	6,800	3,504	4,600	644	1,976	763	655	18,942

企業也可以根據產品成本管理和核算的需要，將「基本生產成本」和「輔助生產成本」兩個一級帳戶，作為「生產成本」帳戶的二級帳戶使用。

（三）「製造費用」帳戶

（1）性質：本帳戶屬於成本類帳戶。

（2）用途：用來核算企業基本生產車間和輔助生產車間為管理和組織車間生產所發生的各項間接費用，包括職工薪酬、折舊費、辦公費、水電費、機物料消耗、勞動保險費等。

應該指出，在輔助生產產品單一的情況下，如僅提供輔助生產勞務等，可以將輔助生產車間的製造費用並入「輔助生產成本」帳戶核算，在所屬明細帳中設置多欄登記，不需要單獨核算其製造費用（參見表2-3）。此時，「製造費用」帳戶即只核算基本生產車間的製造費用。這樣，可以簡化製造費用的分配與結轉。

（3）結構：借方登記實際發生的製造費用，貸方登記分配轉出的製造費用，月末一般無餘額。發生製造費用時，借記本帳戶，貸記「原材料」「應付職工薪酬」「累計折舊」等帳戶。月份終了，各車間應對當月發生的製造費用，採取一定的分配方法，分配計入有關成本核算對象，借記「基本生產成本」「輔助生產成本」等帳戶，貸記本帳戶。

（4）明細帳的設置：按不同的車間、部門設置明細帳，帳內按製造費用的項目內容設專欄進行明細核算。製造費用明細帳格式見表2-4。

表2-4　　　　　　　　　　　　製造費用明細帳
車間：加工車間　　　　　　　　　　　　　　　　　　　　　　　　　　單位：元

月	日	摘要	材料	動力	工資	福利費	折舊費	水電費	其他	合計
9	30	耗用材料	7,090							7,090
9	30	支付照明用電		2,690						2,690
9	30	支付工資費用			4,852					4,852
9	30	計提福利費				679.28				679.28
9	30	計提折舊費					20,053			20,053
9	30	支付水費						1,100		1,100
9	30	支付其他費用							866	866
9	30	合計	7,090	2,690	4,852	679.28	20,053	1,100	866	37,330.28

（四）其他帳戶

產品成本核算過程中，不可避免地會同時發生不應計入產品成本的有關支出，這些方面的相關支出，應該通過下列有關帳戶進行核算。

1.「長期待攤費用」帳戶

本帳戶屬於資產類帳戶，核算企業已經發生但應由本年各期以及以後年度分期攤銷的費用，如租入固定資產改良支出、固定資產修理支出等。企業發生攤銷期在一年以上的租入固定資產改良支出等費用時，借記本帳戶，貸記有關帳戶；分期攤銷時，借記「製造費用」「管理費用」等帳戶，貸記本帳戶。本帳戶借方餘額為尚未攤銷的長期待攤費用。本帳戶應按費用種類設置明細帳，進行明細分類核算。

2.「銷售費用」帳戶

「銷售費用」帳戶用來核算企業在銷售商品、材料、自製半成品以及提供勞務等交換領域發生的各種費用，包括裝卸費、包裝費、保險費、展覽費、廣告費、產品質量保證損失、運輸費，以及為銷售本企業商品而專設銷售機構的職工薪酬、業務費、固定資產修理費等費用。

企業應通過「銷售費用」帳戶，核算銷售費用的發生和結轉情況。該帳戶借方登記企業所發生的各項銷售費用，貸方登記期末結轉計入「本年利潤」帳戶的銷售費用，結轉後本帳戶期末無餘額。銷售費用明細帳應按其費用項目開設專欄，進行明細核算。

3.「管理費用」帳戶

「管理費用」帳戶用來核算企業為組織和管理企業生產經營所發生的各種管理費用，包括企業在籌建期間發生的開辦費、董事會和行政管理部門在企業的經營管理中發生的或者應由企業統一負擔的公司經費（包括行政管理部門職工薪酬、物料消耗、低值易耗品攤銷、辦公費和差旅費等）、工會經費、董事會費、聘請仲介機構費、諮詢費、訴訟費、業務招待費、房產稅、車船使用稅、土地使用稅、印花稅、技術轉讓費、無形資產攤銷、礦產資源補償費、研究費用、排污費，以及企業生產車間（部門）和行政管理部門發生的固定資產修理費等。

企業應通過「管理費用」帳戶，核算管理費用的發生和結轉情況。該帳戶借方登記企業所發生的各項管理費用，貸方登記期末結轉計入「本年利潤」帳戶的管理費用，結轉後本帳戶期末無餘額。管理費用明細帳應按其費用項目開設專欄，進行明細核算。

4.「財務費用」帳戶

「財務費用」帳戶用來核算企業為籌集生產經營所需資金等而發生的各項費用，如利息支出（減利息收入）、匯兌損失（減匯兌收益）、金融機構手續費、企業發生的現金折扣（減收到的現金折扣）等。

企業應通過「財務費用」帳戶，核算財務費用的發生和結轉情況。該帳戶借方登記企業所發生的各項財務費用，貸方登記期末結轉計入「本年利潤」帳戶的財務費用，結轉後本帳戶期末無餘額。財務費用明細帳應按其費用項目開設專欄，進行明細核算。

「管理費用」「銷售費用」和「財務費用」帳戶屬於損益類帳戶，其借方發生額應於會計期末全額計入當期損益，不能計入產品成本。其中，「財務費用」帳戶雖然不屬於成本核算的範疇，但是，在費用的核算處理過程中常常會與之發生一定的聯繫，所以，我們在此一併介紹。

此外，與成本核算相關的帳戶還包括「庫存商品」帳戶、「自製半成品」帳戶等。工業製造業的「庫存商品」帳戶用以核算自製完工、驗收入庫的各種產成品，以及外購商品的成本增減變化和結存情況。「自製半成品」帳戶專門核算各生產步驟完工的半成品驗收入庫（中間產品庫）的成本增減變化和結存情況。在實際成本計價核算下，「庫存商品」和「自製半成品」入庫成本按產品成本計算單的實際成本核算資料結轉入庫；其發出成本則應選擇不同方法計算確定並結轉，如先進先出法、加權平均法等。

四、產品成本核算的程序

(一) 成本核算的一般程序

工業企業成本核算的一般程序是根據成本核算的要求，對生產費用進行分類核算，並按成本計算對象區分成本項目，分別計算，最後確定完工產品總成本和產品單位成本。按照成本核算的要求，工業企業成本核算的一般程序是：

（1）對工業企業的各項要素費用進行審核和控制，並按照會計準則和有關法規的規定，確認費用性質，劃分屬於生產經營費用還是非生產經營費用的界限，以明確成本會計核算的對象範圍。

（2）對於生產經營費用，還要進一步區分應計入產品成本的生產費用和應計入當期損益的期間費用。

（3）依據權責發生制和受益原則，劃清各期產品成本界限。只要是本月產品收益的耗費，就應計入本期產品成本；只要是由本月與以後各月共同受益的耗費，就應在相關期內採用適當方法進行合理計量分攤。應當指出，根據《企業會計準則》的規定，企業不再使用「待攤費用」「預提費用」等跨期攤配帳戶，但是，相關跨期攤配費用仍然需要進行科學、正確的計量與核算。

（4）將計入本月產品成本的生產費用，在本月所生產的各種產品之間進行分配、歸集，並按成本項目分別反應，劃清各種產品成本的界限，正確計算出各種產品應負擔的成本。

（5）對於月末既有完工產品又有在產品的產品成本，應在完工產品和在產品之間進行合理分配，即將月初在產品生產費用與本月生產費用相加，採用適當的方法在本月完工產品與月末在產品之間進行分配，計算確認完工產品成本和月末在產品成本。

(二) 產品成本核算的帳務處理程序

根據產品成本核算的一般程序，產品成本核算流程可概括如下：

1. 審核生產過程中發生的費用

為了有效地控制和降低產品成本與期間費用，提高企業盈利水準，必須對費用加強事先和事中的審核與把關。審核把關的依據是國家有關的法規、制度以及企業有關計劃、定額、預算、標準等。通過審核把關，確保企業成本帳戶所記載的各種費用發生的合法性、真實性和合理性，正確劃分產品生產成本與期間費用。

2. 生產要素費用的歸集和分配

外購材料、外購燃料、外購動力、工資和折舊費等生產要素費用，需要首先按照經濟用途進行分配。在分配中，屬於期間費用的，如銷售門市部人員、行政

管理部門人員工資等職工薪酬，應按銷售費用、管理費用、財務費用等各期間費用項目歸集。應計入產品成本的費用中，凡屬單設成本項目的費用，如構成產品實體或有助於產品形成的原材料、產品生產耗用的外購燃料和動力、產品生產工人職工薪酬等費用，要按用途分配給基本生產各產品、輔助生產各產品（或勞務）等，並計入有關成本項目，直接按照各種產品的不同成本項目進行歸集；凡未單設成本項目的費用，如折舊費、車間管理人員職工薪酬等，應先歸集為不同生產車間或部門的製造費用，並區分具體費用項目，登記相關製造費用明細帳。還有一些屬於應由本月及以後若干月份產品成本和期間費用共同負擔的費用，如預付租金等，應按受益對象和期間進行計量、分攤、歸集。

3. 輔助生產費用的歸集和分配

先將輔助生產製造費用轉入輔助生產成本帳戶。對於輔助生產車間完工入庫的輔助生產產品如自制材料、自制工具等，除將其生產成本轉為存貨成本外，還應分別根據輔助生產產品和勞務的種類，按受益數量的比例在各受益對象之間進行分配。屬於期間費用的，按期間費用項目歸集。應計入基本生產產品成本的、單設成本項目的費用，如鍋爐車間提供動力汽直接用於生產、構成燃料和動力成本項目的費用，應直接計入受益產品成本；未單設成本項目的費用，如受益修理車間費用的分配，則先按各基本生產車間的製造費用進行歸集。

4. 製造費用的歸集和分配

各基本生產車間歸集的製造費用，應分別按不同車間在各產品之間進行分配，計入產品製造費用成本項目。

5. 廢品損失和停工損失的分配

在單獨核算廢品損失、停工損失的企業中，因出現廢品、停工而發生的損失費用，都應在以上各步驟的費用分配中，按廢品損失、停工損失進行歸集。這些損失性費用，除可以收回的殘料價值、保險賠償、過失人賠償、可列為營業外支出的非常損失等之外，應分別分配給有關期間費用和產品成本的相應項目。

6. 完工產品和月末在產品之間的費用分配

經過以上各種費用的歸集和分配，每種產品本月應負擔的生產費用已按不同成本項目分別歸集、登記在相應的產品成本明細帳（即產品成本計算單）之中，區分成本項目分別與月初在產品成本相加，即為該種產品全部生產費用合計。如果當月產品全部完工，所歸集的全部產品費用即為完工產品總成本；如果全部未完工，則全部為月末在產品成本；如果當月既有完工產品又有月末在產品，則需要分別按成本項目在完工產品和在產品之間選擇合理標準進行分配，計算確定按成本項目反應的單位產品成本和完工產品成本。

7. 期間費用的結轉

銷售費用、管理費用、財務費用這些期間費用，在費用歸集和分配過程中，

已分別按費用項目登記有關明細帳並結出本期發生額合計，這些費用應於期末全部結轉，計入當期損益。

上述產品成本核算的帳務處理程序如圖 2-3 所示（其中省略了「廢品損失和停工損失的分配」）。

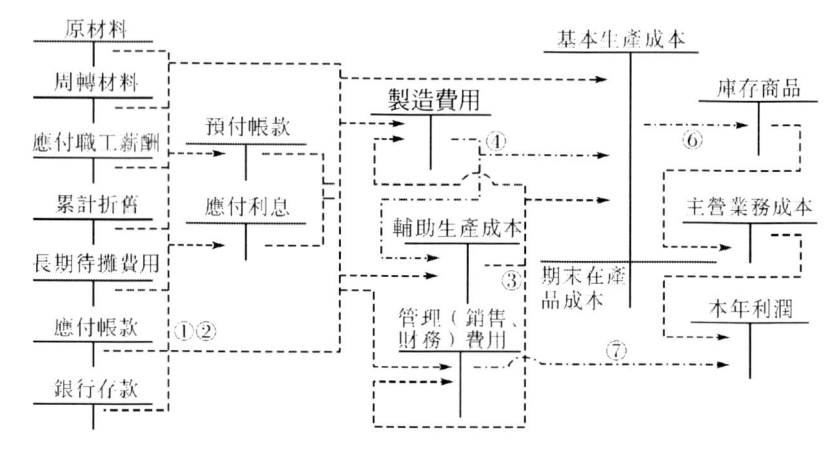

圖 2-3 產品成本核算的帳務處理程序圖示

本節復習思考題

1. 如何理解成本核算的基本要求？
2. 為什麼要正確劃分各種費用的界限？
3. 成本核算的基礎工作有哪些？
4. 什麼是生產費用？如何進行生產費用分類？
5. 試說明生產費用與產品成本的關係？
6. 什麼是成本計算？如何理解成本計算的一般過程？
7. 什麼是成本核算？如何理解成本核算的一般程序？
8. 企業生產類型對產品成本計算的影響主要體現在哪些方面？

第五節　成本費用核算的基本程序

成本費用核算的基本程序是指對企業在生產經營過程中發生的各項耗費，按照成本費用核算的基本要求，逐步進行歸集和分配，計算並轉出完工產品成本和期間費用的基本過程。成本費用核算的基本程序可概括為七點。

一、審核各項耗費，進行要素耗費的初次分配

對於企業生產經營過程中發生的各項耗費，要依據國家有關法規、企業有關計劃及定額等標準對其進行事前和事後的審核，以確保其支出的合法性、合理性和真實性，並根據其具體的受益地點和用途，編製各種要素耗費分配表及有關的記帳憑證。在這個過程中，要正確劃分成本費用與非成本費用、成本與費用的界限。

二、生產成本的分配

對製造過程所發生的有關耗費，應按發生地點、受益對象、受益程度選擇適當的分配標準，在各成本計算對象（各產品、各步驟、各批次）之間進行分配。同時，對計入各產品（或勞務）的成本要分成本項目進行反應。凡專設成本項目的，應直接或分配計入直接材料、直接人工、燃料和動力等項目；凡未專設成本項目的耗費（綜合性的成本項目）應先歸集為不同生產車間的製造費用，至期末再分車間分配計入各種產品成本。

三、輔助生產成本的分配

在輔助生產成本歸集至期末後，應區別根據輔助生產產品和勞務種類，按受益的程度在各受益的對象之間進行分配。屬於期間費用應負擔的，按費用項目分別記入「管理費用」「銷售費用」「財務費用」帳戶，並按費用項目歸集計入；屬於產品生產成本應負擔的，按成本項目直接計入專設項目欄或先在基本生產車間的「製造費用」帳戶進行歸集。

四、製造費用的分配

基本生產車間歸集的製造費用至期末，應在不同車間、不同產品品種之間分配，分配後直接計入各產品成本的「製造費用」項目。

五、完工產品和月末在產品之間的成本分配

經以上程序分配歸集後，各產品、各成本項目的累計數即為該產品的全部產品成本。若某產品當月全部未完工，則全部為月末在產品的成本；若當月全部完工，則全部為完工產品成本；若當月既有完工產品，又有月末在產品，則需要將各成本項目總成本在完工產品和在產品之間進行分配，計算並轉出成本項目反應的完工產品成本。

六、已銷售產品生產成本的結轉

為了計算產品的銷售利潤，期末，應計算並結轉已售產品的生產成本。

七、期間費用的結轉

期末，應將所歸集的期間費用全部轉入「本年利潤」帳戶。

第三章　工業企業成本核算的原則、要求和程序

第一節　成本核算的原則和要求

產品成本核算作為成本會計的重要內容，既要符合企業會計準則、企業會計制度對會計核算的基本要求，也要符合生產特點和成本管理的特定要求。為了完成成本核算的各項任務，充分發揮成本核算的作用，不斷改善企業的生產經營管理，提高企業的經營效率，產品成本的核算工作應符合如下要求：

一、成本核算的一般要求

（一）算管結合，算為管用

所謂「算管結合，算為管用」，就是成本核算應當與加強企業經營管理相結合，所提供的成本信息應當滿足企業經營管理和決策的需要。為此，成本核算不僅要對各項費用支出進行事後的核算，提供事後的成本信息，還必須以國家有關的法規、制度和企業成本計劃、相應的消耗定額為依據，加強對各項費用支出的事前、事中審核和控制，並及時進行信息反饋。也就是說，對於合理、合法、有利於發展生產、提高經濟效益的開支，要積極予以支持，否則就要堅決加以抵制，當時已經無法制止的，要追究責任，採取措施，防止以後再次發生；對於各項費用的發生情況，以及費用脫離定額的差異進行日常的計算和分析，及時進行反饋；對於定額或計劃不符合實際的情況，要按規定程序予以修訂。

同時，在成本計算中，既要防止片面追求簡化，以致不能為管理提供所需資料的做法，又要防止為算而算，搞繁瑣哲學，脫離管理實際需要的做法。成本核算應該做到分清主次、區分對待、主要從細、次要從簡、簡而有理、細而有用。

另外，為了滿足企業經營管理和決策的需要，成本核算不僅要按照國家有關法規、制度計算產品成本和各項期間費用，還應借鑑西方的一些成本概念和成本計算方法，為不同的管理目的提供不同的管理成本信息。

(二) 正確劃分各種費用界限

企業發生的各種支出，因其性質不同，有的可以計入成本，有的不能計入成本。為了正確地進行成本核算，計算產品成本和期間費用，必須正確劃分以下五個方面的費用界限：

1. 正確劃分經營性支出與非經營性支出的界限

工業企業的經濟活動是多方面的，其支出的用途不完全相同。不同用途的支出，其列支的渠道應該不同。例如，企業購建固定資產的支出，應計入固定資產的成本；固定資產盤虧損失、固定資產報廢清理淨損失等應計入營業外支出；用於產品生產和銷售、組織和管理生產經營活動，以及為籌集生產經營資金所發生的各種支出，即企業日常生產經營管理活動中的各種耗費，則應計入產品成本或期間費用。因此，企業應按照國家有關成本開支範圍的有關規定，正確地核算產品成本和期間費用。凡不屬於企業日常生產經營方面的支出，均不得計入產品成本或期間費用，即不得亂計成本；凡屬於企業日常生產經營方面的支出，均應全部計入產品成本或期間費用，不得遺漏。亂計成本，必然減少企業的利潤和國家財政收入；少計成本，則會虛增企業利潤，使企業成本得不到應有的補償，從而影響企業生產經營活動的順利進行。無論亂計成本，還是少計成本，都會造成成本信息失真，從而不利於企業進行有效的成本管理。

2. 正確劃分產品生產成本與期間費用的界限

製造成本法下，產品生產成本是指企業為製造產品在生產經營過程中所發生的直接費用和間接費用，也稱產品製造成本。它是與產品生產成本直接配比的生產費用；而期間費用是指企業在某個會計期間發生的直接計入當期損益的管理費用、財務費用和銷售費用，是與整個會計期間相配比的經營費用，因而不應將其計入產品成本。為了正確計算產品成本，必須分清產品生產成本與期間費用的界限。

3. 正確劃分各個月份產品成本費用的界限

按規定，企業財務狀況及經營成果是按月份來反應的，為了考核、分析各月份的成本計劃完成情況及如實反應企業的財務狀況和經營成果，進行產品核算時必須劃分清楚各月份的費用界限，即企業本月發生的生產費用應在本月入帳，不得延至下月入帳；不應在未到月末就提前結帳，變相地把本月生產費用的一部分推作下月的生產費用；而對於應由本月產品成本負擔的費用，不論其是否在本期發生，都應全部計入本期產品成本；不應由本期產品成本負擔的費用，即使其在本期支付，也不能計入本期產品成本。總之，要防止企業在不同期間人為地調節產品成本和期間費用。

4. 正確劃分各種產品的費用界限

無論企業的生產類型、生產規模、管理要求如何，為正確計算生產經營損益以及加強成本管理，都必須計算出各種產品的實際成本。因此，企業本期發生的生產費用合計數還應在各種產品之間劃分清楚。對於某種產品單獨發生的生產費用，應直接計入該種產品的生產成本；對於多種產品共同發生的生產費用，則應根據受益原則，採用適當的方法，將費用分配計入這幾種產品成本中。

5. 正確劃分完工產品與在產品費用的界限

在企業生產中，產品的生產週期與會計核算期往往是不一致的，因而經常存在月末在產品。因此，計算產品成本時，應採用合理而簡便的方法，在需要時將累計發生的生產費用在完工產品與在產品之間採用適當的方法進行分配，分別計算完工產品成本與月末在產品成本。為了保證準確地將生產費用在完工產品與在產品之間進行分配，使各期的成本指標具有可比性，在產品的成本計算方法一經確定，一般不應經常變更，以防通過月末在產品成本的升降來調整完工產品成本的錯誤行為。

(三) 正確確定財產物資的計價和價值結轉方法

產品成本是對象化了的生產費用，是生產經營活動過程中的物化勞動和活勞動的貨幣表現。其中，物化勞動絕大部分是勞動資料，如固定資產，它是企業資產中價值比較大的一項財產物資，其價值隨著多個會計期間的消耗轉移到產品成本中去。因此，固定資產的計價和價值結轉方法，是影響產品成本計算正確性的重要因素，它主要包括固定資產原值的計價方法、折舊方法、折舊率的種類和高低、固定資產修理費用的處理、固定資產與低值易耗品的劃分標準等。物化勞動的另一個重要組成部分是勞動對象，如材料，它是構成產品主體且耗用量很大的一項財產物資，其價值的轉移與單個會計期間相關。材料發出計價方法主要包括先進先出法、加權平均法等。企業選擇的計價方法不同，計入產品成本中的材料費用就不同，從而會影響到企業的產品成本。因此，為正確計算產品成本，就要選擇既合理又簡便的財產物資的計價和價值結轉方法。國家有統一規定的，應採用國家統一規定的方法，防止任意改變計價和價值結轉方法，借以人為調節產品成本的錯誤做法。

(四) 做好成本核算的基礎工作

為了保證成本核算工作的順利進行，提高成本核算的質量，企業應高度重視成本核算的各項基礎工作，這就需要會計部門和其他相關部門密切配合，相互協調，共同做好以下幾個方面的工作：

1. 建立和健全原始記錄制度

原始記錄是按照規定的格式，對企業經營活動中的具體事實做的最初記載。

它是反應經濟活動情況的第一手資料，是進行成本預測、編製成本計劃、進行成本核算、分析消耗定額和成本計劃執行情況的重要依據。因此，企業應當制定既符合各方面管理需要，又符合成本核算要求的、科學的、講求實效的、不同內容的原始記錄。這包括企業對生產過程中原材料的領用、動力與工時的消耗、費用的發生、在產品及半成品的內部轉移、產品質量檢驗及產成品入庫等方面真實的原始記錄。成本核算人員要會同企業各有關部門，認真做好各種原始記錄的登記、傳遞、審核和保管工作，以便正確及時地為成本核算和其他有關方面提供資料和信息。

2. 建立和健全材料物資的計量驗收制度

原始記錄中的數據主要是以價值形式來核算企業生產經營管理中的各項費用的，是從數量上反應企業生產經營活動中的各項財產物資的變動情況。而計量工作是確定這些變動數量的重要手段。沒有準確的計量便不能提供準確的數據，進而使成本數據失去真實性，也就無法據以進行分析、考核和管理。因此，為了正確地計算成本，進行成本管理，企業必須建立和健全定期或不定期的對材料物資的計量、收發、領退和盤點制度，認真計量、驗收或交接，掌握數量變化的實際情況，確保計量的準確性，防止企業財產物資的丟失、損壞、積壓等，提高其使用效益。

要做好計量工作，首先，要提高對這項工作的認識，同時根據不同的計量對象，配置必要的計量器具；其次，專設質檢機構；最後，建立計量儀器和器具的定期校驗制度，確保計量儀器始終處於良好狀態。

3. 建立和健全定額管理制度

產品的各項消耗定額，指企業對生產過程中的人力、物力、財力的耗費所規定的和應達到的數量標準。從客觀上講，可行而合理的定額是企業編製成本計劃、分析和考核成本水準的依據，是企業開展全面經濟核算、加強成本管理的基礎，是衡量工作數量和質量的客觀尺度。企業在計算產品成本時，經常要依據產品的原材料和工時的定額消耗量或定額費用來分配實際費用。因此，為了加強生產管理和成本管理，企業必須建立和健全定額管理制度。定額制定後，為了保證其先進可行，企業還應根據生產技術條件的發展和進步、管理手段的完善，以及勞動生產率的提高，及時修訂定額，以充分發揮其應有的作用。但同時也要注意，定額應保持相對穩定，否則不利於調動職工完成定額的積極性。

4. 建立和健全內部價格制度

在企業計劃管理基礎較好的條件下，為了分清企業內部各單位的經濟責任，便於分析和考核企業內部各單位成本計劃的執行情況，加速和簡化成本核算工作，各單位之間相互提供的原材料、半成品和勞務（如修理、運輸等），可以採用內部

計劃價格進行相互結算或轉帳，形成內部價格制度。內部價格制定的方式有三種：一是以生產單位的計劃成本作為企業內部價格；二是以在生產單位的計劃成本基礎上加上一定的內部利潤作為內部價格；三是以供需雙方臨時協商一致的價格作為內部價格。無論採用哪種方式確定的內部價格，都應盡可能符合實際，保持相對穩定，一般在年度內不變。這樣，既可加速和簡化會計核算工作，又可分清內部各單位的經濟責任。

5. 建立健全費用審批制度

企業生產過程中發生的費用是產品成本形成的基礎，而產品成本則是對象化了的生產費用。企業要想降低成本，必須控制生產費用的發生。因此，企業的成本核算既要對生產費用的發生進行事後計算和記錄，還應加強對事前和事中費用發生的審核與控制，建立健全費用的審批制度。另外，企業還應根據成本開支範圍和開支標準規劃各項經常性費用的支出，規定對各項費用的審批權限，設計費用的報批和報銷程序，使費用的控制有章可循。這樣，就能夠明確各級、各部門負責人審核各種費用的性質及其額度的權限，組織把關，嚴格控制費用的發生，也便於通過費用的分析發現問題、落實責任，達到有效控制成本的目的。

（五）按照生產特點和成本管理要求，選擇適當的成本計算方法

產品生產組織和工藝特點及管理的不同要求是影響產品成本計算方法選擇的重要因素，而成本計算方法選擇的合理與否，將直接影響產品成本計算是否準確。因此，企業在進行成本核算時，應根據產品的生產工藝特點、生產組織的特點，以及企業管理的要求來確定產品成本的計算對象，進而選擇適當的成本計算方法。企業的成本計算方法一經確定，一般不應隨意變動，以保證成本計算信息的可比性。

二、成本核算的原則

對企業來說，成本核算所提供的信息在質量上應是可靠的，能夠滿足信息使用者對特定信息的需求。成本信息的反饋應該滿足企業管理者進行成本分析、成本決策和成本考核的需要，為及時採取措施、改進企業生產工作服務。因此，企業在進行成本核算時，應遵循以下成本核算的基本原則：

（一）合法性原則

合法性原則是指成本會計核算必須符合相關法律、法規和制度的規定。例如，國家規定的產品成本開支範圍是企業計算產品成本的重要依據，凡不符合規定的費用，就不能計入產品成本。只有這樣，才能保證成本信息的準確和可靠。同時，也不能人為地混淆成本和期間費用、不同成本計算對象、不同期間成本等的劃分

界限，這些從嚴格意義上講，也是違法違規行為。

(二) 成本分期核算原則

成本分期核算原則包含兩個方面的內容，即成本核算分期和成本計算分期。

成本核算分期是指成本會計在進行成本核算時，將企業持續不斷的生產經營過程按會計期間分別予以計算和報告，為管理者提供及時有效的成本信息。其實質是分期進行成本計算和報告成本信息。

成本計算分期是指計算完工產品成本的週期，即間隔多少時間計算一次完工產品成本。可以是定期計算，也可以是不定期計算。不同行業，成本計算期差異很大。例如，修建一條鐵路或一座電站，可能要等幾年或十幾年才能計算完工產品成本，而一般性的工業產品，可能每隔一個月或一個季度就可以計算一次完工產品成本。

產品成本計算期是對產品負擔生產費用所規定的起訖期，它受產品生產類型的影響，可以與成本核算期相一致，也可以與各批或各件產品的生產週期保持一致。但不論企業生產類型如何，成本核算中的費用歸集、匯總和分配，都必須按月進行，並於會計期末計算出成本計算帳戶的發生額之和，以便及時計算完工產品成本。

(三) 受益原則

進行成本計算時，許多要素費用項目都是由多個成本計算對象共同負擔的，這就需要按照一定的標準進行費用分配。成本費用的分配方法應按成本驅動原理，遵循受益原則進行選擇，體現「誰受益誰負擔」的思想。在具體選擇分配方法時，按照受益原則的要求，各分配對象所分配的費用應與其受益程度成正相關關係，從而體現費用分配的公平性和合理性。

(四) 實際成本原則

不同企業所採用的成本計算方法可能不完全相同。考慮到管理者控制成本和費用的要求，企業往往可能會採用定額法、計劃成本法、標準成本法等方法計算成本。但必須強調的是，為了正確計算當期的盈利水準，企業應採用實際發生的成本進行計算，即在定額成本、標準成本、計劃成本的基礎上加減相應的成本差異。

(五) 一致性原則

企業在進行成本計算時，應根據企業自身的生產特點和管理要求，選擇適合企業的成本計算方法進行成本計算。成本計算方法一經確定，如沒有特殊的情況，不應經常變動，以便企業對各期計算出來的成本資料進行比較。如果情況特殊，

確實需要改變成本計算方法，則應在企業的相關財務報表中加以說明，並對比改變前後的成本核算方法在計算結果上的差異。

(六) 重要性原則

在進行成本核算時，企業所採用的成本計算步驟、費用分配方法、成本計算方法等，都要根據每個企業的具體情況加以選擇，以便在保證重要內容核算準確的前提下，盡可能減少核算工作量及相關耗費。對於一些主要產品、主要費用，應採用比較詳細的方法進行分配和計算，而對於一些次要的產品和費用，則可以採用比較簡化的方法進行合併計算和分配。

第二節 工業企業費用的分類

費用是企業重要的會計要素之一。計入產品成本的費用多種多樣，為了科學地進行管理，使企業能夠按照管理要求計劃和核算生產經營管理費用與產品成本，分析和考核生產費用計劃和產品成本計劃執行情況，有必要對工業企業生產經營過程中所發生的費用進行合理的分類。

工業企業的生產費用有兩種基本分類：一是按經濟內容分為若干要素費用；二是按經濟用途分為若干成本項目。

一、費用按經濟內容的分類

工業企業的產品生產製造過程，實際上是物化勞動（勞動對象和勞動手段）和活勞動的耗費過程，因而生產經營過程中發生的費用，從其經濟內容來看，包括勞動對象、勞動手段和活勞動三個方面的耗費。在此基礎上，為了具體反應各種費用的構成和消耗水準，我們可將這三方面的生產費用劃分為以下八個生產費用要素：

（1）外購材料。指企業為進行生產經營而耗用的一切從外單位購進的原料及主要材料、半成品、輔助材料、包裝物、修理用備件和其他材料等。

（2）外購燃料。指企業為進行生產經營而耗用的一切從外部購進的各種燃料，包括各種固體、液體和氣體燃料等。

（3）外購動力。指企業為進行生產經營而耗用的一切從外部購進的各種動力。

（4）職工薪酬。指企業為獲得職工提供的服務而給予各種形式的報酬及其他相關支出。

（5）折舊費。指企業按照規定計提的固定資產折舊費用。

（6）利息支出。指企業應計入財務費用的借入款項的利息支出額。

(7) 稅金。指應計入企業管理費用的各種稅金，包括印花稅、房產稅、車船使用稅、土地使用稅。

(8) 其他支出。指企業發生的不屬於以上各費用要素，而應計入產品成本或期間費用的各項費用支出，如差旅費、租賃費、外部加工費、保險費等。

生產費用按照經濟內容劃分成的若干要素費用，進一步說明了成本的經濟內容。這種分類，可以反應企業一定時期內發生生產費用的種類和數額，據以分析企業各個時期各種費用的構成和水準；也可以反應企業生產經營中外購材料和燃料費用以及職工薪酬的實際情況，為企業核定儲備資金定額、考核儲備資金的過轉速度，編製材料採購計劃和制定其他費用計劃提供資料；還可以為統計工業部門的物質消耗和計算工業淨產值提供資料。但要素費用的分類有其局限性，主要表現在：不能充分說明各項費用發生的用途及與產品的具體關係，因而不便於分析各種費用的發生是否節約、合理。

二、費用按經濟用途分類

工業企業發生的費用是企業在一定時期內所發生的全部耗費的貨幣表現，而成本是企業為生產一定種類和一定數量的產品所發生的各項耗費，二者之間既有聯繫，又有區別。費用是產品成本形成的基礎，產品成本則是對象化了的費用。所以，工業企業在生產經營中發生的全部費用，可分為生產經營費用和非生產經營費用，而生產經營費用也並不都計入產品成本，它又可以分為計入產品成本的生產費用和計入當期損益的期間費用。

（一）生產成本按經濟用途分類

工業企業計入產品成本的生產費用在產品生產過程中的用途也是多種多樣的，其中有的直接用於產品生產，有的間接用於產品生產。為了具體反應計入產品成本的生產費用的各種用途，提供產品成本構成情況的資料，應把計入產品成本的生產費用，按其經濟用途分為若干個項目，稱為產品生產成本項目，簡稱成本項目。工業企業的成本項目一般包括以下幾個：

(1) 直接材料。指企業產品生產過程中直接用於產品生產的原料及主要材料、輔助材料、外購半成品、備品配件、燃料、動力、低值易耗品、包裝物等。它們或構成產品實體，或有助於產品實體的形成。

(2) 直接燃料和動力。指直接用於產品生產的各種直接燃料和動力費用。

(3) 直接人工。指企業直接從事產品生產製造的工人的薪酬，應包括工資、獎金、津貼、職工福利費、各類保險費用，以及辭退福利等其他與薪酬相關的支出。

(4) 製造費用。它主要包括企業為組織和管理車間產品生產而發生的、不直

接計入產品生產成本的各項間接費用，如車間管理人員的職工薪酬、車間的機物料消耗等；也包括直接用於產品生產但難以直接計入產品成本的費用，如機器設備折舊費等。

企業對於某些可以直接歸屬於有關產品的費用，若金額較大，或者管理上需要單獨反應、控制和考核的，可增設有關成本項目，如「外購半成品」「燃料及動力」「外部加工費」「廢品損失」等項目。企業也可以為了簡化核算手續，把產品生產工藝上耗用量不多的生產費用，並入「直接材料」和「製造費用」成本項目進行核算。但「直接材料」「直接人工」「製造費用」是工業企業成本的三個基本項目，一般不允許有取捨。企業設立的成本項目一經確定，就不應經常變動，以便於對不同時期的成本資料進行比較和分析。

生產費用按經濟用途分類，有利於反應費用與產品的關係，從而揭示產品成本的構成內容，進一步分析費用支出的合理性和結構水準，便於分析和挖掘企業降低成本的潛力。但成本項目不能反應產品成本中生產費用的種類和數額，不便於瞭解產品成本的費用構成情況。

費用按經濟用途的分類和按經濟內容的分類，是從不同的角度反應企業生產經營過程中的耗費，前者主要反應用到哪裡去，後者主要說明發生了哪些耗費。以職工薪酬為例進行比較，按經濟用途分類的「直接人工」項目中的薪酬，僅指直接從事產品製造的生產工人的薪酬；而按經濟內容分類的「職工薪酬」項目，則不僅包括生產工人的薪酬，還包括車間、分廠等部門和總廠（部）管理人員的薪酬。儘管費用要素與成本項目在反應成本費用構成上各有一定的不足，但二者卻可以相互彌補。若將它們配合使用，則可以完整地反應企業生產經營過程中生產耗費的全貌，滿足產品成本核算的基本需要。

（二）期間費用按經濟用途分類

上面闡述的是直接與產品製造相關的生產費用，而工業企業生產費用中還有一部分是與一定期間相聯繫的費用，不能直接計入某一特定產品，而應直接計入當期損益，其被稱為期間費用。它包括管理費用、財務費用和銷售費用。根據會計準則的規定，期間費用應直接計入當期損益。將期間費用直接計入當期損益，不列入產品成本，可以大大減輕會計核算的工作量；又由於未出售的庫存商品不負擔期間費用，可以避免企業發生潛虧，產生虛假利潤；同時，還有利於考核企業生產經營單位的成本管理現狀及進行成本預測和決策。

三、費用按其他標準分類

為了正確組織成本核算並進行分析，生產費用除了可以按照經濟內容和經濟用途進行分類以外，還可採用其他的標準進行分類。

1. 生產費用按其與特定產品生產工藝過程的關係分類

企業計入產品成本的各項生產費用，按其與產品生產工藝過程的關係可以分為直接費用和間接費用。直接費用是指某特定產品在生產工藝過程中造成的費用，因而其可以直接計入產品生產成本中的各項費用，如原材料費用、生產工人的工資等。間接費用是指為多種產品生產工藝過程共同耗用，不能直接計入的費用，其需要採用適當的標準分配計入多種產品成本的生產費用，如生產車間的機物料消耗、輔助生產車間工人工資、廠房的折舊費等。也就是說，凡是直接費用都必須根據原始憑證直接計入該種產品的成本；對於間接費用，則要選擇合理的分配標準分配計入。間接費用的分配標準選擇是否適當，直接影響成本計算是否正確，它是成本計算工作中的一個重要問題。

2. 生產費用按成本習性劃分

企業生產費用按其成本習性劃分，可以分為變動費用和固定費用。變動費用是指費用總額隨產品產量變動而成正比例增減變化的費用（如材料費用），但就單位產品來說，其費用則不隨產品產量的增減而發生變動。固定費用是指在一定期間的一定產量範圍內，其總額不隨產量增減而變動的費用（如固定資產的折舊費）。在費用總額不變的情況下，隨著產量的增減變化，單位產品中固定成本呈反方向變化。將生產費用分為變動費用和固定費用，是進行成本規劃和成本控制的前提條件，同時其對於分析成本升降原因和尋求降低成本的途徑是有很大作用的。

第三節　產品成本核算的一般程序和帳戶設置

產品成本的計算過程實際上就是按照工業企業成本核算要求對費用進行確認、歸集、分配、再歸集、再分配的過程。企業通過多次的分配與歸集，計算出產品的成本。

一、產品成本核算的一般程序

工業企業的產品成本核算是一項比較複雜的工作，所涉及的內容及運用的方法很多，但都遵循著相同的基本程序。成本核算的一般程序是指對企業在生產經營過程中發生的各項生產費用和期間費用，按照成本核算的要求，逐步歸集和分配，最後計算出各種產品的生產成本和各項期間費用的基本過程。成本核算的一般程序可歸納如下：

（一）確定成本計算對象

成本計算對象是生產費用的歸集對象和生產耗費的承擔者，它是計算產品成

本的前提。由於企業的生產特點、管理要求、規模大小、管理水準的不同,企業成本計算對象也不盡相同。對於工業企業而言,產品成本計算對象包括產品品種、產品批別、產品的生產步驟等。企業應根據自身的生產特點和管理要求,選擇合適的產品成本計算對象。

(二) 確定成本項目

如前所述,成本項目是生產費用按照經濟用途劃分的若干項目。通過成本項目,可以反應成本的經濟構成以及產品生產過程中不同的資金耗費情況。因此,企業為了滿足成本管理的需要,可在直接材料、直接人工和製造費用三個成本項目的基礎上進行必要的調整,例如單設其他直接支出、廢品損失、停工損失等成本項目。

(三) 確定成本計算期

成本計算期是指成本計算的間隔期,即多長時間計算一次成本。產品成本計算期的確定,主要取決於企業生產組織的特點。通常在大量、大批生產的情況下,產品成本的計算期與會計期相一致。在單件、小批生產的情況下,產品成本的計算期則與產品的生產週期相一致。

(四) 生產費用的審核和控制

對生產費用進行審核和控制,主要是確定各項費用是否應該開支,開支的費用是否應該記入產品成本。

(五) 生產費用的歸集和分配

生產費用的歸集和分配就是將應記入本月產品成本的各種要素費用在各有關產品之間,按照成本項目進行歸集和分配。歸集和分配的原則為:產品生產直接發生的生產費用直接作為產品成本的構成內容,記入該產品成本;為產品生產服務發生的間接費用,可先按發生地點和用途進行歸集匯總,然後分配計入各受益產品。產品成本計算的過程也是生產費用分配和匯總的過程。

(六) 計算完工產品成本和月末在產品成本

對既有完工產品又有月末在產品的產品,應將計入該產品的生產費用在其完工產品和月末在產品之間採用適當的方法進行劃分,以求得完工產品和月末在產品的成本。

二、產品成本核算的帳戶設置

工業企業為了核算其成本、費用,應該設置的帳戶一般有「生產成本」「製

造費用」「管理費用」「財務費用」「銷售費用」「預提費用」「待攤費用」「廢品損失」「停工損失」等，下面分別加以介紹。

(一)「生產成本」帳戶

為了按上述程序歸集生產費用，計算產品成本，企業一般應設置「生產成本」總帳帳戶，用以核算企業進行產品生產（包括產成品、自制半成品、提供勞務等）、自制材料、自制工具、自制設備等所發生的各項生產費用。為了分別核算基本生產成本和輔助生產成本，還應在該總帳帳戶下設立「基本生產成本」和「輔助生產成本」兩個二級帳戶，在二級帳戶下再按一定要求設置明細帳戶。為了簡化會計核算手續，可以將兩個二級帳戶提升為一級帳戶，不再設置「生產成本」總帳帳戶。本書是按分設兩個總帳帳戶即「基本生產成本」和「輔助生產成本」進行闡述的。

1.「基本生產成本」總帳帳戶及其明細帳的設立

基本生產是指為完成企業主要生產目的而進行的產品生產。「基本生產成本」總帳帳戶是為了歸集基本生產過程中所發生的各種生產費用和計算基本生產產品成本而設立的。基本生產所發生的各項費用記入該帳戶的借方；完工入庫的產品成本記入該帳戶的貸方；該帳戶的餘額，就是基本生產在產品的成本。該帳戶應按產品品種等成本計算對象分設基本生產成本明細帳，也稱產品成本明細帳或產品成本計算單。帳中應按成本項目分設專欄或專行，登記該產品的各成本項目的月初在產品成本、本月發生的生產費用、本月完工產品成本和月末在產品成本。其格式及應用見表3-1和表3-2。

表 3-1　　　　　　　　　　基本生產成本明細帳

車間名稱：第一車間　　　　　××年×月　　　　　　產品名稱：A產品

月	日	摘要	數量（個）	成本項目（元）			合計（元）
				直接材料	直接人工	製造費用	
5	31	本月生產費用		30,000	1,500	9,000	40,500
5	31	本月完工產品成本	100	30,000	1,500	9,000	40,500
5	31	完工產品單位成本		300	15	90	405

表 3-2　　　　　　　　　　　基本生產成本明細帳

車間名稱：第二車間　　　　　　　××年×月　　　　　　　　產品名稱：B 產品

月	日	摘要	數量（個）	直接材料	直接人工	製造費用	合計（元）
5	1	月初在產品成本		4,600	380	2,300	7,280
5	31	本月生產費用		28,400	2,160	2,120	32,680
5	31	生產費用累計		33,000	2,540	4,420	39,960
5	31	本月完工產品成本	200	22,000	2,032	3,536	27,568
5	31	完工產品單位成本		110	10.16	17.68	137.84
5	31	月末在產品成本		11,000	508	884	12,392

2.「輔助生產成本」總帳帳戶及其明細帳的設立

輔助生產是指為基本生產部門、企業管理部門和其他部門提供勞務或產品的生產，例如工具、模具、修理用備件等產品的生產和修理、運輸等勞務的供應等。輔助生產提供的產品或勞務，有時也對外銷售，但這不是它的主要目的。輔助生產所發生的各項費用記入「輔助生產成本」總帳帳戶的借方；完工入庫產品的成本或分配轉出的勞務費用記入該帳戶的貸方；該帳戶的餘額，就是輔助生產在產品的成本。該帳戶應按輔助生產車間和生產的產品、勞務分設輔助生產成本明細帳，帳中按輔助生產的成本項目或費用項目分設專欄或專行進行登記。

（二）「製造費用」帳戶

為了核算企業各個生產單位（分廠、車間）為組織和管理生產產品或提供勞務而發生的各項間接費用，應設置「製造費用」帳戶。其借方登記企業發生的各項製造費用，貸方登記月末分配轉入「基本生產成本」帳戶借方的全部間接費用。期末一般無餘額（季節性生產企業除外）。該帳戶按不同的車間、部門設置明細分類帳戶，帳內按照費用的具體項目設置專欄。

（三）「管理費用」帳戶

為了核算企業行政管理部門為組織和管理生產經營活動而發生的費用，應設置「管理費用」帳戶。其借方登記企業發生的各項管理費用，貸方登記轉入「本年利潤」帳戶借方的數額。期末結轉後該帳戶無餘額。該帳戶按費用項目設置多欄式明細帳進行明細核算。

（四）「財務費用」帳戶

為了核算企業為籌集生產經營所需資金而發生的費用，包括利息支出、匯兌

損失以及相關的手續費等，應設置「財務費用」帳戶。其借方登記企業發生的各項財務費用，貸方登記沖減財務費用的項目及期末轉入「本年利潤」帳戶借方的數額。期末結轉後該帳戶無餘額。該帳戶按費用項目設置多欄式明細帳進行明細核算。

(五)「銷售費用」帳戶

為了核算企業在產品銷售過程中所發生的各項費用，應設置「銷售費用」帳戶。該帳戶的借方登記實際發生的各項銷售費用，貸方登記期末轉入「本年利潤」帳戶的銷售費用。期末結轉後該帳戶應無餘額。該帳戶按費用項目設置多欄式明細帳進行明細核算。

(六)「廢品損失」帳戶

需要單獨核算廢品損失的企業，應設置「廢品損失」帳戶。該帳戶的借方登記不可修復廢品的生產成本和可修復廢品的修復費用，貸方登記廢品殘料回收的價值、應收的賠款以及轉出的廢品淨損失。該帳戶月末應無餘額。「廢品損失」帳戶應按車間設置明細分類帳，帳內按產品品種分設專戶，並按成本項目設置專欄或專行進行明細核算。

(七)「停工損失」帳戶

需要單獨核算停工損失的企業，應設置「停工損失」帳戶。該帳戶借方登記本月發生的各種停工損失，貸方登記分配結轉的停工損失，月末一般無餘額。「停工損失」帳戶應按車間設置明細分類帳，帳內按成本項目分設專欄或專行進行明細核算。

三、產品成本核算的帳務處理程序

結合本節所講述的成本核算的一般程序和成本核算所需設置的主要帳戶，工業企業成本核算的帳務處理程序如下所述。

(一) 歸集和分配各項要素費用

將發生的各項要素費用從相關資產（如原材料、累計折舊、銀行存款等）和負債（如應付職工薪酬、應付帳款等）帳戶的貸方轉入各成本、費用帳戶的借方。

(二) 歸集和分配輔助生產費用

將歸集的輔助生產費用從其帳戶的貸方轉入各成本、費用帳戶的借方。

(三) 歸集和分配製造費用

將歸集的製造費用從其帳戶的貸方轉入各成本、費用帳戶的借方。

(四) 結轉不可修復廢品的生產成本

將不可修復廢品的生產成本從「基本生產成本」帳戶的貸方轉入「廢品損失」帳戶的借方。

(五) 分配廢品損失和停工損失

將廢品淨損失和停工損失分配計入各有關合格品的成本中。

(六) 結轉完工產品（包括自制半成品）成本

將歸集的基本生產成本從其帳戶的貸方轉入「庫存商品」帳戶的借方。

(七) 結轉已銷售產品成本

將已銷售產品成本由「庫存商品」帳戶的貸方轉入「主營業務成本」帳戶的借方。

產品成本核算帳務處理的基本程序如圖3-1所示。

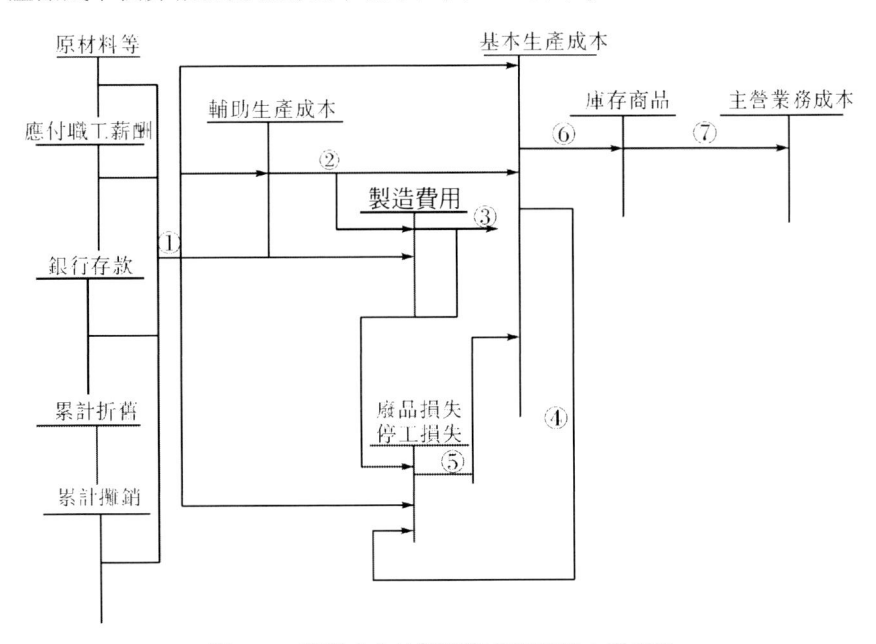

圖3-1 產品成本核算帳務處理的基本程序圖

說明：①歸集和分配各項要素費用；②歸集和分配輔助生產費用；③歸集和分配製造費用；④結轉不可修復廢品的生產成本；⑤分配廢品損失和停工損失；⑥結轉完工產品（包括自制半成品）成本；⑦結轉已銷產品成本。

第四節　工業企業成本核算程序

一、工業企業成本核算應設置的帳戶

為了正確反應和核算產品生產過程中所發生的生產費用以及產品生產成本的形成過程，企業一般要設置以下有關帳戶。

「生產成本」帳戶是核算企業進行工業性生產，包括生產各種產品（產成品、自制半成品、提供勞務等）、自制材料、自制工具、自制設備等所發生的各項生產費用。該帳戶屬於成本類帳戶，下設「基本生產成本」和「輔助生產成本」兩個二級明細帳戶。根據成本核算的需要，企業可將「基本生產成本」和「輔助生產成本」兩個二級明細帳戶設成兩個一級帳戶進行核算。

（一）「生產成本——基本生產成本」明細帳戶

該帳戶是核算企業為完成主要生產目的而進行的商品、產品生產所發生的各種生產費用。其借方登記企業為進行基本生產所發生的各種費用，如直接材料、直接人工等直接費用，以及通過設置「製造費用」帳戶歸集的、在月末按一定標準分配後轉入的間接費用；貸方登記完工入庫轉出的產品生產成本。餘額在借方，表示期末尚未加工完成的在產品成本。「基本生產成本」帳戶應按產品品種、批別、生產步驟等成本計算對象，設置產品成本明細分類帳（或稱基本生產明細帳、產品成本計算單），帳內按產品成本項目分設專欄或專行。其格式如表3-3所示。

表 3-3　　　　　　　生產成本——基本生產成本明細帳

產品：甲產品

201×年		憑證號	摘要	產量（個）	工時（小時）	成本項目（元）				
月	日					直接材料	燃料和動力	直接人工	製造費用	合計
1	1		月初在產品	238	1,070	20,730	708	700	2,280	24,418
1	31		分配材料費用	762		74,800	600			75,400
			分配材料成本差異			3,530	12			3,542
			分配工資費用		9,250			3,700		3,700
			分配福利費					518		518
			分配外購動力費用				1,850			1,850
			分配輔助生產費用				1,542			1,542

表3-3(續)

201×年		憑證號	摘要	產量(個)	工時(小時)	成本項目（元）				合計
月	日					直接材料	燃料和動力	直接人工	製造費用	
			分配製造費用						7,797	7,797
			合計	1,000	10,320	99,060	4,712	4,918	10,077	118,767
			結轉完工產品	1,000	10,320	99,060	4,712	4,918	10,077	118,767
			月末在產品成本	—	—	—	—	—	—	—

如果企業生產的產品品種較多，為了按照產品成本項目（或者既按車間又按成本項目）匯總反應全部產品總成本，還可設置「基本生產成本二級帳」。

(二)「生產成本——輔助生產成本」帳戶

「生產成本——輔助生產成本」帳戶是用來核算企業為基本生產服務而進行的產品生產和勞務供應所發生的各項費用。該帳戶的借方登記輔助生產車間為生產產品或提供勞務而發生的各種費用，貸方登記完工入庫產品的成本或分配轉出的勞務成本；餘額在借方，表示輔助生產在產品的成本。「生產成本——輔助生產成本」科目應按輔助生產車間和生產的產品、勞務分設明細分類帳，按輔助生產的成本項目或費用項目分設專欄或專行進行明細登記。如果輔助生產車間生產產品，則其帳戶格式和成本核算程序與「生產成本——基本生產成本」帳戶格式和核算程序基本相同。

(三)「製造費用」帳戶

為了正確核算企業為組織車間產品生產和提供勞務而發生的各項間接費用，應設置「製造費用」帳戶。該帳戶屬於成本類帳戶，包括車間管理人員的薪酬、折舊費、修理費、辦公費、水電費、機物料消耗、低值易耗品攤銷、勞動保護費、季節性和修理期間的停工損失等。其借方登記實際發生的製造費用，貸方登記分配轉出的製造費用；除季節性生產企業外，月末該帳戶經過結轉後一般應無餘額。「製造費用」帳戶，應按車間、部門設置明細分類帳，帳內按費用項目設立專欄進行明細登記。輔助生產車間根據實際情況和管理需要確定是否設置「製造費用」明細帳。

(四)「廢品損失」帳戶

需要單獨核算廢品損失的企業，應當設置「廢品損失」科目。該帳戶的借方登記不可修復廢品的生產成本和可修復廢品的修復費用，貸方登記廢品殘料回收的價值、應收的賠款以及轉出的廢品淨損失。該帳戶月末一般無餘額。「廢品損

失」帳戶應按車間設置明細分類帳，帳內設置專欄或專行進行明細核算。

(五)「停工損失」帳戶

凡是需要單獨核算「停工損失」的企業，可以設置「停工損失」帳戶。該帳戶用於核算企業生產車間由於計劃減產或者由於停電、待料、機器設備發生故障等原因而停止生產所造成的損失。該帳戶借方記錄停工期間應付職工薪酬、維護保養設備消耗的材料費用、應負擔的製造費用等，貸方反應分配結轉的停工損失。該帳戶月末一般無餘額，如果跨月停工，則可能出現借方餘額。

「停工損失」明細帳戶應按車間設置，帳內按照實際停工和計劃停工進行記錄，以便明確責任、正確計算產品成本。

需要說明的是：如果企業不單獨核算生產車間發生的廢品損失和停工期間各種耗費，則廢品損失與停工期間的各種消耗就會同正常生產期間的耗費混在一起，計入核算生產成本的相關帳戶中。

二、產品成本核算的基本程序

產品成本核算的基本程序，是指對企業在生產經營過程中發生的各項費用，按照成本核算的要求，採用一定的方法，逐步進行歸集和分配，最後算出各種產品的生產成本的基本過程。

(一) 成本核算的前期準備工作

要想保證產品成本核算的質量，提高核算工作效率，實現正確計算成本的目的，必須做好以下幾項前期準備工作。

1. 正確劃分成本核算環節

所謂正確劃分成本核算環節，就是首先應當在會計上將企業生產單位根據生產目的、職能劃分為兩種類型：一種是直接從事產品生產的基本生產單位；另一種是服務於產品生產的輔助生產單位。前者是產品成本核算的基本環節，後者則具有過渡性質，最終需要將輔助生產單位的費用分配給基本生產環節。

不同企業，成本核算環節的劃分是有差別的，主要根據其生產目的進行劃分。

2. 確定成本計算對象，選擇成本計算方法

企業應當根據自身的生產特點，結合成本管理要求，確定具體的成本計算對象。

所謂成本計算對象，就是歸集生產費用、積聚成本的對象，也就是生產費用的最終承擔者。在實務中，成本計算對象的確定是開設基本生產明細帳的前提條件。

成本計算對象的確定，有賴於成本計算方法的選擇。在不同的成本計算方法

下，其成本計算對象是不同的。因此，企業必須根據生產類型及管理上對成本核算數據的要求選擇成本計算方法。基本的成本計算方法有品種法、分批法、分步法。

3. 確定各種產品的成本項目

各種成本計算對象消耗的生產費用很多，必須按照一定的成本項目對它們進行歸集和計算，以便反應產品成本的基本構成情況。企業應當依據會計制度的規定，根據生產特點和管理上的要求考慮本企業產品的成本項目設置問題。

成本項目設置與會計核算工作量有著直接聯繫，不宜設置得太細、太多，應以滿足成本管理為原則。在後面章節的舉例中，我們一般設置「直接材料」「直接人工」「製造費用」三個成本項目，但這並不是說只能設置這三個項目，應根據產品成本構成，按照重要性原則設置。

(二) 產品成本核算的一般程序

成本核算的一般程序，就是對生產費用進行分類核算，將發生的各項生產費用按經濟用途歸類的基本過程。在具體進行產品成本核算時，其一般程序可以歸納為以下幾個步驟：

1. 分配各項要素費用

根據生產費用的有關資料，如領料單、工資結算單、折舊計算表等，將原材料、燃料、動力、工資、固定資產折舊等要素費用，在加強費用審核和控制的前提下，按照成本計算對象和費用發生的用途、地點、部門，填製實際發生的各項費用的原始憑證或原始憑證匯總表，然後根據費用發生的原始憑證或原始憑證匯總表，採用一定的分配標準編製各種要素費用的分配表，如原材料費用分配表、動力費用分配表、薪酬費用分配表、折舊費用分配表等，據以計入「生產成本——基本生產成本」「生產成本——輔助生產成本」「製造費用」等帳戶。

通過要素費用的歸集和分配，可以將本期發生的各項生產費用中屬於產品受益的部分計入成本核算帳戶，非產品受益的部分計入「管理費用」「銷售費用」「在建工程」「財務費用」等帳戶，從而分清計入產品成本和不計入產品成本的費用界限。

2. 分配輔助生產費用

由於輔助生產是為基本生產提供產品或服務的，為了計算基本生產車間各種產品的成本，必須先對輔助生產車間、單位發生的費用進行分配。對歸集於各輔助生產明細帳的費用，除了應將本月完工入庫的自製材料、自製工具的生產成本轉為存貨成本之外，在月末還應根據提供產品或勞務的數量編製「輔助生產費用分配表」，將所發生的輔助生產費用分配給受益的產品、車間或部門，計入「生產成本——基本生產成本」「製造費用」等總帳及其明細帳戶。

在分配輔助生產費用時，如果各輔助生產車間之間彼此提供的產品或勞務可以相互抵消，或者在輔助生產車間之間互相提供勞務量較少的情況下，輔助生產費用不需要進行交互分配，只用分配給除輔助生產車間之外的受益對象；如果輔助生產車間相互提供的產品或勞務懸殊較大，為準確起見，應進行交互分配（輔助生產費用的分配方法見第四章）。

3. 分配製造費用

各基本生產車間的製造費用歸集完畢之後，應分別按不同車間在各產品之間進行分配，計入產品成本中的「製造費用」成本項目。若某基本生產車間只生產一種產品，就可以將該車間歸集的製造費用直接結轉計入該種產品成本；若該車間生產多種產品，則需要採用一定的分配方法，在編製「製造費用分配表」之後計入各種產品的「製造費用」成本項目。

4. 分配生產損失

生產損失是指企業在產品生產過程中因生產方面的原因發生的各種損失，主要包括廢品損失和停工損失。凡是需要單獨核算生產損失的企業，可以設置「廢品損失」「停工損失」帳戶歸集生產過程中廢品發生的損失、停工期間發生的消耗，提供這方面的專門數據，以加強對生產損失的控制。凡是不單獨核算生產損失的企業，一旦出現廢品和停工現象，其發生的消耗就與正品和非停工期間的生產耗費混在一起，包括在「直接材料」「直接人工」「製造費用」成本項目中，增加正品的單位成本，當然，也就不會形成一個單獨的產品成本核算環節和步驟。關於廢品損失和停工損失的具體會計處理將在後面介紹，此處不再詳述。

5. 在完工產品和在產品之間分配生產費用

經過上述生產費用的一系列歸集和分配，本月發生應計入產品成本的各種生產費用均已計入各個基本生產明細帳（又叫產品成本計算單）。在沒有月末在產品或在產品較少的企業，基本生產明細帳上所歸集的生產費用就是完工產品的實際總成本。實際總成本除以產量，即為完工產品單位成本。但在大批量生產企業，月末一般都有一定數量的在產品，還需要將產品本月發生的生產費用和月初在產品成本之和在完工產品與月末在產品之間進行分配，計算出本月完工產品實際總成本和單位成本，並將完工入庫產品成本從「生產成本——基本生產成本」帳戶轉入「庫存商品」或「自制半成品」帳戶。

從以上論述中可以看出，產品成本核算的一般程序實際上就是生產費用不斷歸集、分配、再歸集、再分配的過程，也就是不斷劃清幾個費用界限的過程。具體的帳務處理程序如圖 3-2 所示。

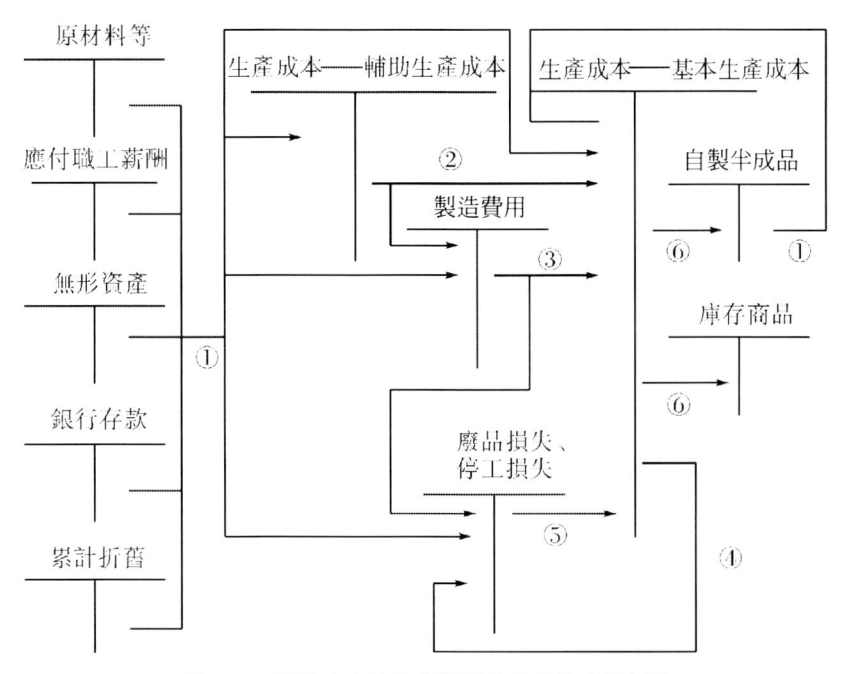

圖 3-2　產品成本核算主要帳務處理基本程序圖

說明：①分配各項要素費用、生產領用自制半成品；②分配輔助生產費用；③分配製造費用；④結轉不可修復廢品成本；⑤分配廢品損失和停工損失；⑥結轉產成品成本及自制半成品成本。

第四章　費用的歸集和分配

第一節　要素費用歸集和分配概述

　　工業企業要素費用是指外購材料、外購燃料、外購動力、工資及提取的職工福利費、折舊費、利息費用、稅金及其他費用。這些要素費用是將生產過程中物化勞動（包括勞動對象和勞動手段）和活勞動的耗費按照經濟內容進行的分類。所謂各要素費用的核算，就是將企業一定期間（月份）所發生的要素費用，按照其經濟用途劃分、歸集並分配。

一、用於產品生產的要素費用的歸集和分配

　　用於產品生產的要素費用按其能否直接計入產品成本分為直接計入費用和間接計入費用。直接計入費用是指能分清哪種產品所耗用，可以直接計入某種產品成本的費用，簡稱直接費用；間接計入費用是指不能分清哪種產品所耗用，不能直接計入某種產品成本，必須按照一定標準分配計入有關產品成本的費用，簡稱間接費用。

　　由於基本生產成本明細帳是按產品品種等成本計算對應設置的，在帳內按成本項目設專欄或專行，所以用於基本生產的費用是按產品品種和成本項目歸集和分配。對於直接用於產品生產（指基本生產的產品生產，下同）專設成本項目的直接生產費用，例如構成產品實體的原材料費用、工藝用燃料費用或生產用動力費用，應記入「生產成本——基本生產成本」明細帳。如果是某一種產品的直接計入費用，還應直接記入該種產品成本明細帳的「原材料」或「燃料及動力」成本項目；如果是生產幾種產品的間接計入費用，則應採用適當的分配方法在有關產品之間分配，分配以後分別計入各該種產品成本明細帳的「原材料」或「燃料與動力」成本項目。用於基本生產但又沒有專門設立成本項目的費用，一般是屬於間接計入費用，應先記入「製造費用」總帳和所屬明細帳進行歸集，然後採用適當的分配方法在產品之間分配後，通過一定的帳務處理程序轉入「生產成本——基本生產成本」二級帳戶及其所屬明細帳的成本項目之中。這樣，在「生產

成本——基本生產成本」二級帳戶及所屬明細帳的各項成本中，就歸集了應由本月基本生產的各種產品負擔的全部生產費用。將這些費用加上月初在產品費用，在完工產品和月末在產品之間進行分配，就可計算出各種完工產品和月末在產品的成本。要素費用用於輔助生產與用於基本生產的歸集和分配基本相同，不同的是輔助生產發生的費用應用「生產成本——輔助生產成本」二級帳戶歸集和分配。這裡所說的適當的分配方法，是指分配依據的標準與分配對象有較密切的聯繫，而且分配標準的資料比較容易取得，即分配的方法較合理又較簡便。分配間接計入費用的標準主要有：

（1）成果類，如產品的重量、體積、產量、產值等；

（2）消耗類，如生產工時、生產工資、機器工時、原材料消耗量或原材料費用等；

（3）定額類，如定額消耗量、定額費用等。計算公式概括如下：

某受益對象負擔的費用＝該對象的分配標準×費用分配率

費用分配率＝待分配費用總額÷分配標準總額

分配標準即費用分配的依據。應當指出的是，費用分配是否科學合理，關鍵在於分配標準的選擇。一方面要選擇與被分配費用的受益程度有密切聯繫的分配標準，例如原材料應選擇耗用數量，生產工人工資可以選擇生產工時；另一方面要選擇容易取得的數據及便於計算的分配標準，以減少工作量，加速成本核算。分配標準可以是實際數，如生產實際工時、產品產量、生產工人工資等，也可以是定額計劃數，如材料消耗定額、計劃單位成本、工資定額等，可以用實物量、貨幣單位表示，也可以用勞動量單位表示。

二、其他要素費用的歸集和分配

在生產經營過程中發生的用於產品銷售的費用、行政管理部門發生的費用，以及籌集資金活動中發生的費用等各項期間費用，則不計入產品成本，而應分別記「銷售費用」「管理費用」「財務費用」總帳科目及其所屬明細帳，然後轉入「本年利潤」科目，衝減當月損益。

對於購建和建造固定資產的費用，購買無形資產的費用等資本性支出，不計入產品成本和期間費用，記入「在建工程」「無形資產」等科目。各項要素費用的分配，是通過編製各種費用分配表進行的，根據分配表編製會計分錄，據以登記各種成本、費用總帳科目及其所屬明細帳。

第二節　輔助生產費用的歸集與分配

　　輔助生產是指為基本生產車間、企業行政管理部門等單位服務而進行的產品生產和勞務供應。其中有的只生產一種產品或提供一種勞務，如供電、供水、供汽、運輸等輔助生產；有的則生產多種產品或提供多種勞務，如從事工具、模具、修理用備件的製造，以及機器設備的修理等輔助生產。輔助生產提供的產品和勞務有時也對外銷售，但主要是為企業服務。輔助生產產品和勞務成本的高低，影響到企業產品成本和期間費用的水準，因此，正確、及時組織輔助生產費用的歸集和分配，對於節約費用、降低成本有著十分重要的意義。

一、輔助生產費用的歸集

　　輔助生產費用的正確歸集，是輔助生產費用分配的前提，也是正確計算產品成本的基礎。為了正確歸集輔助生產費用，必須設置「生產成本——輔助生產成本」帳戶，根據不同類型的輔助生產成本進行輔助生產費用的歸集。一般應按車間以及產品或勞務的種類設置明細帳，帳內按照成本項目或費用項目設置專欄，進行明細核算。對於直接用於輔助生產產品或提供勞務的費用，應計入「生產成本——輔助生產成本」的借方；對於單設「製造費用」科目的輔助生產車間，發生的製造費用，則先計入「製造費用——輔助生產車間」科目的借方匯總，然後從「製造費用——輔助生產車間」科目的貸方，直接轉入或分配轉入「生產成本——輔助生產成本」科目及其明細帳的借方，計算輔助生產的產品或勞務的成本。輔助生產完工的產品或勞務的成本，經過分配以後從「生產成本——輔助生產成本」科目的貸方轉出，期末如有借方餘額，為輔助生產的在產品成本。

　　如果輔助車間規模較小，發生的製造費用較少，不對外提供產品和勞務，也可以不單獨設「製造費用」帳戶，輔助車間發生的各種費用都直接計入「生產成本——輔助生產成本」。

二、輔助生產費用的分配

　　歸集在「生產成本——輔助生產成本」科目及其明細帳借方的輔助生產費用，由於輔助生產車間所生產的產品和勞務的種類不同，費用轉出、分配的程序也不一樣。所提供的產品，如工具、模具和修理用備件等產品成本，應在產品完工時，從「生產成本——輔助生產成本」科目的貸方分別轉入「週轉材料——低值易耗品」或「原材料」科目的借方；而提供的勞務作業，如水、電、汽、修理和運輸

等所發生的費用，則要在各受益單位之間按照所耗數量或其他比例進行分配後，從「生產成本——輔助生產成本」科目的貸方轉入「生產成本——基本生產成本」「製造費用」「管理費用」「銷售費用」「在建工程」等科目的借方。輔助生產費用的分配是通過編製輔助生產費用分配表來進行的。

輔助生產費用的分配，通常採用的分配方法有直接分配法、順序分配法、交互分配法、代數分配法和計劃成本分配法。限於篇幅，我們用【例4-1】來說明五種方法的應用。

【例4-1】某企業設有供電、鍋爐兩個輔助生產車間，201×年3月有關輔助生產成本分配資料如下：

（1）供電車間發生的費用為88,000元，鍋爐車間發生的費用為36,000元。

（2）車間輔助生產勞務供應通知單內容如下：供電車間共提供220,000度電，其中鍋爐車間耗用20,000度，甲產品耗用80,000度，乙產品耗用60,000度，車間一般耗用50,000度，管理部門耗用10,000度。

（3）鍋爐車間共提供6,000立方米的蒸汽，其中供電車間耗用1,000立方米，甲產品耗用2,000立方米，乙產品耗用1,500立方米，車間一般耗用900立方米，管理部門耗用600立方米。

（4）假設供電車間計劃單位成本為0.42元，鍋爐車間計劃單位成本為5.80元。

（一）直接分配法

直接分配法是指各輔助生產車間發生的費用，直接分配給輔助生產車間外的各受益產品、單位而不考慮各輔助生產車間之間相互提供產品或勞務的情況。

根據例題所給資料，我們可以把各受益單位劃分為內部受益單位和外部受益單位。這裡的內、外是相對於輔助生產車間自身而言的。

分配過程：

單位成本（分配率）＝待分配輔助生產費用÷輔助車間對外提供勞務的數量
輔助車間以外的受益單位應負擔的費用＝單位成本×該受益單位接受勞務量
供電車間費用分配如下：
單位成本＝88,000÷（220,000－20,000）＝0.44（元/度）
甲產品應負擔的費用＝80,000×0.44＝35,200（元）
乙產品應負擔的費用＝60,000×0.44＝26,400（元）
車間一般耗用＝50,000×0.44＝22,000（元）
管理部門應負擔的費用＝10,000×0.44＝4,400（元）
鍋爐車間費用分配如下：
單位成本＝36,000÷（6,000－1,000）＝7.2（元/立方米）

甲產品應負擔的費用＝2,000×7.2＝14,400（元）

乙產品應負擔的費用＝1,500×7.2＝10,800（元）

車間一般耗用＝900×7.2＝6,480（元）

管理部門應負擔的費用＝600×7.2＝4,320（元）

直接分配法下輔助生產費用分配情況如表 4-1 所示。

表 4-1　　　　　　　　　　輔助生產費用分配表

（直接分配法）

項目		供電車間	鍋爐車間	合計
待分配輔助生產費用（元）		88,000	36,000	124,000
供應輔助生產以外的勞務數量（度，立方米）		20,000	1,000	—
單位成本（元/度，元/立方米）		0.44	7.2	
基本生產——甲產品	耗用數量（度，立方米）	80,000	2,000	
	分配金額（元）	35,200	14,400	49,600
基本生產——乙產品	耗用數量（度，立方米）	60,000	1,500	
	分配金額（元）	26,400	10,800	37,200
基本車間一般耗用	耗用數量（度，立方米）	50,000	900	
	分配金額（元）	22,000	6,480	28,480
管理部門耗用	耗用數量（度，立方米）	10,000	600	—
	分配金額（元）	4,400	4,320	8,720

帳務處理：

借：生產成本——基本生產成本——甲產品　　　　　　　49,600

　　　　　　　　　　　　　　　　——乙產品　　　　　　37,200

　　製造費用——基本生產車間　　　　　　　　　　　　28,480

　　管理費用　　　　　　　　　　　　　　　　　　　　8,720

貸：輔助生產成本——供電車間　　　　　　　　　　　　88,000

　　　　　　　　——鍋爐車間　　　　　　　　　　　　36,000

採用直接分配法，各輔助生產車間的待分配費用只對外部受益單位分配一次，計算工作簡便。但由於各輔助生產車間包括的費用不全，因而分配結果不夠準確。因此直接分配法一般適合在輔助生產內部相互提供勞務不多，不進行費用的交互分配對輔助生產成本和企業產品成本影響不大的情況下採用。

（二）順序分配法

順序分配法是指各輔助生產車間之間的費用分配是按照受益多少的順序依次排列的，受益少的先分配，受益多的後分配。

分配過程如下：

（1）確定受益順序。

單位成本（分配率）＝待分配費用÷勞務總量

供電車間單位成本＝88,000÷220,000＝0.4（元/度）

鍋爐車間分配電費＝20,000×0.4＝8,000（元）

鍋爐車間單位成本＝36,000÷6,000＝6（元/立方米）

供電車間分配蒸汽費＝1,000×6＝6,000（元）

結論：供電車間受益少，先分配費用。

（2）供電車間費用分配。

先分配車間單位成本＝待分配費用÷勞務總量

單位成本＝88,000÷220,000＝0.4（元/度）

鍋爐車間分配電費＝20,000×0.4＝8,000（元）

甲產品應負擔的費用＝80,000×0.4＝32,000（元）

乙產品應負擔的費用＝60,000×0.4＝24,000（元）

車間一般耗用＝50,000×0.4＝20,000（元）

管理部門應負擔的費用＝10,000×0.4＝4,000（元）

後分配車間單位成本＝（待分配費用＋分配轉入費用）÷（勞務總量－先分配車間受益數量）

單位成本＝（36,000＋8,000）÷（6,000－1,000）＝8.8（元/立方米）

甲產品應負擔費用＝2,000×8.8＝17,600（元）

乙產品應負擔費用＝1,500×8.8＝13,200（元）

車間一般耗用＝900×8.8＝7,920（元）

管理部門應負擔費用＝600×8.8＝5,280（元）

順序分配法下輔助生產費用分配情況如表4-2所示。

表4-2　　　　　　　　輔助生產費用分配表

（順序分配法）

項目	分配數量（度,立方米）	分配費用			分配率	分配額							
		直接發生費用（元）	分配轉入費用（元）	小計（元）		鍋爐車間		生產成本		製造費用		管理費用	
						數量（度）	金額（元）	數量（度）	金額（元）	數量（度）	金額（元）	數量（度）	金額（元）
供電車間	220,000	88,000		88,000	0.4	20,000	8,000	140,000	56,000	50,000	20,000	10,000	4,000
鍋爐車間	5,000	36,000	8,000	44,000	8.8			3,500	30,800	900	7,920	600	5,280
合計		124,000	8,000	132,000			8,000		86,800		27,920		9,280

帳務處理：

借：生產成本——基本生產成本——甲產品　　　　　　　49,600
　　　　　　　　　　　　　　——乙產品　　　　　　　37,200
　　生產成本——輔助生產成本——鍋爐車間　　　　　　8,000
　　製造費用——基本生產車間　　　　　　　　　　　　27,920
　　管理費用　　　　　　　　　　　　　　　　　　　　9,280
　貸：輔助生產成本——供電車間　　　　　　　　　　　88,000
　　　　　　　　——鍋爐車間　　　　　　　　　　　　44,000

採用順序分配法，各輔助生產費用只分配一次，既分配給輔助生產以外的受益單位，又分配給排列在後面的其他輔助生產車間部門，這樣，分配結果的正確性受到一定的影響，計算工作量有所增加。因此，這種分配方法只適合在各輔助生產車間或部門之間相互受益程度有明顯順序的情況下採用。

(三) 交互分配法

交互分配法是對各輔助生產車間的成本費用進行兩次分配。首先根據車間、部門提供的產品或勞務的數量和交互分配前的單位成本（費用分配率），在各輔助生產車間之間進行一次交互分配；然後將各輔助生產車間、部門交互分配後的實際費用（交互分配前的費用加上交互分配轉入的費用，減去交互分配轉出的費用），按提供產品或勞務的數量和交互分配後的單位成本（費用分配率）在輔助生產車間、部門以外的各受益單位進行分配。

分配過程如下：

(1) 交互分配。

交互分配單位成本（分配率）＝待分配費用÷勞務總量

供電車間單位成本＝88,000÷220,000＝0.4（元/度）

鍋爐車間分配電費＝20,000×0.4＝8,000（元）

鍋爐車間單位成本＝36,000÷6,000＝6（元/立方米）

供電車間分配蒸汽費＝1,000×6＝6,000（元）

(2) 對外分配。

對外分配單位成本(分配率)＝(待分配費用＋交互分配轉入的費用－交互分配轉出的費用)÷(勞務總量－輔助車間耗用數量)

供電車間對外分配率＝（88,000＋6,000－8,000）÷（220,000－20,000）＝0.43（元/度）

甲產品應負擔的費用＝80,000×0.43＝34,400（元）

乙產品應負擔的費用＝60,000×0.43＝25,800（元）

車間一般耗用＝50,000×0.43＝21,500（元）

管理部門應負擔的費用＝10,000×0.43＝4,300（元）

鍋爐車間對外分配率＝（36,000＋8,000－6,000）÷（6,000－1,000）＝7.6（元/立方米）

甲產品應負擔的費用＝2,000×7.6＝15,200（元）

乙產品應負擔的費用＝1,500×7.6＝11,400（元）

車間一般耗用＝900×7.6＝6,840（元）

管理部門應負擔的費用＝600×7.6＝4,560（元）

交互分配法下輔助生產費用分配情況如表4-3所示。

表4-3　　　　　　　　　輔助生產費用分配表
（交互分配法）

項目		供電車間			鍋爐車間			金額合計（元）
		數量（度）	分配率	分配金額（元）	數量（立方米）	分配率	分配金額（元）	
待分配輔助生產費用		220,000	0.4	88,000	6,000	6	36,000	
交互分配	供電車間				1,000		6,000	6,000
	鍋爐車間	20,000		8,000				8,000
對外分配輔助生產費用			0.43	86,000			38,000	
對外分配	基本生產——甲產品	80,000		34,400	2,000		15,200	49,600
	基本生產——乙產品	60,000		25,800	1,500		11,400	37,200
	車間一般耗用	50,000		21,500	900		6,840	28,340
	行政管理部門	10,000		4,300	600		4,560	8,860

帳務處理：

（1）交互分配。

借：生產成本——輔助生產成本——供電車間　　　　　　6,000
　　　　　　　　　　　　　　　　——鍋爐車間　　　　　　8,000
　貸：生產成本——輔助生產成本——供電車間　　　　　　8,000
　　　　　　　　　　　　　　　　——鍋爐車間　　　　　　6,000

（2）對外分配。

借：生產成本——基本生產成本——甲產品　　　　　　　49,600
　　　　　　　　　　　　　　　——乙產品　　　　　　　37,200
　　製造費用——基本生產車間　　　　　　　　　　　　　28,340
　　管理費用　　　　　　　　　　　　　　　　　　　　　8,860
　貸：生產成本——輔助生產成本——供電車間　　　　　　86,000
　　　　　　　　　　　　　　　　——鍋爐車間　　　　　38,000

採用交互分配法，輔助生產內部相互提供產品或勞務全都進行了交互分配，從而提高了分配結果的正確性，但各輔助生產費用要計算兩個單位成本（費用分配率），進行兩次分配增加了計算工作量。在各月輔助生產費用水準相差不大的情況下，為了簡化計算工作，也可以以上月的輔助生產單位成本作為本月交互分配的單位成本。該方法主要適用於勞務生產種類較多和規模較大的企業。

（四）代數分配法

代數分配法是運用代數中多元一次聯立方程的原理進行輔助生產成本費用分配的方法。採用這種分配方法，首先應根據各輔助生產車間相互提供產品和勞務的數量，求解聯立方程式計算各輔助生產產品或勞務的單位成本，然後根據各受益單位（包括輔助生產內部和外部各單位）耗用產品或勞務的數量和單位成本，計算分配輔助生產費用。

分配過程如下：

設每度電單位成本為 x 元，每立方米蒸汽單位成本為 y 元，則有：

$$\begin{cases} 88,000+1,000y=220,000x \\ 36,000+20,000x=6,000y \end{cases}$$

解得 $x = 0.433,8$

$y = 7.446$

註：數據出入系四捨五入所致。

代數分配法下輔助生產費用分配情況如表4-4所示。

表4-4　　　　　　　　　輔助生產費用分配表

（代數分配法）

項目	供電車間 耗用勞務數量（度）	供電車間 分配金額（元）	鍋爐車間 耗用勞務數量（立方米）	鍋爐車間 分配金額（元）	金額合計（元）
單位成本		0.4338		7.446	
供電車間			1,000	7,446	7,446
鍋爐車間	20,000	8,676			8,676
基本生產——甲產品	80,000	34,704	2,000	14,892	49,596
基本生產——乙產品	60,000	26,028	1,500	11,169	37,197
基本車間一般耗用	50,000	21,690	900	6,701.4	28,391.4
管理部門耗用	10,000	4,338	600	4,467.6	8,805.6
合計	220,000	95,436	6,000	44,676	140,112

帳務處理：
借：生產成本——輔助生產成本——供電車間　　　　　7,446
　　　　　　　　　　　　　　——鍋爐車間　　　　　8,676
　　生產成本——基本生產成本——甲產品　　　　　　49,596
　　　　　　　　　　　　　　——乙產品　　　　　　37,197
　　製造費用——基本生產車間　　　　　　　　　　　28,391.4
　　管理費用　　　　　　　　　　　　　　　　　　　8,805.6
貸：生產成本——輔助生產成本——供電車間　　　　　95,436
　　　　　　　　　　　　　　——鍋爐車間　　　　　44,676

採用代數分配法分配輔助生產費用，分配結果最正確。但在輔助生產車間較多的情況下，未知數較多，計算工作比較複雜，因而這種分配方法適用於計算工作已經實現電算化的企業。

(五) 計劃成本分配法

計劃成本分配法是指對輔助生產車間生產的產品或勞務，按照計劃單位成本計算、分配輔助生產費用的方法。輔助生產為各受益單位（包括其他輔助生產車間）提供的產品或勞務，一律按產品或勞務的實際耗用量和計劃單位成本進行分配；輔助生產車間實際發生的費用，包括輔助生產交互分配轉入的費用在內的與按計劃單位成本分配轉出的費用之間的差額，也就是輔助生產產品或勞務的成本差異，可以追加分配給輔助生產以外的各受益單位。為了簡化計算工作，其也可以全部計入「管理費用」科目。

分配過程如下：

(1) 按計劃單位成本分配費用。

計劃成本分配法下輔助生產費用分配情況如表 4-5 所示。

表 4-5　　　　　　　　　　　輔助生產費用分配表
（計劃成本分配法）

項目	受益部門	供電車間 計劃單位成本 0.42 元/度		鍋爐車間 計劃單位成本 5.8元/立方米		金額合計（元）
		耗用勞務量（度）	分配金額（元）	耗用勞務量（立方米）	分配金額（元）	
輔助生產	供電車間			1,000	5,800	5,800
	鍋爐車間	20,000	8,400			8,400
基本生產	甲產品	80,000	33,600	2,000	11,600	45,200
	乙產品	60,000	25,200	1,500	8,700	33,900
車間一般耗用		50,000	21,000	900	5,220	26,220

表4-5(續)

項目 \ 受益部門	供電車間 計劃單位成本0.42元/度		鍋爐車間 計劃單位成本5.8元/立方米		金額合計(元)
	耗用勞務量(度)	分配金額(元)	耗用勞務量(立方米)	分配金額(元)	
行政管理部門	10,000	4,200	600	3,480	7,680
按計劃成本分配的合計	220,000	92,400	6,000	34,800	127,200
輔助生產實際成本		93,800		44,400	144,000

註：輔助生產實際成本＝輔助車間待分配費用＋按計劃成本分配轉入費用。

表中，輔助生產實際成本為：
供電車間實際成本＝88,000＋5,800＝93,800（元）
蒸汽車間實際成本＝36,000＋8,400＝44,400（元）
（2）計算輔助生產成本差異。
供電車間成本差異＝93,800－92,400＝1,400（元）
蒸汽車間成本差異＝44,400－34,800＝9,600（元）
帳務處理：

借：生產成本——輔助生產成本——供電車間		5,800
——鍋爐車間		8,400
生產成本——基本生產成本——甲產品		45,200
——乙產品		33,900
製造費用——基本生產車間		26,220
管理費用		7,680
貸：生產成本——輔助生產成本——供電車間		92,400
——鍋爐車間		34,800

成本差異直接計入「管理費用」，編製會計分錄如下：

借：管理費用	11,000
貸：生產成本——輔助生產成本——供電車間	1,400
——鍋爐車間	9,600

採用計劃成本分配法，由於輔助生產車間的產品或勞務的計劃單位成本有現成資料，直接根據各受益單位耗用輔助生產車間的產品或勞務量，便可進行分配，從而簡化和加速了分配的計算工作；按照計劃單位成本分配，排除了輔助生產實際費用的高低對各受益單位成本的影響，便於考核和分析各受益單位的經濟責任；採用計劃成本分配法，還能夠反應輔助生產車間產品或勞務的實際成本脫離計劃成本的差異。但是採用該種分配方法，輔助生產產品或勞務的計劃單位成本必須比較準確。

第三節　製造費用的核算

一、製造費用的內容

製造費用是指工業企業為生產產品（或提供勞務）而發生的應該計入產品成本，但沒有專設成本項目的各項間接性生產費用。

製造費用主要包括：①直接用於生產，但管理上不要求單獨核算，或不便於單獨核算，因此未專設成本項目的生產費用，如機器設備折舊費、租賃費、保險費、生產工具攤銷、設計製圖費和試驗檢驗費等；②間接用於產品生產的費用，如車間生產用房屋折舊費、修理費、租賃費、車間生產照明用電、取暖費、機物料消耗、勞動保護費、車間生產用固定資產季節性或大修理期間的停工損失等；③車間用於組織和管理生產的費用，這些費用雖然具有管理費用的性質，但是由於車間是企業從事生產活動的單位，它的管理費用與製造費用很難嚴格劃分，為了簡化核算工作，也將其作為製造費用核算。這些費用有：車間管理人員工資、福利費等職工薪酬、車間管理用房屋和設備的折舊費、租賃費和保險費、車間管理用具攤銷、車間管理用的照明費、水費、取暖費、差旅費和辦公費等。如果企業的組織機構分為車間、分廠和總廠等若干層次，則分廠也與車間相似，也是企業的生產單位，因而分廠用於組織和管理生產的費用，也作為製造費用核算。

製造費用的內容比較複雜，為了減少費用項目，簡化核算工作，製造費用的費用項目不按直接用於產品生產、間接用於產品生產以及用於組織、管理生產來劃分，而將這些相同性質的費用合併設立相應的費用項目。例如將這些方面的固定資產的折舊費合併設立「折舊費」項目，將生產工具和管理用具的攤銷合併設立「低值易耗品攤銷」項目等。因此，製造費用的費用項目一般應該包括：機物料消耗、工資及福利費、折舊費、租賃費（不包括融資租賃）、保險費、低值易耗品攤銷、水電費、取暖費、運輸費、勞動保護費、設計製圖費、試驗檢驗費、差旅費、辦公費、在產品盤虧、在產品毀損和報廢（減盤盈），以及季節性及大修理期停工損失等。

二、製造費用的歸集

製造費用的歸集是通過「製造費用」科目進行的。該科目應按不同的車間、部門設立明細帳，帳內按照費用項目設立專欄或專行，分別反應各車間各項製造費用發生情況。應該根據有關的付款憑證、轉帳憑證和前述各種費用分配表進行

登記。借方登記各項製造費用的實際發生數，在月末通過貸方將借方歸集的製造費用總數分配到各受益產品或勞務上。

【例 4-2】某食品廠 20×7 年 9 月份月餅生產車間發生製造費用總額 7,310 元，費用明細項目的資料參見表 4-6。

表 4-6　　　　　　　　　　　　　製造費用明細帳

車間：月餅生產車間　　　　　　　　　　　　　　　　　　　　單位：元

摘要	機物料	職工薪酬	辦公費	折舊費	勞動保護費	水電費	勞動保險費	其他	合計
材料費用分配表	2,570								2,570
職工薪酬分配表		2,355							2,355
支付辦公費			690						690
折舊費用分配表				4,670					4,670
支付勞動保護費					860				860
分配水電費						350			350
支付保險費							2,740		2,740
支付其他費用								565	565
合計	2,570	2,355	690	4,670	860	350	2,740	565	14,800
製造費用轉出	2,570	2,355	690	4,670	860	350	2,740	565	14,800
期末金額	—	—	—	—	—	—	—	—	—

表 4-6 中，製造費用歸集的會計分錄為：

借：製造費用——月餅生產車間　　　　　　　　　　　　14,800
　　貸：原材料　　　　　　　　　　　　　　　　　　　　2,570
　　　　應付職工薪酬　　　　　　　　　　　　　　　　　2,355
　　　　累計折舊　　　　　　　　　　　　　　　　　　　4,670
　　　　輔助生產成本　　　　　　　　　　　　　　　　　　350
　　　　銀行存款　　　　　　　　　　　　　　　　　　　4,855

月末，應根據「製造費用」總帳科目和所屬明細帳借方歸集的製造費用，將製造費用分配計入各種產品生產成本。

三、製造費用的分配

在只生產一種產品的生產車間中，製造費用屬於直接計入費用，應直接計入該種產品的成本。在生產多種產品的車間中，製造費用則是間接計入費用，應採

用適當的分配方法計入各種產品的生產成本。製造費用的分配方法一般有以下幾種：

（一）生產工時比例法

生產工時比例法是指按照各種產品實際工時的比例分配製造費用的一種方法。其計算公式如下：

製造費用分配率＝製造費用總額÷∑各種產品生產時數

某種產品應分配的製造費用＝該種產品生產工時×製造費用分配率

【例4-3】假設【例4-2】中，該月餅生產車間生產豆沙月餅和棗泥月餅兩種產品，豆沙月餅的生產工時為7,500小時，棗泥月餅的生產工時為11,000小時，則製造費用分配如下：

$$製造費用分配率 = \frac{14,800}{7,500+11,000} = 0.8（元/小時）$$

豆沙月餅應分配的製造費用＝7,500×0.8＝6,000（元）
棗泥月餅應分配的製造費用＝11,000×0.8＝8,800（元）

根據計算結果，編製「製造費用分配表」（見表4-7）。

根據表4-7，編製會計分錄如下：

借：基本生產成本——豆沙月餅　　　　　　　　　　　6,000
　　　　　　　　——棗泥月餅　　　　　　　　　　　8,800
　貸：製造費用——月餅生產車間　　　　　　　　　14,800

表4-7　　　　　　　　製造費用分配表
月餅生產車間　　　　　　20×7年9月

借方科目	生產工時（小時）	分配率	分配金額（元）
基本生產成本（豆沙月餅）	7,500	0.8	6,000
基本生產成本（棗泥月餅）	11,000	0.8	8,800
合計	18,500		14,800

按照生產工時比例分配製造費用，能將勞動生產率與產品負擔的費用水準聯繫起來，使分配結果比較合理。由於生產工時是分配間接計入費用常用的分配標準之一，因而必須正確組織產品生產工時的核算，保證生產工時的正確、可靠。

按生產工時分配，可以是各種產品實際耗用的生產工時，也可以是定額工時。如果採用定額工時比例法分配製造費用，要求產品的工時定額比較準確、企業的定額管理水準比較高、定額資料齊全。

(二) 機器工時比例法

這是按照各種產品生產時所用機器設備運轉時間的比例分配製造費用的方法。這種方法的計算與生產工時比例法相同，適用於產品生產機械化程度較高的車間。因為在這種車間的製造費用中，與機器設備使用有關的費用比重較大，而這一部分費用與機器設備運轉的時間有著密切的聯繫。採用這一方法，必須具備各種產品所用機器工時的原始記錄。

由於製造費用包括各種性質和用途的費用，為了提高分配結果的合理性，在增加核算工作量不多的情況下，也可以將製造費用加以分類。例如分為與機器設備使用有關的費用和由於管理、組織生產而發生的費用兩類，分別採用適當的分配方法進行分配。前者可按機器工時比例分配，後者可按生產工時的比例分配。

(三) 生產工人工資比例法

工資比例法是以各種產品的生產工人工資的比例分配製造費用的一種方法。該方法計算公式如下：

製造費用分配率＝製造費用總額÷$\sum$ 各種產品生產工人工資總額

某種產品應分配的製造費用＝該產品生產工人工資×製造費用分配率

因為生產工人的工資資料容易取得，因而這種分配方法簡便易行。但是生產工人工資比例法只適用於各種產品機械化水準大致相同的企業，否則會影響分配的合理性。因為機械化水準低的產品，用工多，所耗用的工資費用也多，從而分配的製造費用就多，這樣就會造成機械化水準低的產品反而多負擔製造費用的不合理現象。

如果生產工人工資是按照生產工時比例分配計入各種產品成本的，那麼，按照生產工人工資比例分配製造費用，實際上就是按照生產工時比例分配製造費用。

(四) 年度計劃分配率法

年度計劃分配率法是按照年度開始前確定的全年度適用的計劃分配率分配製造費用的方法。這種方法是在分配製造費用時，不管各月實際發生的製造費用是多少，每個月製造費用都是按統一的年度開始前預先確定的計劃分配率分配給各受益產品。該計劃分配率全年適用，但在年度內如果發現製造費用的實際數與按計劃分配率分配的費用數差額較大時，應及時調整計劃分配率。其計算公式如下：

年度計劃分配率＝年度製造費用計劃總額÷年度各種產品計劃產量的定額工時總數

某月某種產品應負擔的製造費用＝該月該種產品實際產量的定額工時數×年度計劃分配率

【例4-4】某企業第一基本生產車間全年製造費用預算為400,000元。各種產品的計劃年產量分別為：甲產品2,500件，乙產品1,000件。單件產品工時定額分別為：甲產品6小時，乙產品5小時。本月實際產量為：甲產品200件，乙產品80件；本月實際發生製造費用33,000元，「製造費用」帳戶本月期初餘額為借方1,000元。試採用年度計劃分配率法分配本月製造費用。

甲產品計劃年產量定額總工時＝2,500×6＝15,000（小時）
乙產品計劃年產量定額總工時＝1,000×5＝5,000（小時）
製造費用年度計劃分配率＝400,000÷（15,000＋5,000）＝20（元/小時）
本月甲產品實際產量定額工時＝200×6＝1,200（小時）
本月乙產品實際產量定額工時＝80×5＝400（小時）
本月甲產品應分配製造費用＝1,200×20＝24,000（元）
本月乙產品應分配製造費用＝400×20＝8,000（元）
合計32,000元

「製造費用」帳戶期末餘額為借方2,000元（1,000＋33,000－32,000）。

採用計劃分配率分配製造費用時，「製造費用」帳戶月末可能有借方餘額，也可能有貸方餘額。借方餘額表示超過計劃的預付費用，應列作企業的資產項目；貸方餘額表示按照計劃應付而未付的費用，應列作企業的負債項目。

「製造費用」科目如果有年末餘額，就是全年製造費用的實際發生額與計劃分配額的差額，一般應在年末調整計入12月份的產品成本，借記「基本生產成本」科目，貸記「製造費用」科目；如果實際發生額大於計劃分配額，用藍字補加，否則用紅字衝減。

【例4-5】承接【例4-4】，假定本年度實際發生製造費用408,360元，至年末累計已分配製造費用415,000元（其中甲產品分配311,250元，乙產品分配103,750元），試將「製造費用」帳戶的差額進行調整。

本例資料顯示，「製造費用」帳戶年末有貸方餘額6,640元（408,360－415,000），應按已分配比例調整衝回。

甲產品應調減製造費用＝6,640×311,250÷415,000＝4,980（元）
乙產品應調減製造費用＝6,640×103,750÷415,000＝1,660（元）
調整分錄為：

借：基本生產成本——甲產品　　　　　　　　　　　4,980
　　　　　　　　——乙產品　　　　　　　　　　　1,660
　　貸：製造費用　　　　　　　　　　　　　　　　6,640

這種分配方法的核算工作很簡便，特別適用於季節性生產企業。因為在這種生產企業中，每月發生的製造費用相差不多，但生產淡月和旺月的產量卻相差懸

殊，如果按照實際費用分配，各月單位產品成本中的製造費用將隨之忽高忽低，而這不是由於車間工作本身引起的，因而不便於成本分析工作的進行。此外，這種分配方法還可以按旬或按日提供產品成本預測所需要的產品應分配製造費用的資料，有利於產品成本的日常控制。但是，採用這種分配方法，必須有較高的計劃工作的水準，否則年度製造費用的計劃數脫離實際太多，就會影響成本計算的正確性。

第四節　廢品損失和停工損失的歸集與分配

一、廢品損失的歸集與分配

（一）廢品和廢品損失的基本概念

廢品是指經檢驗在質量上不符合技術標準，不能按原定用途使用，或需要在生產中經過重新加工修理後才能使用的產品。廢品的產生，客觀上增加了完工產品的成本，也降低了企業資源利用的效率和效果。

廢品可以按不同的標準進行分類。按廢品產生的原因可分為料廢和工廢兩種。料廢是指由於材料質量、規格、性能不符合要求而產生的廢品；工廢是指在產品生產過程中，由於加工工藝技術、工人操作方法、技術水準等方面的缺陷而產生的廢品。分清廢品是由料廢還是工廢造成的，有利於查明廢品產生的責任。廢品按其毀損程度和在經濟上是否具有修復價值，可區分為可修復廢品和不可修復廢品兩種。所謂可修復廢品，是指該廢品經過重新修理加工後仍可使用，而且在重新修理加工過程中所支付的費用在經濟上是合算的；所謂不可修復廢品，是指該廢品在技術上是不可修復的，或者雖能修復但在經濟上是不合算的。

廢品損失是指由於產生廢品而發生的廢品報廢損失和超過合格產品正常成本的多耗損失。具體而言，不可修復廢品產生的損失，是指不可修復廢品已耗的實際製造成本扣除殘料回收價值的淨額；可修復廢品產生的損失，則是指可修復廢品在返修過程中所發生的各種修復費用。若廢品產生後有責任人賠償損失，賠償額應衝減所發生的廢品損失。需要指出的是，成本會計上所講的廢品損失，一般指包括生產完工前發現廢品而產生的各種直接損失。產生廢品給企業帶來的間接損失，如延誤交貨期的違約賠償款、減少銷量而被影響的利潤、因損害企業生產技術水準的社會形象而給企業造成的榮譽損失等，這些損失由於較難估計，一般不計算在廢品損失之內。企業生產完工後經檢驗確認為次品的產品，因低價銷售給企業帶來利潤減少的損失，不作為廢品損失處理，而在計算損益時體現。如產

品入庫時經檢驗為合格產品，但由於保管不善、包裝、運輸不當，發生產品破損而報廢發生的各種損失，以及實行「三包」的企業在產品出售後發現的廢品所帶來的一切損失，應作為管理費用處理，不納入廢品損失範圍。

(二) 廢品損失核算的憑證與帳戶

1. 廢品損失常用的原始憑證

（1）廢品通知單。在產品質量檢驗過程中，一旦發現廢品，不論是在生產過程中發現，還是在半成品、產成品入庫後發現，產品質量檢驗人員都應填製「廢品通知單」。廢品通知單的格式如表 4-8 所示。廢品通知單內應填明廢品的名稱和數量、廢損部分、發生廢品的原因和造成廢品的責任人等。如按規定廢品由責任人負責賠償時，還應在廢品通知單中註明索賠的金額。對於在產品生產過程中發現的廢品，還要在有關的產量和工時記錄中加以記錄。

表 4-8　　　　　　　　　　廢品通知單

車間：　　　　　　　　　　　　　　　　　　　　　　編號：
生產小組：　　　　　　　　　　　　　　　　　　　　日期：

訂貨號	零件		工序	計量單位	加工單價	廢品數量			實際工時	應負擔的工資
	名稱	編號				工費	料廢	返修		

產生廢品的原因						
責任人			追償廢品			備註
姓名	工種	工號	數量	單價	金額	

檢驗員：　　　　　　生產組長：

（2）廢品交庫單。對於不可修復的廢品，廢品應送交廢品倉庫，這時應填寫「廢品交庫單」，在單上註明廢品殘料的價值。如果廢品不是由於生產工人過失造成的（如料廢），在採用計件工資的形式下，應照付工資，並在廢品通知單中註明應付數額，以便據以計算和結算工資。如果廢品是由於生產工人過失造成的，則不應再計工資。

廢品通知單、廢品交庫單和可修復廢品返修用料的領料單、工作通知單等都是歸集、計算廢品損失的依據。為了明確責任，有效地防止廢品的發生，從管理角度講，還需根據廢品通知單，按照廢品發生的原因和責任人進行分類記錄，以便車間領導及時掌握情況，採取適當措施改進工作。

2.「廢品損失」帳戶的設置

為了核算生產過程中發生的廢品損失，可設置「廢品損失」帳戶進行核算。借方登記不可修復廢品的生產成本和可修復廢品的修復費用；貸方登記應從產品成本中扣除的回收廢料的價值。該帳戶借貸雙方上述內容相抵後的差額，即為企業的全部廢品淨損失。其中，對應由過失人負擔的部分，則從其貸方轉入「其他應收款」帳戶借方，及時要求賠償；其餘廢品淨損失，應該全部歸由本期完工的同種產品成本負擔，從「廢品損失」帳戶的貸方轉入「生產成本——基本生產成本」帳戶的借方。「廢品損失」帳戶月末一般無餘額。廢品損失明細分類帳戶應分別按不同的基本生產車間設置，帳內按不同的成本計算對象開設專欄。其格式如表 4-9 所示。

表 4-9　　　　　　　　　　廢品損失明細帳

車間：

201×年		摘要	產品名稱及廢品金額			
月	日		甲產品	乙產品	丙產品	……
		可修復廢品的修復成本 直接材料 直接人工 製造費用 小計 不可修復廢品的成本 直接材料 直接人工 製造費用 小計 合計 減：廢品殘值 　　責任人賠償款 廢品淨損失				

（三）不可修復廢品損失的核算

不可修復廢品損失的核算，首先要計算已經發生的廢品損失，在扣除殘料回收價值和應收賠款後，將廢品淨損失計入該產品的成本。在產品完工驗收入庫時發現的廢品，廢品與合格品單位成本相同；在生產過程中發現的廢品，則應按照其完工程度，將產品生產費用在合格品和廢品之間進行分配。

廢品損失的分配可以按實際成本計算，也可以按廢品定額費用計算。現以廢品損失按實際成本計算為例，說明不可修復廢品損失的核算。

【例 4-6】某生產車間本月生產甲產品，原材料是由本車間生產開始時一次性

投入的。其生產數量為 3,000 件，在生產過程中發現不可修復的廢品 200 件；生產總工時為 24,000 小時，其中廢品工時 1,440 小時；回收殘料 180 元，應收責任賠款 80 元。編製不可修復廢品損失計算表如表 4-10 所示（其他資料已於表中填列）。

表 4-10　　　　　　　　　不可修復廢品損失計算表　　　　　　　單位：元

項目	直接材料	直接人工	製造費用	應收賠款	金額合計
費用分配率(單位成本)	30	0.56	1.8		
費用總額	90,000	13,440	43,200		146,640
廢品生產成本	6,000	806.4	2,592		9,398.4
減：殘料價值和應收賠款				80	260
廢品淨損失	806.4	2,592	2,592	(80)	9,138.4

編製會計分錄如下：

(1) 結轉不可修復廢品損失。

借：廢品損失——甲產品　　　　　　　　　　　　　　9,398.4
　　貸：生產成本——基本生產成本——甲產品　　　　　9,398.4

(2) 根據報廢材料入庫單及索賠憑證。

借：原材料　　　　　　　　　　　　　　　　　　　　180
　　其他應收款　　　　　　　　　　　　　　　　　　80
　　貸：廢品損失——甲產品　　　　　　　　　　　　　260

(3) 將廢品淨損失轉入合格品成本。

借：生產成本——基本生產成本——甲產品　　　　　　9,138.4
　　貸：廢品損失——甲產品　　　　　　　　　　　　　9,138.4

（四）可修復廢品損失的核算

由於可修復廢品與不可修復廢品損失的組成內容不一樣，其廢品損失的歸集計算方法也不同。可修復廢品的損失是修復費用，修復費用的歸集與合格產品所耗成本的歸集一樣，可以根據直接材料、直接人工和製造費用分配表的分配結果進行歸集計算。如果修復成本要由責任人賠償一部分時，賠償款應沖抵廢品損失。

當發生可修復廢品的修復成本時，應作如下會計分錄：

借：廢品損失
　　貸：原材料
　　　　應付職工薪酬
　　　　製造費用

二、停工損失的歸集與分配

停工損失是指企業的生產車間在停工期間發生的各項成本，包括停工期間支付的生產工人的職工薪酬、所耗直接染料和動力費，以及應分配的製造費用等。

停工損失的歸集和分配，是通過設置「停工損失」帳戶來進行的。該帳戶應按車間和成本項目進行明細核算。根據停工報告單和各種費用分配表、分配匯總表等有關憑證，將停工期內發生、應列作停工損失的費用計入「停工損失」帳戶的借方進行歸集。過失單位、過失人員或保險公司的賠款，應從該帳戶的一方轉入「其他應收款」等帳戶的借方。將停工淨損失從該帳戶貸方轉出，屬於自然災害部分轉入「營業外支出」帳戶的借方；應由本月產品成本負擔的部分，則轉入「生產成本——基本生產成本」帳戶的借方，並採用合理的分配標準，分配計入各車間各產品成本明細帳停工損失成本項目。

為了簡化核算工作，輔助生產車間一般不單獨核算停工損失。季節性生產企業的季節性停工，是生產經營過程中的正常現象，停工期間發生的各項費用不屬於停工損失，不作為停工損失核算。停工不滿一個工作日的，可以不計算停工損失。

第五節　期間費用的核算

一、管理費用的核算

管理費用是指企業為組織和管理企業生產經營所發生的管理費用，包括企業的董事會和行政管理部門在企業的經營管理中發生的，或者應當由企業統一負擔的公司經費（包括行政管理部門職工工資、修理費、物料消耗、低值易耗品攤銷、辦公費和差旅費等）、工會經費、待業保險費、勞動保險費、董事會費、聘請仲介機構費、諮詢費（含顧問費）、訴訟費、審計費、業務招待費、房產稅、車船使用稅、土地使用稅、印花稅、技術轉讓費、技術開發費、礦產資源補償費、無形資產攤銷、職工教育經費、研究與開發經費、業務招待費、排污費、綠化費、存貨盤虧或盤盈（不包括應計入營業外支出的存貨損失）、礦產資源補償費等。

管理費用的歸集與結轉，是通過「管理費用」帳戶來進行的。該帳戶應按費用項目設置明細帳，用來反應和考核各種費用支出情況。企業發生的各項管理費用，借記本科目，貸記「銀行存款」「原材料」「應付職工薪酬」「累計折舊」等科目；期末，將本科目借方歸集的費用轉入「本年利潤」科目，結轉後本科目應

無餘額。

二、財務費用的核算

財務費用是指企業為籌集生產經營所需資金等而發生的費用，包括應當作為期間費用的利息支出（減利息收入）、匯兌損失（減匯兌收益），以及相關的金融機構手續費等。

財務費用的歸集與結轉，是通過「財務費用」帳戶來進行的。該帳戶應按費用項目設置明細帳，用來反應和考核各種費用的支出情況。企業發生的各項財務費用，借記本科目，貸記「銀行存款」「應付利息」「長期借款」等科目。期末，將本科目借方歸集的費用轉入「本年利潤」科目，結轉後本科目應無餘額。

三、銷售費用的核算

銷售費用是指企業在銷售商品過程中發生的費用，包括企業銷售商品過程中發生的運輸費、裝卸費、包裝費、保險費、展覽費和廣告費，以及為銷售本企業商品而專設的銷售機構（含銷售網點、售後服務網點等）的職工工資及福利費、類似工資性質的費用、業務費等經營費用。商品流通企業在購買商品過程中所發生的進貨費用，也包括在內。

銷售費用的歸集與結轉，是通過「銷售費用」帳戶來進行的。該帳戶應按費用項目設置明細帳，用來反應和考核各種費用的支出情況。企業發生的各項銷售費用，借記本科目，貸記「銀行存款」「應付職工薪酬」等科目。期末，將本科目借方歸集的費用轉入「本年利潤」科目，結轉後本科目應無餘額。

第六節　職工薪酬費用的歸集與分配

一、職工薪酬的含義和內容

企業在一定時期內直接支付給職工的工資總額和在此基礎上按國家所規定比例計提的職工福利費的總和，統稱職工薪酬費用或人工費用。這裡的職工薪酬費用核算主要指的是在企業工資結算完成的基礎上，將工資費用分配給有關成本計算對象。

職工薪酬主要包括以下內容：

（1）職工工資、獎金、津貼和補貼，是指按照國家統計局的規定構成工資總額的計時工資、計件工資，支付給職工的超額勞動報酬和增收節支的勞動報酬，

為了補償職工特殊或額外的勞動消耗和因其他特殊原因支付給職工的津貼，以及為了保證職工工資水準不受物價影響支付給職工的物價補貼等。

（2）職工福利費，主要是指一些內設醫務室、職工浴室、理髮室、托兒所等集體福利機構人員的工資、醫務經費、職工因工受傷赴外地就醫路費、職工生活困難補助，以及按照國家規定開支的其他職工福利支出。

（3）醫療保險費、養老保險費、失業保險費、工傷保險費和生育保險費等社會保險費，是指企業按照一定規定的基準和比例計算，向社會保險經辦機構繳納的醫療保險費、養老保險費、失業保險費和生育保險費。企業以購買商業保險形式提供給職工的各種保險待遇屬於企業提供的職工薪酬，應當按照職工薪酬的原則進行確認、計量和披露。

（4）住房公積金，是指企業按照規定的基準和比例計算，向住房公積金管理機構繳存的住房公積金。職工個人繳存的住房公積金以及單位為其繳存的住房公積金，實行專戶存儲，歸職工個人所有。

（5）工會經費和職工教育經費，是指企業為了改善職工文化生活、為職工學習先進技術以及提高文化水準和業務素質，用於開展工會活動和職工教育及職業技能培訓等方面的相關支出。

（6）非貨幣性福利，是指企業以自己的產品或外購商品發放給職工作為福利，企業提供給職工無償使用自己擁有的資產或租賃資產供職工無償使用。例如提供給企業高級管理人員使用的住房，免費為職工提供諸如醫療保健的服務或向職工提供企業支付了一定補貼的商品或服務等（如以低於成本的價格向職工出售住房）。

（7）因解除與職工的勞動關係給予的補償，是指企業在職工勞動合同尚未到期之前解除與職工的勞動關係，或者為鼓勵職工自願接受裁減而提出的補償建議計劃中給予職工的經濟補償，即國際財務報告準則中所指的辭退福利。

（8）其他為職工提供的服務相關的支出，是指除上述七種薪酬以外的其他為職工提供的服務而給予的薪酬，如企業提供給職工以權益形式結算的認股權、以現金形式結算但以權益工具公允價值為基礎確定的現金股票增值權等。

二、職工薪酬的計算

工資是職工薪酬的主要內容，工資的計算是企業直接歸集工資費用的基礎，也是企業與職工之間進行工資結算的依據。企業可以根據具體情況採用各種不同的工資制度，其中最基本的工資制度是計時工資制度和計件工資制度。

（一）計時工資的計算

計時工資的計算有月薪制和日薪制兩種計算方法。

1. 月薪制

月薪制是指按職工的月標準工資，扣除缺勤工資，計算其應付職工薪酬的一種方法。用月薪制，不論該月是多少天，只要職工出滿勤，就可以拿到全勤工資薪酬。如有缺勤，則應從月標準工資中扣除缺勤工資。因此這種方法又被稱為「扣缺勤法」。其公式為：

某職工應得計時工資＝該職工月標準工資－事假天數×日標準工資－病假天數×日標準工資×病假扣款比例

病假扣款比例應按國家勞動保險條例規定計算。病假在 6 個月以內的應按工齡長短分別計算，其支付標準如表 4-11 所示。

表 4-11　　　　　　　　　病假工資支付標準

工齡	小於 2 年	2~4 年	4~6 年	6~8 年	8 年以上
病假工資占本人標準工資的百分比（%）	60	70	80	90	100

日標準工資是指每位職工在單位時間（如每小時、每天）應得的平均工資數額。日標準工資的計算通常有兩種方法。

（1）按全年平均月計薪天數計算，即用月工資收入除以全年平均月計薪天數計算。根據中國勞動和社會保障部《關於職工全年月平均工作時間和工資折算問題的通知》的規定，日標準工資按月計薪天數 21.75 天［月計薪天數＝(365－104)÷12］計算。其計算公式為：

日工資薪酬＝月工資薪酬÷21.75

採用這種方法計算日工資薪酬比較簡單。雙休日不付工資薪酬，故缺勤期間是雙休日的，不扣工資薪酬。

【例 4-7】通達工廠職工小王月工資薪酬為 3,500 元，9 月份請事假 4 天（事假期間有休息日 2 天），有雙休日 8 天，應付小王計時工資薪酬為：

日工資薪酬＝3,500÷21.75＝160.92（元）

應付小王計時工資薪酬＝3,500－2×160.92＝3,178.16（元）

（2）按全年平均每月日曆日數計算。按全年平均每月日曆日數計算日工資薪酬，是根據月工資薪酬收入除以全年平均每月日曆日數計算的。其計算公式為：

日工資薪酬＝月工資薪酬÷30

採用這種方法計算時，日工資薪酬包括雙休日的工資薪酬，故缺勤期間若是雙休日，照扣工資薪酬。

仍以【例 4-7】為例，小王當月計時工資薪酬為：

日工資薪酬＝3,500÷30＝116.67（元）

應付小王計時工資薪酬＝3,500-4×116.67＝3,033.32（元）

採用這種計算方法，由於每個月的雙休日和節假日不相同，所以每個月計算的當月滿勤日數不相同，日工資薪酬也不同。因此，採用這種方法計算，工作量較大，但是計算的應付職工薪酬的金額比較準確。

2. 日薪制

日薪制是指按職工實際出勤日數和日工資薪酬計算其應付工資薪酬的一種方法。這種方法又稱「出勤工資薪酬累進法」。其計算公式為：

應付計時工資薪酬＝月出勤日數×日工資薪酬＋病假應發工資薪酬

病假應發工資薪酬＝病假天數×日工資薪酬×病假應發比例

【例4-8】通達公司小張月工資薪酬為2,800元，7月份請病假2天、事假2天，有雙休日9天，出勤18天，病假、事假期間沒有節假日，病假工資薪酬按月工資薪酬的80%計算。

若日工資薪酬按21.75天計算，則：

日工資薪酬＝2,800÷21.75＝128.74（元/天）

應付小張計時工資薪酬＝18×128.74+2×128.74×80%＝2,523.3（元）

若日工資薪酬按30天計算，則：

日工資薪酬＝2,800÷30＝93.33（元/天）

應付小張計時工資薪酬＝（18+9）×93.33+2×93.33×80%＝2,669.24（元）

(二) 計件工資的計算

1. 個人計件工資的計算

個人計件工資是根據產量記錄中登記的某一工人的產品產量乘以規定的計件單價。個人計件工資的計算公式如下：

應付計件工資＝Σ(某工人本月生產每種產品產量×該種產品計件單價)

產品產量＝合格品數量+料廢品數量

其中，料廢品是指非工人本人過失造成的不合格產品，應計算並支付工資；工廢品是指由於本人過失造成的不合格產品，不計算也不支付工資。

某產品計件單價＝生產單位產品所需的工時定額×該級工人小時工資率

【例4-9】甲乙兩種產品都應由6級工人加工。甲產品單件工時定額為30分鐘，乙產品單件工時定額為60分鐘。6級工人的小時工資率為2元/小時。某6級工人加工甲產品820件，乙產品700件。試計算其計件工資。

甲產品的計件單價＝30÷60×2＝1（元/件）

乙產品的計件單價＝60÷60×2＝2（元/件）

應付計件工資：820×1+700×2＝2,220（元）

2. 集體計件工資的計算

按生產小組等集體計件工資的計算方法與個人計件工資的計算方法基本相同。集體計件工資還需在集體內部各工人之間進行分配，一般應以每人的工資標準和工作日數的乘積為分配標準進行分配。

【例4-10】某生產小組集體完成若干生產任務，按一般計件工資的計算方法算出並取得集體工資50,000元。該小組由3名不同等級的工人組成，每人的姓名、等級、日工資率和出勤天數資料如表4-12所示。

表4-12　　　　　　　　　　工資費用表

工人姓名	等級	日工資率（元/天）	出勤天數（天）	分配標準	分配率	分配額（元）
王強	6	20	25	—	—	—
孫國	5	18	23	—	—	—
張兵	4	16	22	—	—	—
合計			70			50,000

要求：以日工資率和出勤天數計算的工資額為分配標準計算每個工人應得的工資。根據表4-12計算填製集體工資費用分配表，如表4-13所示。

表4-13　　　　　　　　　　集體工資費用分配表

工人姓名	等級	日工資率（元/天）	出勤天數（天）	分配標準（元）	分配率	分配額（元）
王強	6	20	25	500	39.49（50,000÷1,266）	19,745
孫國	5	18	23	414		16,348.86
張兵	4	16	22	352		13,900.48
合計			70	1,266		

註：圖中數據出入系四捨五入後保留兩位小數所致。

三、職工薪酬費用的歸集

根據按車間、部門編製的「工資結算單」匯總編製「工資結算匯總表」，計算出一定時期內應付職工的工資總額是人工費用的初步歸集。在此基礎上，還須將應付工資和按應付工資一定比例提取的職工福利費，按其用途和發生的車間、部門進行再歸集（同原材料費用的歸集）。具體表現為：基本生產車間生產工人的工資費用應計入「基本生產成本」帳戶；基本生產車間管理人員的工資費用計入「製造費用」帳戶；輔助生產車間生產工人的工資費用計入「輔助生產成本」；輔助生產車間管理人員的工資費用可計入「製造費用」，也可計入「輔助生產成

本」；企業行政管理人員的工資費用計入「管理費用」；福利部門人員的工資費用應計入「應付福利費」；專設銷售機構人員的工資費用計入「營業費用」。其他人員的工資費用分別計入相應帳戶以便從規定渠道開支。其中，生產工人的工資費用即為直接人工費用。

四、職工薪酬費用的分配

（一）工資的分配

直接進行產品生產的生產工人工資，按照分配計入成本的方法可分為直接計入費用和間接計入費用兩類。其中，計件工資和單一產品生產時生產工人的計時工資屬於直接計入費用，可以根據工資結算憑證直接計入產品成本；多品種生產時生產工人的計時工資屬於間接計入費用，一般應按生產工時比例分配計入產品成本。計算公式如下：

工資分配率＝生產人員工資總額÷各種產品生產工時總和

某種產品應分配的工資額＝該種產品生產工時×生產工人工資分配率

【例4-11】紅星工廠20××年×月生產甲、乙兩種產品。本月份生產工人工資總額為2,600元。該企業採用按生產工時比例分配，甲、乙產品的生產工時分別為30,000小時和20,000小時。分配計算結果如下：

生產工人工資分配率＝2,600÷（30,000+20,000）＝0.052（元/小時）

甲產品應分配的工資額＝30,000×0.052＝1,560（元）

乙產品應分配的工資額＝20,000×0.052＝1,040（元）

實際工作中，工資的分配是通過編製「工資分配表」進行的。工資分配表的基本格式如表4-14所示。

表4-14　　　　　　　　　　工資分配表

編製單位：紅星工廠　　　　　　　20××年×月

部門及用途		成本項目	直接計入（元）	分配計入		工資合計（元）
				生產工時（小時）	分配金額(元)（分配率0.052）	
基本生產車間	甲產品	直接人工	1,500	30,000	1,560	3,060
	乙產品	直接人工	1,200	20,000	1,040	2,240
	小計		2,700	50,000	2,600	5,300
輔助生產車間	機修		700			700
	供電		800			800
	小計		1,500			1,500

表4-14(續)

部門及用途	成本項目	直接計入（元）	分配計入 生產工時（小時）	分配計入 分配金額(元)（分配率0.052）	工資合計（元）
基本生產車間管理		1,900			1,900
行政管理部門		1,100			1,100
產品銷售部門		900			900
合計		8,100			10,700

根據工資分配表4-14，可編製如下會計分錄：

借：生產成本——基本生產成本——甲產品　　　　3,060
　　　　　　　　　　　　　　——乙產品　　　　2,240
　　生產成本——輔助生產成本——機修　　　　　700
　　　　　　　　　　　　　　——供電　　　　　800
　　製造費用　　　　　　　　　　　　　　　　1,900
　　管理費用　　　　　　　　　　　　　　　　1,100
　　銷售費用　　　　　　　　　　　　　　　　　900
　　貸：應付職工薪酬　　　　　　　　　　　　10,700

（二）職工福利費的核算

職工福利費的分配可比照工資費用的分配，但醫務人員及福利人員計提的福利費，應計入「管理費用」帳戶。職工福利費的分配可通過編製「職工福利費分配表」來進行。根據表4-14的資料編製的職工福利分配表如表4-15所示。

表4-15　　　　　　　　職工福利費用分配表
編製單位：紅星工廠　　　　　20××年×月　　　　　　　單位：元

部門及用途		成本項目	工資合計	職工福利費
基本生產車間	甲產品	直接人工	3,060	428.4
	乙產品	直接人工	2,240	313.6
	小計		5,300	742
輔助生產車間	機修		700	98
	供電		800	112
	小計		1,500	210
基本生產車間管理			1,900	266
行政管理部門			1,100	154
產品銷售部門			900	126
合計			10,700	1,498

根據表 4-15 所示的職工福利費用分配表，編製會計分錄如下：
借：生產成本——基本生產成本——甲產品　　　　　　428.4
　　　　　　　　　　　　　　——乙產品　　　　　　313.6
　　生產成本——輔助生產成本——機修　　　　　　　98
　　　　　　　　　　　　　　——供電　　　　　　　112
　　製造費用　　　　　　　　　　　　　　　　　　　266
　　管理費用　　　　　　　　　　　　　　　　　　　154
　　銷售費用　　　　　　　　　　　　　　　　　　　126
　　貸：應付職工薪酬　　　　　　　　　　　　　　　1,498

由於計提職工福利費是根據職工工資總額的 14% 計提，為了減少費用分配表的編製工作，工資費用分配表和職工福利費分配表可合併編製，會計分錄也可合併編製。

第七節　固定資產折舊的歸集與分配

　　固定資產雖然能夠在連續的若干個生產經營週期內發揮作用並保持其原實物形態，但其價值會在使用過程中因損耗而逐漸減少，因此，應將固定資產價值在其折舊年限內，按規定逐步地轉作各期的產品成本或期間費用。這部分轉移到產品成本或期間費用的固定資產價值就是固定資產折舊。

　　折舊費用一般不單獨作為一個成本項目。因為一種產品的生產往往需要使用多種機器設備、占用不同的房屋建築物，而每一種設備和房屋建築物有時又用來加工多種產品，單獨設置「折舊」成本項目會使其分配工作非常困難、複雜。因此，通常按固定資產的使用部門將折舊費用分別記入「製造費用」「管理費用」「銷售費用」等有關科目（總帳及其所屬明細帳）。

一、固定資產折舊費用的歸集

　　折舊費用的計算過程就是折舊費用歸集的過程。折舊費用的計算可以採用平均年限法、工作量法、雙倍餘額遞減法、年數總和法等方法。企業不論採用哪一種方法計算折舊，都要按固定資產的使用部門歸集當月的折舊費用。計算折舊費用，必須確定固定資產應計折舊額。固定資產在全部使用年限內的應計折舊額，並不是固定資產的全部原值。這是因為，固定資產在報廢清理時還有殘值收入，例如報廢清理時拆下的零件、器材和殘餘材料等價值。這部分殘值收入，應該在計算折舊時預先估計，從原值中減去。清理時還要發生清理費用，例如拆卸、搬

運等費用，也應預先估計，從殘值中減去。殘值收入減去清理費用後的餘額，稱淨殘值。固定資產應計折舊額應該是固定資產原值減去淨殘值以後的餘額。可用公式表示如下：

固定資產應計提折舊總額＝固定資產原值－（預計殘值收入－預計清理費用）

為了比較正確、簡便地確定淨殘值，可以根據各類固定資產的歷史統計資料或技術測定資料，確定預計淨殘值率，即原值與預計淨殘值的比率。其計算公式如下：

預計淨殘值率＝預計淨殘值÷原值×100%

根據固定資產原值乘以規定的預計淨殘值率，即可確定預計淨殘值。計算公式如下：

固定資產預計淨殘值＝固定資產原值×規定的預計淨殘值率

固定資產應計折舊額＝固定資產原值－預計淨殘值

假定某企業某項固定資產原值為380,000元，其預計淨殘值率為3%，則其預計淨殘值和應計折舊額為：

固定資產預計淨殘值＝380,000×3%＝11,400（元）

固定資產應計折舊額＝380,000－11,400＝368,600（元）

計算折舊，更重要的是要確定每一個時期，例如每一個月的折舊額。這就需要採用適當的折舊計算方法。

（一）平均年限法

平均年限法又稱直線法，是將固定資產的折舊均衡地分攤到各期的一種方法。採用這種方法計算的每期折舊額均是等額的。公式如下：

年折舊率＝(1－預計淨殘值率)÷預計使用年限×100%

月折舊率＝年折舊率÷12

月折舊額＝固定資產原價×月折舊率

【例4-12】某工廠某項固定資產的原價為500,000元。按照有關規定，該項固定資產淨殘值率為2%，固定資產可使用年限為20年。其折舊率和每月的折舊額計算如下：

年折舊率＝(1－2%)÷20×100%＝4.9%

月折舊率＝4.9%÷12＝0.41%

月折舊額＝500,000×0.41%＝2,050（元）

上述計算的折舊率是按個別固定資產單獨計算的，稱為個別折舊率。為了簡化折舊的計算工作，固定資產折舊額也可按分類折舊率計算。分類折舊率是指固定資產分類折舊額與該類固定資產原價的比率。採用這種方法，應先把性質、結構和使用年限接近的固定資產歸為一類，再按類計算平均折舊率，用該類折舊率

對該類固定資產計提折舊。

採用平均年限法計提折舊，每年折舊額相等，簡便易行，但未考慮固定資產使用情況。固定資產一般在使用早期，維修保養費用較後期更低，所以，各期計提相等金額的折舊費用最終會導致固定資產在各期的使用成本不均衡，出現前期較低、後期較高的情況。因此，這種方法一般適用於經常使用且使用程度較均衡的固定資產。

（二）工作量（或工作時數）法

工作量法是按照固定資產在折舊年限內的每一會計期間實際的工作量計算折舊的一種折舊方法。採用這種方法，固定資產每期所計提的折舊額與當期實際完成的工作量成正比。其基本計算公式如下：

每一工作量折舊額＝固定資產原價×(1－預計淨殘值率)÷預計工作總量

某項固定資產月折舊額＝該項固定資產當月工作量×每一工作量折舊額

【例4-13】某載重貨車原價為100,000元，估計其淨殘值率為5％，預計其可行駛190,000千米。本月，該貨車實際行駛了3,000千米。該貨車本月折舊額計算如下：

單位里程折舊額＝100,000×(1－5％)÷190,000＝0.5（元/千米）

本月折舊額＝3,000×0.5＝1,500（元）

這種方法適用於單位價值較高，但各月的工作量或工作時數不是很均衡的固定資產，例如大型精密設備和運貨汽車等。這些固定資產如果採用平均年限法每月平均計算折舊，會使各月的成本、費用負擔不合理。

（三）加速折舊法

加速折舊法，也稱快速折舊法或遞減折舊法。採用這種方法，在資產使用早期計提的折舊額較多，這是因為固定資產在早期能提供更多的服務，能創造更多的營業收入，而早期的維修保養費用總是比後期要少。理論上，採用加速折舊法能使每年負擔的固定資產使用成本趨於均衡，而且可以減少無形損耗帶來的損失。加速折舊法有多種，常用的有以下兩種：

1. 雙倍餘額遞減法

雙倍餘額遞減法是在不考慮固定資產殘值的情況下，用直線法折舊率的雙倍去乘以固定資產在每一會計期開始時的帳面淨值，計算各期折舊額的折舊方法。計算公式如下：

年折舊率＝2/預計使用年限×100％

月折舊率＝年折舊率÷12

月折舊額＝年初固定資產帳面淨值×月折舊率

使用這一方法，在固定資產折舊年限到期前兩年內，要將固定資產淨值扣除預計淨殘值後的淨額平均攤銷。

【例4-14】某企業生產顯像管的專用設備，原價為50,000元，估計使用年限為4年，淨殘值2,000元。用雙倍餘額遞減法計算各年的折舊額如下：

年折舊率＝2÷4×100％＝50％

第一年應提折舊額＝50,000×50％＝25,000（元）

第二年應提折舊額＝(50,000－25,000)×50％＝12,500（元）

第三年應提折舊額＝(12,500－2,000)÷2＝5,250（元）

第四年應提折舊額＝(12,500－2,000)÷2＝5,250（元）

每年各月的折舊額可根據年折舊額除以12來計算。

2. 年數總和法

年數總和法又稱合計年限法。這種方法是用一個遞減的分數乘以固定資產的原始價值扣除估計淨殘值後的應計折舊總額來計算每年折舊額的。這個分數的分子代表固定資產尚可使用的年數，分母代表使用年數的逐年數字總和。計算公式如下：

年折舊率＝(預計的折舊年限－已折舊年限)÷[預計的折舊年限×(預計的折舊年限＋1)÷2]×100％

月折舊額＝(固定資產原價－預計淨殘值)×月折舊率

【例4-15】仍沿用【例4-14】的資料，各年折舊額計算如下：

第一年應提折舊額＝(50,000－2,000)×(4÷10)＝19,200（元）

第二年應提折舊額＝(50,000－2,000)×(3÷10)＝14,400（元）

第三年應提折舊額＝(50,000－2,000)×(2÷10)＝9,600（元）

第四年應提折舊額＝(50,000－2,000)×(1÷10)＝4,800（元）

為了簡化折舊的計算工作，當月開始使用的固定資產，當月不計算折舊，從下個月起計算折舊；當月減少或停用的固定資產，當月仍計算折舊，從下月起停止計算折舊。這就是說，每月折舊額按月初固定資產的原值和規定的折舊率計算。此外，未使用和不需用的固定資產、以經營租賃方式租入的固定資產（不是自有固定資產）、建設工程交付使用前的固定資產、已提足折舊繼續使用的固定資產，以及過去已經估價單獨入帳的土地等不計算折舊；房屋和建築物由於有自然損耗，不論使用與否都應計算折舊；提前報廢的固定資產，不補計折舊，其未計足折舊的淨損失應計入營業外支出。

折舊的方法以及折舊率和單位折舊額一經確定，不應任意變動，以免各月的成本、費用數據不可比。要防止利用改變折舊方法、折舊率或單位折舊額人為調節各月成本、費用的錯誤做法。

二、固定資產折舊費用的分配

工業企業中，固定資產折舊費一般屬於間接費用，因為一項固定資產很少單獨為某一產品而存在。因此，固定資產折舊應按固定資產的使用單位，分別計入製造費用和期間費用，而後從「製造費用」轉入「生產成本」科目，計入產品成本。凡生產車間計提的折舊費用，記入「製造費用」科目借方及其所屬明細帳的「折舊費」欄目；行政管理部門和銷售部門計提的固定資產折舊費用，分別記入「管理費用」和「銷售費用」科目的借方及其所屬明細帳的「折舊費」欄目，而無需進行分配。折舊費用計提的總額記入「累計折舊」科目的貸方。

固定資產折舊費用的計提，是根據各部門月初固定資產原價在月末由財務部門按規定的折舊方法計算分配的。如果企業固定資產較多並分散在不同的部門，可以先按使用部門編製「固定資產折舊費用計算表」，其格式如表 4-16 所示；然後，再根據「固定資產折舊費用計算表」編製「固定資產折舊費用分配表」，其格式如表 4-17 所示。

表 4-16　　　　　　　　　固定資產折舊費用計算表

使用部門：第一生產車間　　　　20××年×月　　　　　　　單位：元

項目＼固定資產類別	上月固定資產已提折舊額	上月增加固定資產應提折舊額	上月減少固定資產應提折舊額	本月固定資產應提折舊額
房屋、建築物	6,300	700	500	6,500
機械設備	3,600	500	100	4,000
合計	9,900	1,200	600	10,500

按規定，企業應根據月初固定資產計提折舊，因此當月投入使用的固定資產，當月不計提折舊，從下月開始計提；當月減少或停用的固定資產，當月照提折舊，從下月起不再計提。在表 4-17 中，本月固定資產應提折舊額＝上月固定資產已提折舊額＋上月增加固定資產應提折舊額－上月減少固定資產應提折舊額。如果企業採用平均年限法和分類折舊率計提固定資產折舊，上月增加（或減少）固定資產應提折舊額＝上月增加（或減少）固定資產的原值×規定的分類折舊率。

月末，企業財務部門應根據「固定資產折舊費用計算表」編製「固定資產折舊費用分配表」，其格式如表 4-17 所示。

表 4-17　　　　　　　　　固定資產折舊費用分配表
　　　　　　　　　　　　　　20××年×月　　　　　　　　　　　　　單位：元

應借科目	使用部門	折舊額
製造費用	一車間	10,500
	二車間	24,500
	小計	35,000
輔助生產費用	機修車間	10,000
管理費用	行政管理部門	6,000
銷售費用	銷售部門	4,000
合計		55,000

根據表 4-17 編製有關會計分錄如下：
借：製造費用——一車間　　　　　　　　　　　　　　　　10,500
　　　　　　——二車間　　　　　　　　　　　　　　　　24,500
　　生產成本——輔助生產成本　　　　　　　　　　　　　10,000
　　管理費用　　　　　　　　　　　　　　　　　　　　　6,000
　　銷售費用　　　　　　　　　　　　　　　　　　　　　4,000
　貸：累計折舊　　　　　　　　　　　　　　　　　　　　55,000

第八節　利息、稅金及其他費用的歸集與分配

一、利息費用的歸集與分配

　　要素費用中的利息費用不是產品成本的組成部分，而是作為期間費用的財務費用。短期借款的利息一般是按季結算支付。按照權責發生制的原則，季內各月對應付的利息進行預提，季末實際支付時再進行衝減。季末實際支付的利息費用與預提利息費用之間的差額，調整計入季末月份的財務費用。每月預提利息費用時，借記「財務費用」科目，貸記「應付利息」；季末實際支付利息費用時，借記「應付利息」科目，貸記「銀行存款」科目。長期借款利息費用一般是每年計算一次應付利息，到期一次還本付息。每年結轉應付利息時，按照長期借款費用化和資本化的原則，借記「財務費用」或「在建工程」科目，貸記「長期借款」科目；到期還本付息時，借記「長期借款」科目，貸記「銀行存款」等科目。

　　【例 4-16】某工廠向銀行借入短期借款的應付利息採用預提方法。2007 年第三季度，估計每月利息為 1,800 元，則企業於 7 月末編製預提利息費用會計分錄

如下：
  借：財務費用   1,800
    貸：應付利息   1,800
8月末編製相同分錄。
9月末實際支付利息5,000元，編製會計分錄如下：
  借：應付利息   3,600
    財務費用   1,400
    貸：銀行存款   5,000

二、稅金的歸集與分配

  企業發生的稅金有著不同的核算方法：增值稅是價外稅，單獨通過「應交稅費——應交增值稅」科目進行核算，並不影響當期損益；消費稅、資源稅、土地增值稅、城市維護建設稅、教育費附加等則通過「稅金及附加」科目進行核算；作為要素費用的稅金，包括印花稅、房地產稅、車船使用稅和土地使用稅，不構成產品成本，計入期間費用中的管理費用。下面簡單說明要素費用中稅金的核算。

  印花稅一般是通過企業直接購買印花稅票繳納，如果購買的印花稅票金額較小，購買時可以直接借記「管理費用」科目及其稅金的費用項目，貸記「銀行存款」科目。

  對於需要預先計算應交稅金金額，然後繳納的稅金，如房地產稅、車船使用稅、土地使用稅等，應通過「應交稅金」總帳帳戶及其所屬明細帳戶進行核算。計算應交稅金時，借記「管理費用」科目，貸記「應交稅費」科目；在繳納稅金時，應借記「應交稅費」科目，貸記「銀行存款」等科目。

三、其他費用的歸集與分配

  其他費用是指上述各項費用以外的其他費用支出，包括修理費、差旅費、郵電費、保險費、勞動保護費、運輸費、辦公費、水電費、技術轉讓費、業務招待費、誤餐補貼費等。這些費用都沒有專門設立成本項目，應在發生時，根據有關的付款憑證，按照費用的用途進行歸類，分別計入製造費用或期間費用。有的費用，如生產用固定資產的修理費，應計入產品成本，但由於未設單獨的成本項目，因此，先計入「製造費用」或「生產成本——輔助生產成本」帳戶，再按一定方法分配轉入「生產成本——基本生產成本」帳戶；大多數此類費用不構成產品成本，通常按其用途，在發生當期直接計入「管理費用」「銷售費用」帳戶。

  【例4-17】某工廠2018年8月以銀行存款支付本月發生的固定資產修理費共計8,000元，其中，基本生產車間4,000元，輔助生產供熱車間1,400元，機修車

間 2,000 元，行政管理部門 600 元。編製會計分錄如下：

借：製造費用　　　　　　　　　　　　　　　　　　　4,000
　　生產成本——輔助生產成本（供熱車間）　　　　　1,400
　　　　　　——輔助生產成本（機修車間）　　　　　2,000
　　管理費用　　　　　　　　　　　　　　　　　　　　600
　貸：銀行存款　　　　　　　　　　　　　　　　　　8,000

復習思考題

1. 材料費用的分配方法有哪些？如何選擇分配方法？
2. 外購動力費用如何計入產品成本？
3. 在計時工資、計件工資下，工資費用的分配有何異同？
4. 如何正確理解固定資產折舊？折舊費用是如何進行歸集與分配的？
5. 低值易耗品攤銷額與固定資產折舊有什麼異同？
6. 怎樣進行利息費用、稅金和其他要素費用的核算？
7. 某企業生產 A、B 兩種產品，共同領用一種原材料 40,000 元，A 產品生產 20 件，B 產品生產 30 件，產品材料消耗定額為 A 產品 3 千克，B 產品 4 千克，試按材料定額耗用量比例法分配原材料費用。
8. 某企業本月發生職工薪酬總額 100,000 元，共生產 A、B、C 三種產品，工時分別為：

項目	A 產品	B 產品	C 產品
產品產量	200 件	350 件	500 件
生產工時	3 小時	5 小時	2 小時

要求：計算各產品應負擔的職工薪酬費用。

第五章　生產費用在完工產品與在產品之間的歸集與分配

第一節　在產品概述

一、在產品的概念及特點

　　企業的在產品有廣義和狹義之分。從廣義上講，在產品是指沒有完成全部生產過程，不能作為商品銷售的產品，包括正在車間加工的在產品和已經完成一個或幾個生產步驟，但仍需繼續加工的半成品；尚未驗收入庫的產品和正在返修或等待返修的廢品等。從狹義上講，在產品則是指某一生產車間或生產步驟正在加工的那部分在產品和尚未驗收入自制半成品庫的零件、部件和半成品，車間或生產步驟完工並入庫產品不包括在內。

　　通常情況下，零件、部件和半成品的管理是由中間倉庫負責的，正在加工和裝配中的在產品由車間進行管理。工業企業的在產品具有如下特點：

（一）處於不斷的流動中

　　工業生產中，從原材料投入生產，到制成產成品，中間往往有若干道生產工序。減少在產品在各道工序間的停留時間與毀損，是減少在產品資金占用、降低生產損耗的重要環節。

（二）成本計算的複雜性

　　期末停留在各個工序的在產品，其加工程度不同，所包含的物化勞動與活勞動的量不同，因而，其成本計算較為複雜。

（三）品種規格多

　　一般情況下，尤其是在裝配式生產的企業中，在產品的品種規格繁多。合理組織零部件生產，提高生產配套性，也是減少資金占用、降低生產耗費的重要環節。

二、在產品與完工產品的關係

　　企業產品生產費用經過上述各節的歸集與分配後，都已集中登記在「成本計算單」（即產品的成本明細帳）中。對於在本期全部完工，沒有在產品的產品來說，計入該產品成本計算單中的所有生產費用，就是完工產品的總成本；對於本期全部未完工的產品來說，該「產品成本計算單」中的所有生產費用，就是期末在產品的總成本；在實際工作中，更多的情況是本期產品生產既有完工產品，又有在產品，那麼就需要採用一定的方法，將該產品成本計算單中所匯集的生產費用，在完工產品和在產品之間進行分配，計算本期完工產品成本和期末在產品成本。顯然，本月生產費用、本月完工產品成本、月初在產品成本及月末在產品成本四者之間的關係，可用下列公式表示：

　　月初在產品成本+本月生產費用＝本月完工產品成本+月末在產品成本

　　其中，等式左方兩項即該產品生產費用累計發生額，表示產品生產所匯集的生產費用，可以從其產品成本明細帳中直接取得，為已知數。等式右邊表示生產費用的分配關係，是未知數，需經分配求得，其分配方法有兩種：一種是將前兩項之和按一定比例在後兩項之間進行分配，從而求得完工產品與月末在產品成本；另一種是先設法確定月末在產品成本，再計算求得完工產品成本。在先確定在產品成本，然後計算完工產品成本的分配順序下，該公式可轉換為：

　　本月完工產品成本＝月初在產品成本+本月生產費用–月末在產品成本

　　我們從等式中可以看到：無論是歸集生產費用，還是分配生產費用，都必須準確地計算在產品的成本。在產品成本是準確計算產成品成本的前提，而在產品成本取決於對在產品數量的確定。所以，為正確計算產品成本，企業首先必須正確組織在產品數量的核算，以取得在產品動態和結存的數量資料。

三、在產品核算的意義

　　由於完工產品和在產品之間有密切的聯繫，在產品數量和費用的大小直接影響完工產品的數量與費用的大小，所以，在產品的核算具有重要意義：

　　（1）在產品數量核算為會計部門正確計算產品生產成本提供可靠的產量資料。

　　（2）在產品數量核算為合理安排和組織產品生產提供在產品動態資料。

　　（3）為落實企業內部經濟責任制，提供各生產車間、各工序、各崗位和各個生產工人加工在產品的數量和質量。

　　（4）為加速企業在產品週轉速度，加強在產品資金管理，提高資金利用率，提供在產品佔用資金的實際情況。

　　總之，只有準確地核算在產品增減和實際結存的數量，才能準確地確定完工

產品的成本，也才能準確地核算企業的利潤，使企業的資產負債表能如實、正確地反應企業的財務狀況。

第二節　在產品的數量核算

一、完工產品與在產品的關係

　　工業企業的在產品有廣義在產品和狹義在產品之分。廣義在產品就整個企業而言，是指沒有完成全部生產過程，不能作為商品銷售的產品。它包括正在各個生產單位加工的在製品和已完成一個或多個生產步驟，但尚未最終完工而需要繼續加工的自製半成品，以及等待驗收入庫的產品、正在返修或等待返修的廢品等。狹義在產品是就企業的某一生產單位或某一生產步驟而言，尚未加工或裝配完成的在產品，不包括該生產單位或生產步驟已經完工轉出的自製半成品。在產品完成全部生產過程、驗收合格入庫以後，就稱為完工產品。在產品與完工產品的關係是指在產品與完工產品在承擔費用（劃分產品成本）方面的關係，主要通過本月生產費用、本月完工產品成本、月初在產品成本和月末在產品成本四個指標來反應。

　　本月生產費用、本月完工產品成本和月初、月末在產品成本四者之間的關係，可用公式表示為：

　　　　月初在產品成本＋本月生產費用＝本月完工產品成本＋月末在產品成本

　　在公式前兩項已知的情況下，本月完工產品成本和月末在產品成本是未知數。月初在產品成本和本月生產費用之和在本月完工產品和月末在產品之間分配費用的方法通常有兩類：

　　①先確定月末在產品成本，再計算本月完工產品成本；②將月初在產品成本加上本月生產費用在本月完工產品成本和月末在產品成本之間按照一定的比例分配的方法進行分配，同時計算出本月完工產品成本和月末在產品成本。

　　根據上述公式，則有：

　　　　本月完工產品成本＝本月生產費用＋月初在產品成本－月末在產品成本

二、在產品的數量核算

　　企業在產品品種規格多，又處在流動之中。為了加強在產品的實物管理，嚴格控制在產品數量，企業必須設置「在產品臺帳」，以反應在產品的收入、發出和結存數量的情況。「在產品臺帳」的格式見表5-1。

表 5-1　　　　　　　　　　　　在產品臺帳

車間：　　　　　　　　　　　　年　月　　　　　　　　　　　　單位：

日期		摘要	收入		發出			結存	
月	日		憑證號	數量	憑證號	數量	廢品	完工	未完工
6	1	上月結轉							90
	5	上步結轉	40	400					490
	10	完工交出			46	90			400
	…								
	30	合計				1,000	10		280

在產品數量的核算，其主要內容包括兩方面：①要做好在產品收發結存的日常核算工作；②要做好在產品的定期和不定期的清查盤點，落實數量，查明盈虧的原因和責任。

在產品臺帳應當分列生產車間和生產步驟，按照在產品的品種和在產品的品名（如零部件）設置。該帳可由車間核算人員登記，也可以由各班組的核算員登記。

三、在產品的清查

在產品的管理和企業的其他資產一樣，要定期或不定期進行清查。對在產品的盤盈、盤虧要及時進行帳務處理，做到在產品帳實相符，以保證在產品的安全和完整。

在產品的清查採用實地盤點法。根據清查結果，編製「在產品盤點盈虧報告表」，如實登記在產品的帳存數、實存數、盤盈、盤虧、毀損數及盈虧原因。企業財會部門對「在產品盤點盈虧報告表」進行認真審核，按照企業內部財務會計制度規定的審批程序，報送有關部門和領導審核，並及時做出帳務處理。

為了全面反應在產品盤盈、盤虧和毀損的生產成本，應設置「待處理財產損溢」帳戶。發生在產品盤盈時，應借記「基本生產成本」帳戶及其有關的明細帳戶，貸記「待處理財產損溢」帳戶；按照規定核銷時，則借記「待處理財產損溢」帳戶，貸記「製造費用」帳戶及其有關的明細帳戶，沖減製造費用。

發生在產品盤虧和毀損時，應借記「待處理財產損溢」帳戶，貸記「基本生產成本」帳戶（沖減短缺在產品的帳面價值）。按照規定核銷時，應根據不同情況分別處理：準予計入產品成本的損失借記「製造費用」帳戶，應由過失人賠償的部分借記「其他應收款」帳戶，由於自然災害造成的非常損失借記「營業外支出」帳戶，同時，貸記「待處理財產損溢」帳戶。

【例 5-1】某企業根據「在產品盤點盈虧報告表」提供的資料，本月一車間盤

盈甲在產品 10 件，生產成本 1,200 元；盤虧乙在產品 6 件，帳面生產總成本為 800 元，應由過失人賠償 300 元；因發生火災造成丙在產品毀損 100 件，帳面生產總成本為 8,547 元，毀損丙在產品處理殘料價值得到現金 300 元，由保險公司賠償 7,000 元。

根據資料編製如下會計分錄：

（1）甲在產品盤盈的核算。

甲在產品發生盤盈時：

借：基本生產成本——甲產品 1,200
　　貸：待處理財產損溢——待處理流動資產損溢 1,200

經批准核銷盤盈在產品時：

借：待處理財產損溢——待處理流動資產損溢 1,200
　　貸：製造費用 1,200

（2）乙在產品盤虧的核算。

乙在產品發生盤虧時：

借：待處理財產損溢——待處理流動資產損溢 800
　　貸：基本生產成本——乙產品 800

經批准由過失人賠償部分在產品時：

借：其他應收款 300
　　製造費用 500
　　貸：待處理財產損溢——待處理流動資產損溢 800

（3）丙在產品毀損的核算。

丙在產品發生毀損時：

借：待處理財產損溢——待處理流動資產損溢 8,547
　　貸：基本生產成本——丙產品 8,547

因火災毀損的丙在產品經批准轉銷，淨損失列作營業外支出：

借：其他應收款——保險公司 7,000
　　庫存現金 300
　　營業外支出 1,247
　　貸：待處理財產損溢——待處理流動資產損溢 8,547

第三節　生產費用在完工產品與在產品之間的分配

生產費用在完工產品和在產品之間的分配是成本核算的一個重要步驟。在產品規格繁多、數量較大、完工程度不一樣的企業，這一成本核算步驟是比較複雜

的。企業應根據其在產品數量的多少、各月在產品數量變化的大小、各種費用比重的大小，以及定額管理基礎好壞等具體條件和實際情況，選擇既合理又簡便的分配方法。常用的分配方法主要有以下幾種：

一、不計算在產品成本法

不計算在產品成本法是指雖然月末有結存在產品，但在產品數量很少，價值很低，並且各月份在產品數量比較穩定，從而可對月末在產品成本忽略不計的一種分配方法。為簡化產品成本計算工作，根據重要性原則，可以不計算月末在產品成本，本月生產費用全部視為完工產品成本。公式表示為：

本月完工產品成本＝本月生產費用

【例 5-2】某工廠大量生產 A 產品，由於該產品月末在產品數量很少，採用不計算在產品成本法。本月該產品成本計算單登記的生產費用總額為 40,000 元，其中，直接材料 30,000 元，直接人工 6,000 元，製造費用 4,000 元。本月完工入庫 A 產品 1,000 件。A 類產品本月完工產品成本計算單如表 5-2 所示。

表 5-2　　　　　　　　　　A 產品成本計算單

產品：A 產品
產量：1,000 件　　　　　　　　　　　　　　　　　　　　　　　　單位：元

摘要	直接材料	直接人工	製造費用	合計
本月生產費用	30,000	6,000	4,000	40,000
本月完工產品總成本	30,000	6,000	4,000	40,000
本月完工產品單位成本	30	6	4	40

二、在產品成本按年初固定成本計價法

在產品成本按年初固定成本計價法，簡稱「固定成本法」，是對各月月末在產品都按年初在產品成本計價的一種方法。這種方法適用於各月月末在產品結存數量較少，或者雖然在產品結存數量較多，但各月月末在產品數量穩定、起伏不大的產品。採用在產品按年初固定成本計價法計價時，對於每年年末在產品，需要根據實際盤存資料，採用其他方法計算在產品成本，以免在產品以固定不變的成本計價延續時間太長，使在產品成本與實際出入過大而影響產品成本計算的正確性，以致企業存貨資產反應失真。

（1）1~11 月完工產品成本計算公式為：

本月完工產品成本＝月初在產品成本（年初固定成本）＋本月生產費用－月末

在產品成本（年初固定成本）＝本月生產費用

（2）12月完工產品成本計算公式為：

本月完工產品成本＝月初在產品成本（年初固定成本）＋本月生產費用－月末在產品成本（實際成本）

三、在產品按原材料費用計價法

在產品按原材料費用計價法，就是月末在產品只計算所耗的原材料費用，不計算工資及福利費等加工費用，產品的加工費用全部由完工產品負擔。這種方法適用於各月在產品數量多，各月在產品數量變化較大，且原材料費用在產品成本中所占比重較大的產品。完工產品成本計算公式為：

本月完工產品成本＝月初在產品成本＋本月發生費用－月末在產品成本

【例5-3】某企業某種產品的月末在產品只計算原材料費用。該產品月初在產品原材料費用為4,200元；本月發生原材料費用31,800元，工資及福利費1,000元，製造費用2,000元；完工產品860件，月末在產品40件。該產品的原材料費用在生產開始時一次性投入，原材料費用按完工產品和月末在產品的數量比例分配。分配計算如下：

原材料費用分配率＝(4,200+31,800)÷(860+40)＝40（元／件）

月末在產品原材料費用＝40×40＝1,600（元）

完工產品原材料費用＝860×40＝34,400（元）

完工產品成本＝34,400+3,000＝37,400（元）

或＝4,200+（31,800+3,000）－1,600＝37,400（元）

產品成本計算單如表5-3所示。

表5-3　　　　　　　　　　　產品成本計算單

產品：某產品　　　　　　　　　　　　　　　　　　　　　　　　　單位：元

項目	直接材料	直接人工	製造費用	合計
月初在產品成本	4,200			4,200
本月發生生產費用	31,800	1,000	2,000	34,800
生產費用合計	36,000	1,000	2,000	39,000
本月完工產品成本	34,400	1,000	2,000	37,400
月末在產品成本	1,600			1,600

四、約當產量比例法

　　約當產量比例法是將月末在產品數量按其完工程度折算為相當於完工產品的數量，即約當產量，然後按完工產品產量與月末在產品約當產量的比例來分配計算完工產品費用與月末在產品費用。這種方法適用範圍較廣，特別適用於月末在產品數量較大，各月末在產品數量變化也較大，產品成本中原材料費用和工資及福利費等加工費用所占的比重相差不多的產品。

　　採用約當產量法計算完工產品成本和月末在產品成本通常分為以下三個步驟：

　　第一，計算月末在產品約當產量。計算公式為：

　　月末在產品約當產量＝月末在產品數量×在產品完工程度

　　第二，計算費用分配率。計算公式為：

　　費用分配率＝(月初在產品成本＋本月發生的生產費用)÷(本月完工產品產量＋月末在產品約當產量)

　　第三，計算完工產品成本和月末在產品成本。計算公式為：

　　完工產品總成本＝完工產品產量×費用分配率

　　月末在產品成本＝月末在產品約當產量×費用分配率

　　由上述可知，採用約當產量比例法，必須正確計算月末在產品的約當產量，而在產品約當產量正確與否，主要取決於在產品完工程度的測定，這對於費用分配的正確性有著決定性的影響。

　　在生產過程中，在產品的直接材料費用與直接人工和製造費用的發生情況不同，必須區別成本項目計算在產品的約當產量。原材料在生產時的投料情況不相同，那麼，在產品的投料程度就不相同，而直接人工和製造費用是先後發生的，因而要分別確定在產品的投料率和完工率。在企業實際生產過程中，有的企業產品結構複雜、生產工序多，不同工序難以按同一比例計算月末在產品約當產量，因此，多工序生產的企業可以先分工序計算在產品約當產量，再匯總確定在產品約當總產量。

(一) 分配直接材料費用時在產品約當產量的計算

　　分配直接材料費用時，在產品約當產量應按月末在產品所耗直接材料的投料程度折算，而投料程度與產品生產的投料方式密切相關。企業產品生產的投料方式主要有以下兩種：

　　1. 一次投料

　　一次投料就是在生產開始時一次投入產品生產所需的全部直接材料，月末在產品應負擔的材料費用與完工產品所負擔的材料費用相同，投料率為100%。因此，不論在產品完工程度如何，直接材料費用的分配都可以按月末在產品實際結

存數量和完工產品產量的比例進行分配。

【例5-4】某企業生產某種產品，本月完工600件，月末在產品200件，在產品完工程度70%，月初在產品和本月原材料費用共計32,000元，原材料在生產開始時一次性投入。原材料費用按約當產量比例法分配，分配計算如下：

原材料費用分配率＝32,000÷(600+200)＝40（元/件）

完工產品原材料費用＝600×40＝24,000（元）

月末在產品原材料費用＝200×40＝8,000（元）

2. 逐步投料

逐步投料就是直接材料隨生產進度陸續投入或在每道工序開始時投入，具體可以分為以下三種情況：

(1) 直接材料的投入程度與完工程度完全相同或基本相同時，在產品的投料程度即完工程度，在產品約當產量可按完工程度折算。

(2) 直接材料的投入程度與完工程度不一致，按各工序累計直接材料消耗定額占完工產品直接材料消耗定額的比率計算其投料程度，在產品所在工序的投料程度為50%。計算公式為：

某工序直接材料投料程度＝(前面各工序材料定額之和＋本工序材料定額×50%)÷完工產品直接材料消耗定額×100%

【例5-5】某企業生產的A產品分兩道工序制成，原材料分兩次投入，其投料程度與加工程度不一致。有關資料及計算結果如表5-4所示。

表5-4　　　　　　投料程度與加工程度不一致時的計算結果

生產工序	各工序直接材料消耗定額（千克）	投料程度（%）	月末在產品數量（件）	在產品約當產量（件）
1	60	30	100	30
2	40	80	80	64
合計	100		180	94

註：第一工序投料程度＝(60×50%)÷100×100%＝30%
　　第二工序投料程度＝(60+40×50%)÷100×100%＝80%

(3) 直接材料在每道生產工序開始時投入本工序所耗全部直接材料時，根據各工序累計直接材料消耗定額占完工產品直接材料消耗定額的比率計算投料程度，在產品所在工序投料程度為100%。計算公式為：

某工序直接材料投料程度＝(前面各工序材料定額之和＋本工序材料定額)÷完工產品定額材料費用×100%

【例5-6】某企業B產品經三道工序連續加工制成，原材料隨加工進度分工序三次投入，但在每道工序開始時一次投入。有關資料及計算結果如表5-5所示。

表 5-5　　　　　　　原材料隨加工進度分工序投入時的計算結果

生產工序	各工序直接材料消耗定額（千克）	投料程度（%）	月末在產品數量（件）	在產品約當產量（件）
1	20	40	40	16
2	20	80	30	24
3	10	100	20	20
合計	50		90	60

註：第一工序投料程度 = 20÷50×100% = 40%

第二工序投料程度 = （20+20）÷50×100% = 80%

第三工序投料程度 = （20+20+10）÷50×100% = 100%

（二）分配直接人工費用、製造費用時在產品約當產量的計算

直接人工和製造費用兩個成本項目一般可以按同一完工程度計算月末在產品約當產量，在產品完工程度的折算一般有以下兩種辦法：

（1）當企業生產進度比較均衡時，月末在產品在各工序加工程度相差不多，為簡化核算，月末在產品的完工程度通常按50%計算。

（2）當月末在產品各工序加工程度不均衡時，可以根據各工序在產品的工時定額分工序計算各工序在產品的完工率，月末在產品應按不同工序的完工率分別折算為完工產品。其計算公式為：

某工序在產品完工工序 = (在產品前面各工序工時定額之和+在產品本工序定額×50%)÷完工產品工時定額×100%

【例5-7】某企業生產的C產品需經三個工序制成，在各工序內加工程度不均衡，試計算各工序的完工程度和在產品的約當產量。資料及計算結果如表5-6所示。

表 5-6　　　　　　　在各工序內加工不均衡的計算結果

工序	工時定額(小時)	完工程度(%)	在產品數量(件)	在產品約當產量(件)
1	4	20	50	10
2	4	60	80	48
3	2	90	100	90
合計	10		230	148

註：第一工序完工程度 = 4×50%÷10×100% = 20%

第二工序完工程度：（4+4×50%）÷10×100% = 60%

第三工序完工程度 = （4+4+2×50%）÷10×100% = 90%

按產品的成本項目分別計算出在產品的約當產量後，即分配完工產品和月末在產品之間的各類成本後，最終得出完工產品和月末在產品的總成本。

【例5-8】某工廠生產的D產品經過三道工序加工完成，單位產品原材料消耗定額為1,000元，其中，第一道工序單位產品材料消耗定額為500元，第二道工序單位產品材料消耗定額為300元，第三道工序單位產品材料消耗定額為200元。原材料分別在各個工序生產開始時一次投入。某月，D產品完工驗收入庫數量為1,000件，月末在產品數量為300件，其中第一道工序為100件，第二道工序為80件，第三道工序為120件。該產品單位工時消耗定額為100小時，其中第一道工序60小時，第二道工序30小時，第三道工序10小時，各工序月末在產品在本工序的完工程度均為50%。該產品生產成本明細帳顯示月初在產品成本10,000元，其中，直接材料費用5,000元，直接人工3,000元，製造費用2,000元。本月發生的生產費用為50,000元，其中，直接材料30,000元，直接人工12,000元，製造費用8,000元。採用約當產量法，計算D產品月末在產品和本月完工產品成本的過程如下：

(1) 計算月末在產品直接材料項目的投料率和約當產量。
①計算各工序月末在產品的投料率：
第一道工序投料率＝500÷1,000×100%＝50%
第二道工序投料率＝（500+300）÷1,000×100%＝80%
第三道工序投料率＝（500+300+200）÷1,000×100%＝100%
②計算月末在產品約當產量：
第一道工序月末在產品約當產量＝100×50%＝50（件）
第二道工序月末在產品約當產量＝80×80%＝64（件）
第三道工序月末在產品約當產量＝120×100%＝120（件）
月末在產品約當產量＝50+64+120＝234（件）

(2) 計算月末在產品直接人工、製造費用項目的完工率和約當產量。
①計算各工序月末在產品的完工率：
第一道工序完工率＝60×50%÷100×100%＝30%
第二道工序完工率＝（60+30×50%）÷100×100%＝75%
第三道工序完工率＝（60+30+10×50%）÷100×100%＝95%
②計算月末在產品約當產量：
第一道工序月末在產品約當產量＝100×30%＝30（件）
第二道工序月末在產品約當產量＝80×75%＝60（件）
第三道工序月末在產品約當產量＝120×95%＝114（件）
月末在產品約當產量＝30+60+114＝204（件）

（3）計算各成本項目的費用分配率（保留四位小數）。
直接材料項目費用分配率＝（5,000+30,000）÷（1,000+234）＝28.363,0（元/件）
直接人工項目費用分配率＝（3,000+12,000）÷（1,000+204）＝12.458,5（元/件）
製造費用項目費用分配率＝（2,000+8,000）÷（1,000+204）＝8.305,6（元/件）
（4）計算月末在產品總成本和本月完工產品總成本。
①月末在產品總成本（保留兩位小數）：
月末在產品負擔的直接材料費用＝234×28.363,0＝6,636.94（元）
月末在產品負擔的直接人工費用＝204×12.458,5＝2,541.53（元）
月末在產品負擔的製造費用＝204×8.305,6＝1,694.34（元）
月末在產品總成本＝6,636.94+2,541.53+1,694.34＝10,872.81（元）
②本月完工產品總成本：
完工產品負擔的直接材料費用＝35,000-6,636.94＝28,363.06（元）
完工產品負擔的直接人工費用＝15,000-2,541.53＝12,458.47（元）
完工產品負擔的製造費用＝10,000-1,694.34＝8,305.66（元）
完工產品總成本＝28,363.06+12,458.47+8,305.66＝49,127.19（元）
產品成本計算單如表5-7所示。

表5-7　　　　　　　　　　產品成本計算單

產品名稱：D產品　　　　　　　　　　　　　　　　　　　　　單位：元

項目	直接材料	直接人工	製造費用	合計
月初在產品成本	5,000	3,000	2,000	10,000
本月發生生產費用	30,000	12,000	8,000	50,000
生產費用合計	35,000	15,000	10,000	60,000
本月完工產品成本	28,363.06	12,458.47	8,305.66	49,127.19
月末在產品成本	6,636.94	2,541.53	1,694.34	10,872.81

五、在產品按完工產品計算法

在產品按完工產品計算法是將在產品視同完工產品計算、分配生產費用。這種分配方法適用於月末在產品已接近完工，或產品已經加工完畢但尚未驗收或包裝入庫的產品。這是因為在這種情況下，在產品已接近完工產品成本，為了簡化產品成本計算工作，可以將在產品視同完工產品，按兩者數量比例分配生產費用。

【例5-9】某產品月初在產品費用和本月發生費用為：原材料費用40,000元，工資及福利費8,000元，製造費用5,600元。本月完工產品600件，月末在產品

200 件。月末在產品已接近完工。

　　完工產品和月末在產品成本分配計算如下：
　　原材料費用分配率＝40,000÷(600+200)＝50（元/件）
　　完工產品原材料費＝600×50＝30,000（元）
　　月末在產品原材料費＝200×50＝10,000（元）
　　工資及福利費分配率＝8,000÷(600+200)＝10（元/件）
　　完工產品工資及福利費＝600×10＝6,000（元）
　　月末在產品工資及福利費＝200×10＝2,000（元）
　　製造費用分配率＝5,600÷(600+200)＝7（元/件）
　　完工產品製造費用＝600×7＝4,200（元）
　　月末在產品製造費用＝200×7＝1,400（元）
　　完工產品成本＝30,000+6,000+4,200＝40,200（元）
　　月末在產品成本＝10,000+2,000+1,400＝13,400（元）
　　產品成本計算單如表 5-8 所示。

表 5-8　　　　　　　　　　　　產品成本計算單

產品名稱：某產品　　　　　　　　　　　　　　　　　　　　　　　　單位：元

項目	直接材料	直接人工	製造費用	合計
生產費用合計	40,000	8,000	5,600	53,600
本月完工產品成本	30,000	6,000	4,200	40,200
月末在產品成本	10,000	2,000	1,400	13,400

六、在產品按定額成本計價法

　　在產品按定額成本計價法是按照預先制定的定額成本計算月末在產品成本，即月末在產品成本按其數量和單位定額成本計算。月初在產品費用加本月生產費用，減月末在產品的定額成本，其餘額作為完工產品成本。每月生產費用脫離定額的差異，全部由完工產品負擔。這種方法適用於定額管理基礎較好，各項消耗定額或費用定額比較準確、穩定，而且各月在產品數量變動不大的產品。採用這種方法，應根據各種在產品有關定額資料，以及在產品月末結存數量，計算各種月末在產品的定額成本。

　　在產品定額成本的計算公式為：
　　在產品直接材料定額成本＝在產品數量×材料消耗定額×材料計劃單價
　　在產品直接人工定額成本＝在產品數量×工時定額×計劃小時工資率
　　在產品製造費用定額成本＝在產品數量×工時定額×計劃小時費用率

【例 5-10】某企業生產某產品，採用在產品按定額成本計價法分配完工產品和在產品費用。本月所耗原材料費用為 45,000 元，工資及福利費 21,000 元，製造費用 18,000 元。完工產品數量為 400 件，月末在產品 200 件。原材料在生產開始時一次性投入。相關的定額資料如下：原材料消耗定額 60 千克，計劃單價 1 元/千克，月末在產品工時定額 20 小時，計劃小時工資率 1.5 元/小時，計劃小時費用率 1 元/小時。完工產品和月末在產品成本分配如下：

在產品原材料定額費用＝200×60×1＝12,000（元）

在產品工資及福利費定額費用＝200×20×1.5＝6,000（元）

在產品製造費用定額成本＝200×20×1＝4,000（元）

月末在產品定額成本＝12,000+6,000+4,000＝22,000（元）

完工產品成本＝45,000+21,000+18,000−22,000＝62,000（元）

在產品按定額成本計價，簡化了生產費用在完工產品和月末在產品之間的分配工作，但月末在產品定額成本與實際成本之間的差異，全部由本月完工產品負擔不盡合理。

七、定額比例法

定額比例法是產品的生產費用按完工產品和月末在產品的定額消耗量或定額費用的比例，分配計算完工產品和月末在產品成本的一種方法。其中，原材料費用按原材料費用定額消耗量或原材料定額費用比例分配；工資和福利費、製造費用等各項加工費用，按定額工時的比例分配。這種方法適用於定額管理基礎較好，各項消耗定額或費用定額比較準確、穩定，但各月末在產品數量變化較大的產品。計算公式為：

直接材料費用分配率＝(月初產品直接材料成本+本月直接材料費用)÷(完工產品定額原材料費用+月末在產品定額原材料費用)

完工產品實際直接材料費用＝完工產品定額直接材料費用×直接材料費用分配率

月末在產品實際直接材料費用＝月末在產品定額直接材料費用×直接材料費用分配率

直接人工（製造）費用分配率＝（費用+本月直接人工（製造）費用）÷（完工產品定額工時+月末在產品定額工時）

完工產品直接人工（製造）費用＝完工產品定額工時×直接人工（製造）費用分配率

月末在產品直接人工（製造）費用＝月末在產品定額工時×直接人工（製造）費用分配率

【例5-11】某企業生產的某種產品的月初在產品費用為：原材料費用1,000元，工資及福利費600元，製造費用1,500元。本月發生的生產費用為：原材料費用13,000元，工資及福利費4,400元，製造費用6,000元。完工產品1,000件，原材料費用定額5元，工時定額2小時。月末在產品500件，原材料費用定額4元，工時定額1小時。完工產品和月末在產品之間，原材料費用按原材料定額費用比例分配，其他加工費用按定額工時比例分配。其計算分配過程如下：

完工產品原材料定額費用＝1,000×5＝5,000（元）
月末在產品原材料定額費用＝500×4＝2,000（元）
原材料費用分配率＝（1,000+13,000）÷（5,000+2,000）＝2
完工產品實際原材料費用＝5,000×2＝10,000（元）
月末在產品實際原材料費用＝2,000×2＝4,000（元）
完工產品定額工時＝1,000×2＝2,000（小時）
月末在產品定額工時＝500×1＝500（小時）
工資及福利費分配率＝（600+4,400）÷（2,000+500）＝2
完工產品實際工資及福利費＝2,000×2＝4,000（元）
月末在產品實際工資及福利費＝500×2＝1,000（元）
製造費用分配率：（1,500+6,000）÷（2,000+500）＝3
完工產品實際製造費用＝2,000×3＝6,000（元）
月末在產品實際製造費用＝500×3＝1,500（元）
完工產品實際成本：10,000+4,000+6,000＝20,000（元）
月末在產品實際成本：4,000+1,000+1,500＝6,500（元）
產品成本計算單如表5-9所示。

表5-9　　　　　　　　　　　產品成本計算單

產品名稱：某產品　　　　　　　　　　　　　　　　　　　　　　　　單位：元

項目	直接材料	直接人工	製造費用	合計
月初在產品成本	1,000	600	1,500	3,100
本月發生生產費用	13,000	4,400	6,000	23,400
生產費用合計	14,000	5,000	7,500	26,500
本月完工產品成本	10,000	4,000	6,000	20,000
月末在產品成本	4,000	1,000	1,500	6,500

採用定額比例法分配完工產品與月末在產品費用，不僅分配結果比較正確，同時還便於將實際費用與定額費用相比較，分析和考核定額的執行情況。

生產費用完成了在各產品之間以及在完工產品和月末在產品之間橫向與縱向

的分配和歸集之後，完工產品的單位成本已計算出來，可據以結轉入庫完工產品成本。完工產品經產成品倉庫驗收入庫以後，其成本應從「生產成本」帳戶中轉出，計入「庫存商品」帳戶，並在生產成本明細帳中結轉本月完工產品的成本。完工入庫產成品的成本，應轉入「產成品」科目；完工自制材料、工具、模具等的成本，應分別轉入「原材料」和「低值易耗品」等科目。「基本生產成本」總帳科目的月末餘額，就是基本生產在產品的成本，也就是占用在基本生產過程中的生產資金，應與所屬各種產品成本明細帳中月末在產品成本之和核對相符。

第四節　完工產品成本結轉的核算

　　生產費用在各產品之間以及在完工產品和月末在產品之間的分配和歸集完成之後，完工產品的總成本和單位成本即可算出，接著就可據以結轉入庫完工產品成本。

　　工業企業的完工產品，包括產成品，自制的材料、工具、模具等。完工產品應由生產單位填製產品入庫單，連同產品和質量檢驗部門出具的質量合格憑證一併送交倉庫。完工產品經產成品倉庫驗收入庫以後，其成本應從生產成本科目和各種產品成本明細帳的貸方轉入各有關科目的借方，其中完工入庫產品的成本，應轉入「庫存商品」科目，完工自制材料、工具、模具等的成本，應分別轉入「原材料」和「低值易耗品」等科目。「生產成本」總帳科目的月末餘額，就是生產車間在產品的成本，也就是占用在生產過程中的生產資金，應與所屬各種產品成本明細帳中月末在產品成本之和核對相符。

　　如果企業生產的產品種類較多，為了便於結轉完工產品成本，應根據各「完工產品與在產品成本分配表（產品成本計算單）」匯總編製「完工產品成本匯總表」。

　　【例5-12】某企業六月份生產A、B兩種產品，完工產品數量分別為180臺、160臺，其完工產品與在產品成本分配表如表5-10、表5-11所示。

表 5-10　　　　　　　　完工產品與在產品成本分配表
產品名稱：A 產品　　　　　　20××年×月　　　　　　完工產品：180 臺

單位：元

項目	直接材料	直接人工	製造費用	合計
月初在產品成本	14,396	376.78	1,151	15,923.78
本月生產費用	128,164	7,423.22	14,049	149,636.22
生產費用合計	142,560	7,800	15,200	165,560

119

表5-10(續)

項目	直接材料	直接人工	製造費用	合計
完工產品產量	180	180	180	540
月末在產品約當產量	40	20	20	—
單位成本	648	39	76	—
本月完工產品成本	116,640	7,020	13,680	137,340
月末在產品成本	25,920	780	1,520	28,220

表 5-11　　　　　　　　　完工產品與在產品成本分配表

產品名稱：B 產品　　　　　　　20××年×月　　　　　　　完工產品：160 臺

單位：元

項目	直接材料	直接人工	製造費用	合計
月初在產品成本	31,934	1,364.82	3,199	36,497.82
本月生產費用	239,866	10,885.18	20,601	271,352.18
生產費用合計	271,800	12,250	23,800	307,850
定額費用合計	18,000	35,000	35,000	—
分配率（單位成本）	15.10	0.35	0.68	—
本月完工產品成本	241,600	11,200	21,760	274,560
月末在產品成本	30,200	1,050	2,040	33,290

　　根據表 5-10、表 5-11 匯總編製「完工產品成本匯總表」如表 5-12 所示。根據「完工產品成本匯總表」結轉完工產品成本，編製轉帳憑證，其會計分錄如下：

　　　借：庫存商品——A 產品　　　　　　　　　　　　　　　　137,340
　　　　　　　　　　——B 產品　　　　　　　　　　　　　　　　274,560
　　　　貸：生產成本——基本生產成本（A 產品）　　　　　　　　137,340
　　　　　　　　　　——基本生產成本（B 產品）　　　　　　　　274,560

表 5-12　　　　　　　　　　完工產品成本匯總表

20××年×月　　　　　　　　　　　　　　　　　　單位：元

產品名稱	計量單位	產量	直接材料	直接人工	製造費用	總成本	單位成本
A 產品	臺	180	116,640	7,020	13,680	137,340	763
B 產品	臺	160	241,600	11,200	21,760	274,560	1,716
合計		—	358,240	18,220	35,440	411,900	—

本章復習思考題

1. 什麼是在產品？在產品與完工產品之間是什麼關係？
2. 說明在產品數量的確定方法。
3. 生產費用在完工產品與在產品之間的分配主要有哪些方法？
4. 什麼是在產品不計算成本法？它的適用範圍是什麼？
5. 什麼是在產品按年初固定計算法？它的適用範圍是什麼？

第六章　產品成本計算方法概述

第一節　生產類型和管理要求對產品成本計算方法的影響

一、產品成本計算方法的組成要素

產品成本計算方法是指將一定時期為生產產品所發生的生產費用歸集起來並在各種產品之間、產成品和在產品之間進行分配，從而求得各種產成品、在產品總成本和單位成本的方法。產品成本計算方法的組成要素可以概括為如下幾點：

（1）成本計算對象的確定。
（2）產品成本明細帳的設置。
（3）成本項目的設置。
（4）生產費用的歸集及計入產品成本的程序。
（5）間接計入費用的分配。
（6）產品成本計算期的確定。
（7）生產費用在完工產品與在產品之間的分配。

在上述七個構成要素中，對產品成本計算方法的形成起主要作用的是（1）、（4）、（6）、（7）四個要素。所以我們主要針對這幾個方面來分析生產類型和管理要求對成本計算方法的影響。

二、生產類型和管理要求對成本計算方法的影響

（一）生產類型對成本計算方法的影響

1. 對成本計算對象的影響

成本計算對象主要取決於生產類型的特點。在大量大批單步驟生產中，由於不間斷地重複生產同類產品，中間又沒有自制半成品存在，所以只能以產品的品種作為成本計算對象來歸集生產費用。而在大量大批多步驟生產中，由於各個步驟相對獨立地生產半成品，生產費用完全可以按產品的生產步驟歸集，因而就可

以將各個加工步驟的產品作為成本計算對象，以計算各步驟半成品（最後步驟為產成品）的成本。至於單件小批量生產，由於產品是以客戶的訂單或批別組織生產的，因而就決定了可以以產品的訂單或批別作為成本計算對象，以某訂單或批別來歸集生產費用，計算各訂單或各批別的產品總成本。

2. 對生產費用計入產品成本程序的影響

生產費用計入產品成本程序是指產品生產過程中發生的各種耗費經過一系列的歸集與分配，最後匯總成產品成本的步驟和方法。

在單件生產情況下，成本計算對象就是該件產品，因而生產該產品所發生的全部生產費用都可以直接計入該產品成本。

在成批生產情況下，由於產品批別較多，產品生產所發生的生產費用若能確定為生產某一批產品所發生的，則直接計入該批產品成本；若不能直接計入，則需要按一定標準分配計入各有關批別產品的成本。

在大量多步驟生產情況下，生產費用計入產品成本的程序比較複雜。如果是分步驟計算半成品成本，則各步驟生產中發生的生產費用除了分別歸集到各步驟產品中外，還要將上步驟歸集的半成品成本隨著半成品實物的轉移而逐步結轉到下步驟的產品成本中，直至累計到最後步驟，成為完工產品的成本。如果不需要計算各步驟半成品成本，則各生產步驟僅歸集本步驟產品生產所發生的生產費用，並計算出由產成品負擔的份額，最後組合成完工產品的成本。

3. 對成本計算期的影響

成本計算期，指的是生產費用計入產品成本所規定的起止時期。對成本計算期的影響主要取決於生產組織的特點。

在大量大批生產情況下，由於產品生產不間斷進行，即不間斷地投入也不間斷地產出，在會計分期原則下，只能按月定期地計算產品成本，以滿足分期計算損益的需要。這種成本計算期與會計報告期一致。

在小批或單件生產情況下，各批產品的生產週期往往不同，而且批量小、生產不重複或重複少，故宜按照各批產品的生產週期計算產品成本。成本計算期與產品的生產週期一致，但與會計報告期不一致。

4. 對產品成本在完工產品與在產品之間分配方法的影響

在大量大批生產情況下，由於成本計算期與產品的生產週期不一致，每月末一般會有在產品存在，因而要將產品的生產成本採用適當的方法在完工產品與月末在產品之間進行分配。

在單件或小批量生產情況下，由於成本計算期與產品生產週期一致，什麼時候產品完工，什麼時候才計算完工產品的成本。因此，在會計報告期末時，一般不需要將產品成本在完工產品與在產品之間進行分配。

(二) 管理要求對產品成本計算方法的影響

產品生產特點客觀上決定了成本計算對象，但成本計算對象的確定還要考慮管理上的要求，因為成本核算是為成本管理服務並提供資料的。

管理要求對成本計算方法的影響主要有：

(1) 單步驟生產或管理上不要求分步驟計算成本的多步驟生產，以品種或批別為成本計算對象，採用品種法或分批法。

(2) 管理上要求分步驟計算成本的多步驟生產，以生產步驟為成本計算對象，採用分步法。

(3) 在產品品種、規格繁多的企業，管理上要求盡快提供成本資料，簡化成本計算工作，可採用分類法計算產品成本。

(4) 在定額管理基礎較好的企業，為加強定額管理工作，可採用定額法。

第二節　生產工藝特點對產品成本計算的影響

工業企業的工藝技術過程，簡稱工藝過程，是將勞動對象加工成預期產品的過程。工業企業的生產按生產工藝的特點分為單步驟生產和多步驟生產兩種類型。

一、單步驟生產

單步驟生產亦稱簡單生產，是指生產工藝過程不能間斷，或者是不便於分散在幾個不同地點進行的生產，例如發電、採掘、鑄件等工業生產。這類生產的生產週期較短，通常只能由一個企業整體進行，而不能由幾個企業協作進行。

二、多步驟生產

多步驟生產亦稱複雜生產，是指生產工藝過程可以間斷、分散在不同地點、分別在不同時間進行的生產步驟所組成的生產，可以由一個企業的各個車間進行，也可以由幾個企業協作進行。多步驟生產按其產品的加工方式，又可分為連續式生產和裝配式生產。連續式生產是指對投入生產的原材料，要依次經過各生產步驟的連續加工，才能制成產品的生產。例如紡織、冶金、造紙、服裝等工業的生產。裝配式生產是指先將原材料分別在各個車間並行加工為零件、部件，再將零件、部件裝配為產品的生產。例如機械、車輛、電子、儀表等的生產。

生產工藝和管理要求對成本計算也有很重要的影響。在單步驟生產情況下，生產工藝過程不可或不需間斷，因而不能按生產步驟來計算產品成本，只能以產

品的品種作為成本計算對象。同時，單步驟生產一般都是大量生產，所以只能以會計報告期作為成本計算期，每月月末定期計算產品成本。由於單步驟生產的生產週期較短，一般沒有月末在產品，因此，也不需要計算月末在產品成本。

在連續式多步驟生產情況下，生產一般均為大量生產，成本管理上不僅要求按產品品種計算產品成本，而且還要求按生產步驟計算產品成本，因此，應以產品品種及其生產步驟作為產品成本計算對象。由於產品連續生產，只能在每月月末定期地計算產品成本。在連續式多步驟生產下，一般各生產步驟在月末都會有一定的在產品，這就要求在月末採用適當的分配方法，將生產費用在完工產品和月末在產品之間進行分配。

在裝配式多步驟生產情況下，生產組織有大量生產、單件生產形式。若為大量、大批生產，成本計算方法與連續式多步驟生產基本相同；若為單件、小批生產，只能以產品的批別或件別作為成本計算對象。由於該種生產方式下產品產量較小且基本上是同時完工，成本計算只能在產品完工後才能進行，其成本計算期與生產週期一致，也就不存在生產費用在完工產品和月末在產品之間進行分配的問題。

工業企業的生產類型如圖 6-1 所示。

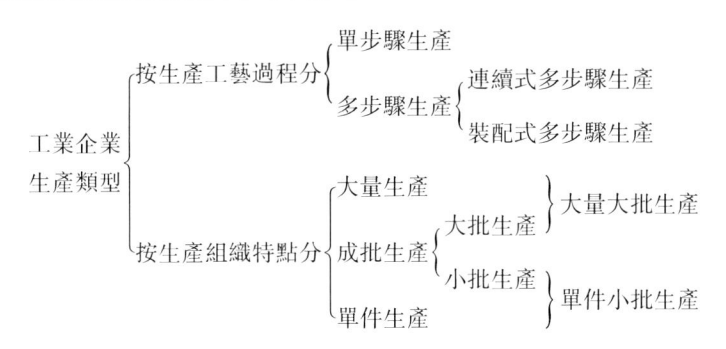

圖 6-1　工業企業的生產類型

綜上所述，各種因素的不同組合，構成如下三種不同的成本計算對象：

（1）在大量大批、單步驟生產，或大量大批、多步驟生產情況下，成本管理上不要求按生產步驟計算成本時，成本計算對象就是全廠某月份生產的某種產品——產品品種。

（2）在大量大批、多步驟生產情況下，成本管理上要求按生產步驟計算成本時，成本計算對象就為各步驟某月份生產的半成品或產成品——產品的生產步驟。

（3）在單件小批生產情況下，無論單步驟生產還是多步驟生產，成本計算對象通常是全廠生產的某批或某件產成品——產品的批別或件別。

第三節　產品成本計算的主要方法

一、產品成本計算的基本方法

根據生產工藝過程和生產組織特點以及企業成本管理要求，工業企業有三種產品成本計算的基本方法，即品種法、分批法和分步法。

（一）品種法

在大量大批單步驟生產企業，或者管理上不要求分步驟計算成本的多步驟生產企業，只需要以產品品種作為成本核算對象，來歸集和分配生產費用，計算出各種產品（品種）的實際總成本和單位成本，這就產生了品種法。

在大量大批生產企業，不可能等全部產品完工以後才計算其實際總成本，成本計算期只能與會計報告期（定期按月）一致，但與生產週期不一致。品種法在按月計算成本時，有些單步驟生產企業沒有月末在產品，這時，不需要在本月完工產品和月末在產品之間分配生產費用，本月生產費用等於本月完工產品成本。而管理上不要求分步驟計算成本的大量大批多步驟生產企業，通常有月末在產品，這需要在本月完工產品和月末在產品之間分配生產費用。

（二）分批法

單件小批生產企業（單步驟生產或管理上不要求分步驟計算成本的多步驟生產），是按照客戶的訂單來組織生產的。客戶的訂單不僅數量和質量上的要求不同，交貨日期也不一樣，因此單件小批生產企業只能以生產的產品批別作為成本核算對象，來歸集和分配生產費用，計算出各批產品的實際總成本和單位成本。這就產生了分批法。

在分批法下，由於成本核算對象是產品的批別，只有在該批產品全部完工以後，才能計算出其實際總成本和單位成本，因此分批法的成本計算期是不定期的，與產品週期一致。

分批法的成本計算期與生產週期一致，也就不存在期末在產品，不需要將生產費用在本月完工產品和月末在產品之間進行分配。

（三）分步法

在大量大批多步驟生產企業，如果企業成本管理上要求按生產步驟歸集生產費用、計算產品成本，就應當把產成品及其所經生產步驟作為成本核算對象，來歸集和分配生產費用，計算出各生產步驟和最終產成品的實際總成本和單位成本，

這就產生了分步法。與品種法相同，採用分步法的大量大批多步驟生產企業，不可能等全部產品完工以後才計算成本，只能定期按月計算成本，成本計算期與會計報告期一致，與生產週期不一致。大量大批多步驟生產企業在月末計算產品成本時，通常有在產品，因此，分步法需要將生產費用在本月完工產品和月末在產品之間進行分配。

上述產品成本計算的三種基本方法，其成本核算對象（由生產工藝過程、生產組織的特點和成本管理要求決定）、成本計算期、生產費用在完工產品和在產品之間分配方面的區別，列示如表 6-1 所示。

表 6-1　　　　　　　產品成本計算的三種基本方法的區別

產品成本計算方法	品種法	分批法	分步法
成本核算對象	產品品種	產品批別	產品品種及其所經生產步驟
生產工藝過程和管理要求	單步驟生產或管理上不要求分步驟計算成本的多步驟生產		管理上要求分步驟計算成本的多步驟生產
生產組織類型	大量大批生產	單件小批生產	大量大批生產
成本計算期	定期按月	可以不定期，與生產週期一致	定期按月
生產費用在本月完工產品和在產品之間的分配	有在產品時需要分配	一般不需要分配	通常有在產品，需要分配

應當指出，無論採用哪種方法計算產品成本，最後都必須計算出各種產品的實際總成本和單位成本。按照產品的品種計算成本，是成本計算工作的共同要求，也是最起碼的要求。因此，在三種成本計算的基本方法中，品種法是最基本的方法。

二、產品成本計算的輔助方法

在實際工作中，除了上述三種產品成本計算的基本方法以外，還有為了解決某一個特定問題而產生的其他成本計算方法，也稱作成本計算的輔助方法。

（一）分類法

在產品品種、規格繁多的企業，為了解決成本核算對象的分類問題，產生了產品成本計算的分類法。分類法的成本核算對象是產品的類別，它需要運用品種法等基本方法的原理計算出各類產品的實際總成本，再求得類內各種品種（各種規格）產品的實際總成本和單位成本。

(二) 定額法

在定額管理基礎工作比較好的企業，可以將成本核算和成本控制結合起來，採用定額法計算產品成本。定額法將符合定額的費用和脫離定額的差異分別核算，以完工產品的定額成本為基礎，加減脫離定額的差異、材料成本差異和定額變動差異來求得實際成本，解決了成本的日常控制問題。

(三) 標準成本法

標準成本法是一種成本控制的方法，也可以認為是一種特殊的成本計算方法。標準成本法與定額法不同，它只計算產品的標準成本，不計算產品的實際成本。實際成本脫離標準成本的差異直接計入當期損益。

(四) 變動成本法

變動成本法是只將變動成本計入產品成本，固定成本全部作為期間成本（費用）直接計入當期損益的一種成本計算方法。

標準成本法和變動成本法在西方國家的企業中採用得較多，因為這兩種方法都沒有計算出產品的實際製造成本（生產成本）。中國一般將其作為管理會計的方法，不列入產品成本計算的方法。

三、產品成本計算方法的應用

產品成本計算的品種法、分批法、分步法以及分類法、定額法等，是比較典型的成本計算方法。在實際工作中，一個企業總是將幾種方法同時應用或結合應用。

(一) 幾種方法同時應用

一個企業往往有若干個生產單位（分廠、車間），各個生產單位的生產特點和管理要求並不一定相同，同一個生產單位所生產的各種產品的生產特點和管理要求也不一定相同。因此，在一個企業或企業的生產單位中，往往同時採用多種成本計算方法。例如，企業基本生產單位與輔助生產單位的生產特點和管理要求不同，可能同時採用多種成本計算方法。基本生產單位可能採用品種法、分批法、分步法、分類法、定額法等多種方法計算產品成本，輔助生產單位的供電、供氣、供水和機修等單位一般採用品種法計算產品（勞務）成本。又如，在一個生產單位內，由於產品的生產組織方式不同，也可以同時採用多種成本計算方法。大量大批生產的產品可以採用品種法或分步法、分類法、定額法等多種方法計算成本，單件小批生產的產品則應採用分批法計算成本。

（二） 幾種方法結合應用

　　一個企業或企業的生產單位（分廠、車間），除了可能同時應用幾種成本計算方法以外，在計算某種產品成本時，還可以以一種成本計算方法為主，結合採用幾種成本計算方法。例如，在單件小批生產的機械製造企業，其產品的生產過程由鑄造、加工、裝配等生產步驟（車間）組成，裝配車間生產出最終產品。這時，主要產成品的成本計算可以採用分批法。鑄造車間生產的鑄件為自制半成品，可以採用品種法計算其成本。加工車間將鑄件加工為零部件，加上投入的其他材料加工的零部件，交給裝配車間裝配，鑄造車間和加工車間之間以及加工車間和裝配車間之間，可以採用不同的分步法（逐步結轉分步法、平行結轉分步法）計算成本。這樣，產成品成本的計算以分批法為主，結合採用了品種法、分步法（逐步結轉分步法、平行結轉分步法）等成本計算方法。

　　企業採用分類法、定額法等計算產品成本時，因為這類方法是成本計算的輔助方法，必須結合品種法、分批法和分步法等成本計算的基本方法加以應用。

四、成本計算中的假設

　　在工業企業的成本計算過程中，由於實際情況的複雜性和多變性，成本計算工作產生了諸多不確定性因素，進而加大了準確計算產品成本的難度。為了能夠順利地進行成本計算，需要從理論上提出各種符合實際情況的假設，在此基礎上確定相應的資產計價和費用分配方法。只有正確地認識產品成本計算中的各種不確定因素，正確認識資產計價和費用分配方法所依據的各種假設，才能選擇合理的成本計算方法，保證成本計算的正確性。一般來說，與成本計算有關的不確定因素及相應的假設主要有以下四種：

　　（1）固定資產的使用年限、折舊的計提方法及殘值的假設。

　　（2）原材料、自制半成品領用時實際成本的計價假設。當企業生產領用原材料不採用或不能採用個別認定法的情況下，就需要根據各種實際情況提出原材料先進先出、後進先出和加權平均的實物與成本流動假設，在此基礎上建立相應的諸如先進先出法、後進先出法、加權平均法等計價方法。

　　（3）間接費用在不同的成本計算對象之間進行分配時，選擇的分配依據與費用因果關係的假設。例如，以鑄鐵件的重量、定額消耗量作為分配標準來分配其材料費用，按實際生產工時、定額工時分配生產工人工資，按機器設備的工作小時分配動力費用等，都是假設這些分配標準與分配的費用之間有著直接的、等比例的關係。

　　（4）在產品估價的假設。在按月計算產品成本且期末有在產品的情況下，為了能夠計算完工產品的成本，就需要根據在產品的結存情況提出各種假設，且在

此基礎上確定各種費用的分配方法。例如，假設各生產工序在產品的加工數量是均勻遞增的，且費用的發生也隨加工過程均勻發生，就採用約當產量法；假設在產品和完工產品的費用水準接近，就可採用定額比例法；假設在產品數量在各月份比較穩定、在產品的數量較少時，可以採用在產品成本按年初固定數計算法。

雖然在成本計算過程中存在著各種各樣的假設，影響了成本計算結果的準確性、真實性，但從整個生產費用發生的情況及據以計算的產品成本總額來看，要同時考慮到成本計算當中的各種複雜、不確定的因素和簡化成本計算工作的因素。只要我們能夠根據合理的假設，運用正確的符合企業實際情況的資產計價和費用分配方法，產品成本的計算結果應該是比較真實可靠的。

本章復習思考題

1. 生產組織的特點對產品成本計算方法有何影響？
2. 生產工藝的特點對產品成本計算方法有何影響？
3. 產品成本計算的基本方法有哪些？他們之間的區別是什麼？
4. 簡述產品成本計算的輔助方法。

第七章　成本計算的基本方法

第一節　品種法

一、品種法概述和特點

品種法也稱簡單法，是以產品品種為產品成本計算對象，歸集和分配生產費用，計算產品成本的一種方法。它主要適用於大量大批的單步驟生產企業，是最基本的成本計算方法。較典型的有熱力發電廠、煤炭採掘企業等。它的特點表現在以下幾個方面：

（一）成本計算對象

品種法以產品品種作為成本計算對象，並據以設置產品成本明細帳歸集生產費用和計算產品成本。如果企業生產的產品不止一種，就需要以每一種產品作為成本計算對象，分別設置產品成本明細帳。

（二）成本計算期

由於大量大批的生產是不間斷的連續生產，無法按照產品的生產週期來歸集生產費用、計算產品成本，因而只能定期按月計算產品成本。因此，產品成本是定期按月計算的，與報告期一致，與產品生產週期不一致。

（三）生產費用是否需要在完工產品和在產品之間進行分配

如果是大量大批的簡單生產且採用品種法計算產品成本，由於簡單生產是一個生產步驟就等於整個生產過程，所以月末（或者任何時點）一般沒有在產品，因此，計算產品成本時不需要將生產費用在完工產品和在產品之間進行分配。如果是管理上不要求分步驟計算產品成本的大量大批的複雜生產且採用品種法計算產品成本，由於複雜生產需要經過多個生產步驟，所以月末（或者任何時點）一般生產線上都會有在產品，因此，計算產品成本時就需要將生產費用在完工產品和在產品之間進行分配。

二、品種法的成本計算程序

品種法的成本計算程序可以概括為以下幾個步驟：

（1）按產品品種分別設置生產成本明細帳，並按成本項目設置專欄，以歸集生產費用和計算成本。

（2）按要素費用的分配、輔助生產費用的分配、製造費用的分配等順序，編製各種生產費用分配表，將生產費用在各成本核算對象之間進行分配。

（3）計算完工產品總成本、單位成本以及在產品成本。月末，根據各種產品成本明細帳歸集的本月生產費用與月初在產品費用，求得各產品的生產費用總和，並根據適當的方法，計算出完工產品的總成本，然後根據本月完工產品實際產量，計算出完工產品的單位成本。

三、品種法例解

【例7-1】某企業下設一個基本生產車間和一個輔助生產車間。基本生產車間生產甲、乙兩種產品，採用品種法計算產品成本。基本生產成本明細帳設置「直接材料」「直接人工」和「製造費用」三個成本項目。輔助生產車間的製造費用不通過「製造費用」科目進行核算。

（1）201×年10月份生產車間發生的經濟業務如下：

①基本生產車間領料50,000元，其中包括直接用於甲產品的A材料10,000元，直接用於乙產品的B材料15,000元，甲、乙產品共同耗用的C材料20,000元（按甲、乙產品的定額消耗量比例進行分配，甲產品的定額消耗量為4,000千克，乙產品的定額消耗量為1,000千克），車間耗用的消耗性材料5,000元。輔助生產車間領料6,000元。共計56,000元。

②基本生產車間本月報廢低值易耗品一批，實際成本為2,000元，殘料入庫，計價100元，採用五五攤銷法進行核算。

③基本生產車間的工人工資為20,000元（按甲、乙產品耗用生產工時比例進行分配，甲產品的生產工時為6,000小時，乙產品的生產工時為2,000小時），管理人員工資為4,000元。輔助生產車間的工人工資為6,000元，管理人員工資為1,500元。共計31,500元。

④按照工資費用的14%計提職工福利費。

⑤基本生產車間月初在用固定資產原值為100,000元，月末在用固定資產原值為120,000元。輔助生產車間月初、月末在用固定資產原值均為40,000元。按月折舊率1%計提折舊。

⑥基本生產車間發生其他支出4,540元，輔助生產車間發生其他支出3,050

元，共計7,590元，均通過銀行辦理轉帳結算。

（2）輔助生產車間（機修車間）提供勞務9,000小時，其中為基本生產車間提供8,000小時，為企業管理部門提供1,000小時，輔助生產費用按工時比例進行分配。

（3）基本生產車間的製造費用按生產工時比例在甲、乙產品之間進行分配。

（4）甲產品的原材料在生產開始時一次性投入，直接材料費用按產成品和月末在產品數量的比例進行分配，直接人工費用和製造費用採用約當產量比例法進行分配。甲產品本月完工產成品為1,000件，月末在產品為400件，完工率為40%。乙產品各月在產品數量變化不大，其生產費用在產成品與在產品之間的分配，採用在產品按固定成本計價法。甲、乙產品月初在產品成本資料如表7-1、表7-2所示。

要求：計算甲、乙產品成本並進行相關帳務處理。

表7-1　　　　　　　　　　產品成本明細帳

產成品產量：1,000件

產品名稱：甲　　　　　　201×年10月　　　　　　在產品約當產量：160件

項目	直接材料	直接人工	製造費用	合計
月初在產品成本（元）	16,000	11,900	16,600	44,500
本月生產費用（元）				
生產費用合計（元）				
分配率（元/件）				
完工產成品成本（元）				
月末在產品成本（元）				

表7-2　　　　　　　　　　產品成本明細帳

產品名稱：乙　　　　　　201×年10月　　　　　　完工數量：560件

項目	直接材料	直接人工	製造費用	合計
月初在產品成本（元）	9,500	3,500	5,000	18,000
本月生產費用（元）				
生產費用合計（元）				
完工產成品成本（元）				
月末在產品成本（元）				

計算過程：

（1）費用分配情況。

①材料分配。

C材料費用分配率＝20,000÷（4,000+1,000）＝4（元/千克）

甲產品應負擔的全部材料＝4,000×4＋10,000＝26,000（元）
乙產品應負擔的全部材料＝1,000×4＋15,000＝19,000（元）

借：生產成本——基本生產成本——甲產品	26,000
——乙產品	19,000
製造費用——基本生產車間	5,000
生產成本——輔助生產成本	6,000
貸：原材料	56,000

②低值易耗品報廢。

借：原材料	100
製造費用——基本生產車間	900
貸：週轉材料——低值易耗品（攤銷）	1,000
借：週轉材料——低值易耗品（攤銷）	2,000
貸：週轉材料——低值易耗品（在用）	2,000

③工資費用分配。

工資費用分配率＝20,000÷（6,000＋2,000）＝2.5（元/小時）
甲產品應負擔的工資費用＝6,000×2.5＝15,000（元）
乙產品應負擔的工資費用＝2,000×2.5＝5,000（元）

借：生產成本——基本生產成本——甲產品	15,000
——乙產品	5,000
製造費用——基本生產車間	4,000
生產成本——輔助生產成本	7,500
貸：應付職工薪酬	31,500

④計提職工福利費。

借：生產成本——基本生產成本——甲產品	2,100
——乙產品	700
製造費用——基本生產車間	560
生產成本——輔助生產成本	1,050
貸：應付職工薪酬	4,410

⑤計提折舊。

基本生產車間月折舊額＝100,000×1%＝1,000（元）
輔助生產車間月折舊額＝40,000×1%＝400（元）

借：製造費用——基本生產車間	1,000
生產成本——輔助生產成本	400
貸：累計折舊	1,400

⑥其他支出。

借：製造費用——基本生產車間　　　　　　　　　　　　4,540
　　生產成本——輔助生產成本　　　　　　　　　　　　3,050
　貸：銀行存款　　　　　　　　　　　　　　　　　　　7,590

（2）輔助生產費用的分配。

輔助生產費用合計＝6,000+7,500+1,050+400+3050＝18,000（元）
輔助生產費用分配率＝18,000÷（8,000+1,000）＝2（元/小時）
基本生產車間負擔＝8,000×2＝16,000（元）
企業管理部門負擔＝1,000×2＝2,000（元）

借：製造費用——基本生產車間　　　　　　　　　　　　16,000
　　管理費用　　　　　　　　　　　　　　　　　　　　2,000
　貸：生產成本——輔助生產成本　　　　　　　　　　　18,000

（3）基本生產車間製造費用的分配。

製造費用合計＝5,000+900+4,000+560+1,000+4,540+16,000＝32,000（元）
製造費用分配率＝32,000÷（6,000+2,000）＝4（元/小時）
甲產品應負擔的製造費用＝6,000×4＝24,000（元）
乙產品應負擔的製造費用＝2,000×4＝8,000（元）

借：生產成本——基本生產成本——甲產品　　　　　　　24,000
　　　　　　　　　　　　　　——乙產品　　　　　　　8,000
　貸：製造費用——基本生產車間　　　　　　　　　　　32,000

（4）計算、填列產品成本明細帳，如表7-3、表7-4所示。

表7-3　　　　　　　　　　產品成本明細帳

產成品產量：1,000件
產品名稱：甲　　　　　　　201×年10月　　　　在產品約當產量：160件

項目	直接材料（元）	直接人工（元）	製造費用（元）	金額合計（元）
月初在產品成本	16,000	11,900	16,600	44,500
本月生產費用	26,000	17,100	24,000	67,100
生產費用合計	42,000	29,000	40,600	111,600
分配率（單位成本）	30	25	35	
完工產成品成本	30,000	25,000	35,000	90,000
月末在產品成本	12,000	4,000	5,600	21,600

材料費用分配率＝42,000÷（1,000+400）＝30（元/件）
直接人工分配率＝29,000÷（1,000+160）＝25（元/件）
製造費用分配率＝40,600÷（1,000+160）＝35（元/件）

表 7-4　　　　　　　　　　　　產品成本明細帳

產品名稱：乙　　　　　　　　　201×年 10 月　　　　　　　　完工數量：560 件

項目	直接材料	直接人工	製造費用	合計
月初在產品成本（元）	9,500	3,500	5,000	18,000
本月生產費用（元）	19,000	5,700	8,000	32,700
生產費用合計（元）	28,500	9,200	13,000	50,700
完工產成品成本（元）	19,000	5,700	8,000	32,700
月末在產品成本（元）	9,500	3,500	5,000	18,000

（5）結轉產成品成本。

借：庫存商品——甲產品　　　　　　　　　　　　　　　90,000
　　　　　　——乙產品　　　　　　　　　　　　　　　32,700
貸：生產成本——基本生產成本——甲產品　　　　　　90,000
　　　　　　　　　　　　　　——乙產品　　　　　　32,700

第二節　分批法

一、分批法的概念

分批法是以產品的批別歸集生產費用，計算產品成本的一種方法。在小批單件生產的企業中，產品的品種和每批產品的生產量通常是根據客戶的訂單確定的，按照產品批別計算產品成本，往往也就是按照訂單計算產品成本，因此，產品成本計算的分批法有時也被稱為訂單法。

二、分批法的特點

分批法的基本特點如下所述：

（一）成本計算對象

分批法的成本計算對象就是產品的批別或件別。

在小批、單件生產中，產品的種類和每批產品的批量，大多是根據購買單位的訂單確定的，因而按批、按件計算產品成本，往往也就是按照訂單計算產品成本。但是，一張訂單與一個批別並非同一個概念。如果在一張訂單中只規定一種產品，而且屬於大型複雜的產品，價值較大，生產週期較長，如大型船舶製造，

也可按照產品的組成部分分批組織生產，計算成本。

如果在一張訂單中有幾種產品，或雖然只有一種產品但其數量較大而又要求分批交貨時，如果按照訂貨單位的訂單組織生產，既不利於按產品品種考核、分析成本計劃的完成情況，又不便於從生產管理上集中一次投料，也不能充分滿足分批交貨的要求。因此，企業生產計劃部門可將上述訂單按照產品品種劃分批別組織生產，或將同類產品劃分數批組織生產，計算成本。

如果在同一時期內，企業接到不同購貨單位要求生產同一產品的幾張訂單，為了經濟合理地組織生產，企業生產計劃部門也可將其合併為一批組織生產，計算成本。在這種情況下，分批法的成本計算對象，就不是購貨單位的訂貨單，而是企業生產計劃部門簽發下達的生產任務通知單，單內應對該批生產任務進行編號，稱為產品的批號或生產令號。

（二）成本計算期

分批法是以每批或每件產品的生產週期為成本計算期進行成本計算的。在分批法中，由於各批產品的生產週期不一致，每批產品的實際成本必須等到該批產品全部完工後才能確定。各期所投產的各批號、各訂單產品的生產週期長短不一，因而不能定期計算成本，相反只能按照各批號、各訂單產品的生產週期的長短不定期地計算產品成本。所以，分批法中的成本計算期與產品的生產週期相一致，而與會計報告期不一致。

（三）生產費用在完工產品與在產品之間的分配

採用分批法計算產品成本，一般不存在生產費用在完工產品和月末在產品之間進行分配的問題。

在單件生產情況下，由於完工產品成本計算期與產品的生產週期一致，產品若未完工，產品成本明細帳所登記的生產費用，都是在產品成本；產品完工時，產品成本明細帳所登記的生產費用，就是完工產品的成本。月末計算成本時，產品或全部完工，或全部未完工，因而不存在完工產品與在產品之間的費用分配問題。

在小批生產情況下，由於產品批量較小，批內產品一般都能同時完工，或全部完工的間隔時間不長。月末計算成本時，產品或者全部已經完工，或者全都沒有完工，因而一般也不存在完工產品與在產品之間費用分配的問題。但是，如果批內產品有跨月陸續完工且完工產品已經交貨或銷售時，應將產品成本明細帳中所歸集的生產費用在完工產品與月末在產品之間進行分配，並且結轉完工產品的生產成本。如果批內產品出現跨月陸續完工的情況不多、月末完工產品數量占批量比重較小時，為簡化成本計算工作，可以採用按計劃單位成本、定額單位成本

或近期相同產品的實際單位成本計算並結轉完工產品成本，產品成本明細帳中結轉完工產品成本後的費用餘額即為月末在產品成本。為了滿足成本管理要求，在該批產品全部完工時，還應算出該批產品的實際總成本和單位成本，但對已經轉帳的完工產品成本，不再做帳面調整。如果在批內產品出現跨月陸續完工情況較多、月末完工產品數量占批量比重較大時，為了提高成本計算的準確性，則應根據具體情況，採用適當的方法（如約當產量法、定額比例法等），在完工產品與月末在產品之間分配費用，計算完工產品成本和月末在產品成本。所以，為使同一批產品盡量同時完工，避免跨月陸續完工的情況，減少完工產品與月末在產品之間分配費用的工作，生產企業應在合理組織生產的前提下，適當地縮小產品的生產批量。

三、分批法的適用範圍

分批法主要適用於單件小批類型的生產，如重型機械、船舶、精密儀器、專用設備、專用工具、模具等的生產。在大量大批生產類型的企業中，其主要產品生產之外的新產品試製、來料加工、自制設備等，也可以採用分批法。

分批法的適用範圍主要包括：

（1）按產品批別組織生產的企業，如根據購買者訂單生產的企業、經常需要變換產品種類的小型企業等；

（2）提供機器設備修理等勞務的企業或企業的生產單位（車間、分廠）；

（3）從事新產品試製、自制設備、自制工具、自制模具等生產任務的生產單位（車間、分廠）。

四、分批法的計算程序

（1）按產品批別（或生產令號）開設生產成本明細帳，並分別按成本項目設置專欄或專行，用以歸集該批產品在生產過程中發生的各項費用。在生產開始時，企業的生產計劃部門下達生產任務通知單，財會部門根據生產任務通知單副本開設成本明細帳，並在成本計算單上註明產品批號以及生產任務通知單上所提供的其他規定性或說明性信息。

（2）歸集和分配生產費用。企業為生產產品領用各種原材料、耗用等有關費用時，都要在有關的原始憑證上註明生產通知單號。月末，根據費用的原始憑證，編製各種費用分配表，將各批產品的直接費用，按產品批別直接計入各成本明細帳內，將發生的間接費用按照一定的方法在各批產品之間進行分配，計入有關各批產品成本明細帳內。

（3）計算完工產品成本。生產週期內，各月月末結帳時，成本明細帳上累計的生產費用，都是在產品成本。當某批別或生產通知單上的產品完工並檢驗合格後，應由生產車間填製完工通知單，報送財會部門，此時成本明細帳上的全部費用，就是產成品成本。如果某批產品出現跨月完工情況，則需要將成本明細帳中全部的費用，採用一定的方法在完工產品與在產品之間進行分配，並確定計算出完工產品和月末在產品成本。

五、分批法舉例

（一）標準分批核算舉例

【例 7-2】某工廠為小批生產的加工企業，設有一個基本生產車間，按生產任務通知單組織生產，並採用分批法計算產品成本。該企業 20××年 3 月繼續對 208 批次的甲產品和 301 批次的乙產品進行生產。月末，208 批次的 30 件甲產品本月完工 20 件，尚有 10 件未完工；301 批次的 20 件乙產品全部未完工。

成本計算程序如下：

（1）按產品批別設置生產成本明細帳戶（產品成本計算單）。

該廠以產品的批別（208 批次和 301 批次）作為成本計算對象，直接設置「基本生產成本」和「輔助生產成本」總帳。按甲、乙兩種產品設置「基本生產成本——208 批次」明細帳和「基本生產成本——301 批次」明細帳，並開設產品成本計算單，成本項目設置為「直接材料」「直接人工」和「製造費用」三項。

（2）歸集和分配本月發生的各項費用並記帳。

該企業本月為生產 208 批次甲產品和 301 批次乙產品發生的材料費、人工費和其他直接費用均可以按產品批次分清，直接計入產品生產成本明細帳（產品成本計算單），無需進行分配。本月基本生產車間發生的各項間接費用先在「製造費用」明細帳戶中歸集，並按兩批產品本月實際發生的生產工時分配計入產品生產成本明細帳（產品成本計算單）。

本月發生的各種直接費用（資料和會計分錄略）均已計入各批次產品的生產成本明細帳（表 7-5、表 7-6），本月發生的製造費用（資料、會計分錄、明細帳、分配表略）也已分配計入各批次產品的生產成本明細帳。

表 7-5 　　　　　　　　　　　基本生產成本明細帳

產品批號：208　　　　　　　　　　　　　　　　　　　　　投產日期：2月8日

產品名稱：甲產品　　　　　　　產品批量：30件　　　　　完工日期：

20××年		憑證號數	摘要	直接材料（元）	直接人工（元）	製造費用（元）	餘額（元）
月	日						
2	28	略	本月發生	12,000	11,400	2,500	25,900
3	30	略	本月發生		11,400	3,000	40,300
3	30	略	結轉成本（表7-7）	8,000	18,240	4,400	30,640
3	30		月末在產品成本	4,000	4,560	1,100	9,660

表 7-6 　　　　　　　　　　　基本生產成本明細帳

產品批號：301　　　　　　　　　　　　　　　　　　　　　投產日期：3月9日

產品名稱：乙產品　　　　　　　產品批量：20件　　　　　完工日期：

20××年		憑證號數	摘要	直接材料（元）	直接人工（元）	製造費用（元）	餘額（元）
月	日						
3	30	略	本月發生	10,000	11,400	2,500	23,900

（3）計算完工產品總成本和單位成本。

208批次甲產品本月完工20件，尚有10件未完工，因此，本月生產成本明細帳中歸集的生產費用需要在完工產品和在產品之間進行分配。

原材料在生產開始時一次性投入，人工費用和製造費用採用約當產量法在完工產品和在產品之間進行分配，在產品的完工程度為50%。根據計算結果編製產品成本計算單（表7-7）。

表 7-7 　　　　　　　　　　　產品成本計算單

產品批號：208

產品名稱：甲產品　　　　　　　20××年3月

項目		直接材料	直接人工	製造費用	合計
上月發生生產費用（元）		12,000	11,400	2,500	25,900
本月發生生產費用（元）			11,400	3,000	14,400
生產費用合計（元）		12,000	22,800	5,500	40,300
生產量	完工產品數量（件）	20	20	20	
	在產品數量（件）	10	10	10	
	在產品約當產量（件）	10	5	5	
	生產量小計（件）	30	25	25	

表7-7(續)

項目	直接材料	直接人工	製造費用	合計
單位產品應分配的費用（元）	400	912	220	1,532
本月完工產品總成本（元）	8,000	18,240	4,400	30,640
月末在產品成本（元）	4,000	4,560	1,100	9,660
本月完工產品單位成本（元）	400	912	220	1,532

根據產品成本計算單（表7-7），編製會計分錄，登記生產成本明細帳（表7-5）。

借：庫存商品——甲產品　　　　　　　　　　　　　　　30,640
　貸：基本生產成本——208批次　　　　　　　　　　　　30,640

301批次乙產品本月尚未完工，無需計算產品成本。生產成本明細帳（表7-6）中歸集的生產費用合計數23,900元，即為301批次乙產品的月末在產品成本。

（二）簡化分批核算舉例

在小批、單件生產的企業或車間中，例如機械製造廠、修配廠，同一月份投產的產品批數往往很多，有的多至幾十批，甚至幾百批。在這種情況下，如果將當月發生的間接計入費用全部分配給各批產品，而不管各批產品是否已經完工，費用分配的核算工作將非常繁重。因此，在投產批數繁多而且月末未完工批數較多的該類企業，可以採用一種簡化的分批法。採用這種方法，仍應按照產品批別設立基本生產成本明細帳，但在各批產品完工之前，帳內只需按月登記直接計入費用（例如直接材料費用）和生產工時。每月發生的間接計入費用，不是按月在各批產品之間進行分配，而是先將其在基本生產成本二級帳中，按成本項目分別累計。只有在有產品完工的月份，才對完工產品按照其累計工時的比例分配間接計入費用，計算完工產品成本；而各批全部產品的在產品成本應負擔的間接計入費用，只以總數反應在基本生產成本二級帳中，不需要進行分配，不分批計算在產品成本。因此，這種方法又稱為不分批計算在產品成本的分批法。

設立基本生產成本二級帳，是簡化分批法的一個顯著特點。從計算產品實際成本的角度來說，採用其他的成本計算方法，可以不設立基本生產成本二級帳，但採用簡化的分批法，則必須設立基本生產成本二級帳。對各批完工產品分配間接計入費用，一般是按照全部產品累計間接計入費用分配率和完工產品累計生產工時的比例進行分配的。其計算公式如下：

全部產品累計間接計入費用分配率＝全部產品累計間接計入費用÷全部產品累計工時

某批完工產品應負擔的間接計入費用＝該批完工產品累計工時×全部產品累計

141

間接計入費用分配率

【例 7-3】某工廠為單件、小批生產的加工企業，設有一個基本生產車間，按生產任務通知單組織甲、乙、丙、丁四種產品的生產。由於產品批數較多，為了簡化成本計算工作，採用簡化的分批法計算產品成本。成本項目設置為「直接材料」「直接人工」和「製造費用」三項。

該廠 20××年 9 月產品的生產情況見表 7-8。

表 7-8　　　　　　　　　20××年 9 月生產情況統計表

批次	產品名稱	投產月份	批量（件）	本月是否完工	本月實際生產工時(小時)
7001	丙產品	7 月	10	已完工	500
8003	甲產品	8 月	20	已完工	1,000
8008	乙產品	8 月	10	未完工	1,500
9003	丁產品	9 月	20	未完工	2,000

該廠 20××年 9 月之前生產的 7001、8003、8008 批次產品的生產費用均已登記入帳。

成本計算程序如下：

（1）設置基本生產成本二級帳，按產品批別設置生產成本明細帳（產品成本計算單）。該廠 7001、8003 批次產品均為以前月份投產，無需開設生產成本明細帳。因兩批產品本月已完工，需設立成本計算單，計算產品成本（兩批產品的生產成本明細帳見表 7-10、表 7-11）。8008 批次產品為 8 月份投產，已設置生產成本明細帳（表 7-12）。9003 批次產品為本月新投產產品，應新開設生產成本明細帳（表 7-13）。基本生產成本二級帳見表 7-9。

（2）歸集本月發生的各項費用並記帳。該企業本月為生產各批產品所發生的材料費和生產工時均可以按產品批次分清，直接計入各批產品生產成本明細帳（見表 7-10、表 7-11、表 7-12、表 7-13），無需進行分配。本月基本生產車間發生的各項間接費用先在「製造費用」明細帳戶中歸集，月末直接轉入基本生產成本二級帳，也無需在各批產品之間進行分配。本月基本生產車間發生的直接人工費用、直接材料費用均已登記在基本生產成本二級帳中（見表 7-9）。本月各項費用發生的資料、所編製的會計分錄、製造費用明細帳均省略。所有的費用均已登記在帳簿中。月末，基本生產成本二級帳的結存數額即為本月未完工產品總成本。

表 7-9　　　　　　　　　　基本生產成本二級帳

20××年		憑證號數	摘要	直接材料（元）	生產工時（小時）	直接人工（元）	製造費用（元）	餘額（元）
月	日							
7	31		月末在產品成本	13,000	2,000	14,700	12,500	40,200
8	31	略	本月發生	24,000	6,000	28,400	23,000	115,600
8	31		月末在產品成本	37,000	8,000	43,100	35,500	115,600
9	30	略	本月發生	27,000	5,000	28,400	23,000	158,000
9	30		本月合計	64,000	13,000	71,500	58,500	194,000
9	30		結轉成本(表7-15)	34,000	7,500	41,250	33,750	109,000
9	30		月末在產品成本	30,000	5,500	30,250	24,750	85,000

表 7-10　　　　　　　　　　基本生產成本明細帳

產品批號：7001　　　　　　　　　　　　　　　　　　　　投產日期：7月
產品名稱：丙產品　　　　　產品批量：10件　　　　　　　　完工日期：8月

20××年		憑證號數	摘要	直接材料（元）	生產工時（小時）	直接人工（元）	製造費用（元）	餘額（元）
月	日							
7	28	略	本月發生	13,000	2,000			13,000
8	31	略	本月發生	2,000	1,500			15,000
9	30	略	本月發生		500			
9	30		間接費用(表7-14)			22,000	18,000	55,000
9	30		結轉成本(表7-15)	15,000		22,000	18,000	0

表 7-11　　　　　　　　　　基本生產成本明細帳

產品批號：8003　　　　　　　　　　　　　　　　　　　　投產日期：8月
產品名稱：甲產品　　　　　產品批量：20件　　　　　　　　完工日期：9月

20××年		憑證號數	摘要	直接材料（元）	生產工時（小時）	直接人工（元）	製造費用（元）	餘額（元）
月	日							
8	31	略	本月發生	12,000	2,500			12,000
9	30	略	本月發生	7,000	1,000			19,000
9	30	略	間接費用(表7-14)			19,250	15,750	54,000
9	30		結轉成本(表7-15)	19,000		19,250	15,750	0

表 7-12　　　　　　　　　　　基本生產成本明細帳

產品批號：8008　　　　　　　　　　　　　　　　　　　　　　　投產日期：8 月

　產品名稱：乙產品　　　　　　　產品批量：10 件　　　　　　完工日期：

20××年		憑證號數	摘要	直接材料（元）	生產工時（小時）	直接人工（元）	製造費用（元）	餘額（元）
月	日							
8	31	略	本月發生	10,000	2,000			10,000
9	30	略	本月發生	5,000	1,500			15,000

表 7-13　　　　　　　　　　　基本生產成本明細帳

產品批號：9003　　　　　　　　　　　　　　　　　　　　　　　投產日期：9 月

　產品名稱：丁產品　　　　　　　產品批量：20 件　　　　　　完工日期：

20××年		憑證號數	摘要	直接材料（元）	生產工時（小時）	直接人工（元）	製造費用（元）	餘額（元）
月	日							
9	30	略	本月發生	15,000	2,000			15,000

（3）計算完工產品總成本和單位成本。本月，基本生產成本二級帳內歸集的直接人工費用為 71,500 元，製造費用為 58,500 元，各批次產品累計工時為 13,000 工時。通過查閱各批次產品的生產成本明細帳可知，完工的 7001 批次產品和 8003 批次產品的生產總工時分別為 4,000 工時和 3,500 工時。通過計算間接計入費用分配率分配直接人工費用和製造費用，計算過程見間接計入費用分配表（表 7-14）。

表 7-14　　　　　　　　　　　間接計入費用分配表

20××年 9 月

			直接人工	製造費用	合計
應分配的間接計入費用（元）			71,500	58,500	130,000
全部產品生產總工時（小時）			13,000	13,000	
間接計入費用分配率（元/小時）			5.5	4.5	
完工產品應負擔的費用	7001 批次丙產品	生產工時（小時）	4,000	4,000	
		應分配金額（元）	22,000	18,000	40,000
	8003 批次甲產品	生產工時（小時）	3,500	3,500	
		應分配金額（元）	19,250	15,750	35,000
合計（元）			41,250	33,750	75,000

根據計算結果，上述完工產品負擔的直接人工費用、製造費用應計入完工產品生產成本明細帳，以計算完工產品成本。根據完工產品生產成本明細帳中的記

錄，編製產品成本計算單（表 7-15、表 7-16）。

表 7-15　　　　　　　　　　產品成本計算單

產品批號：7001　　　　　　　　　　　　　　　　　　　　投產時間：7 月
產品名稱：丙產品　　　　　　20××年 9 月　　　　　　　完工時間：9 月

項目	直接材料	直接人工	製造費用	合計
7~9 月生產費用合計（元）	15,000	22,000	18,000	55,000
完工產品總成本（元）	15,000	22,000	18,000	55,000
完工產品產量（件）	10	10	10	
完工產品單位成本（元/件）	1,500	2,200	1,800	5,500

表 7-16　　　　　　　　　　產品成本計算單

產品批號：8003　　　　　　　　　　　　　　　　　　　　投產時間：8 月
產品名稱：甲產品　　　　　　20××年 9 月　　　　　　　完工時間：9 月

項目	直接材料	直接人工	製造費用	合計
8~9 月生產費用合計（元）	19,000	19,250	15,750	54,000
完工產品總成本（元）	19,000	19,250	15,750	54,000
完工產品產量（件）	20	20	20	
完工產品單位成本（元/件）	950	962.5	787.5	2,700

（4）結轉完工產品成本。根據產品成本計算單編製完工產品成本匯總表（表 7-17），結轉完工產品成本並驗收入庫，登記完工產品生產成本明細帳和基本生產成本二級帳。

表 7-17　　　　　　　　　　完工產品成本匯總表

　　　　　　　　　　20××年 6 月　　　　　　　　　　　　　　單位：元

項目		直接材料	直接人工	製造費用	合計
7001 丙產品 （10 件）	總成本	15,000	22,000	18,000	55,000
	單位成本	1,500	2,200	1,800	5,500
8003 甲產品 （20 件）	總成本	19,000	19,250	15,750	54,000
	單位成本	950	962.5	787.5	2,700

根據完工產品成本匯總表，編製會計分錄如下：
　　借：庫存商品——甲產品　　　　　　　　　　　　　　　55,000
　　　　庫存商品——乙產品　　　　　　　　　　　　　　　54,000
　　貸：基本生產成本——7001 批次　　　　　　　　　　　　55,000

| 基本生產成本——8003 批次 | 54,000 |

第三節　分步法

學習目標　成本計算的分步法，是產品成本計算的一個重要方法，有廣泛的適用性。通過分步法基本理論、基本方法的學習，學生要能掌握逐步結轉分步法、平行結轉分步法的成本計算程序和具體方法應用，能夠通過實際案例的成本計算，全面熟悉和掌握分步法的概念、特點、適用範圍和成本計算程序，瞭解成本還原的基本原理和方法，並學會針對不同的企業生產類型和成本管理要求，正確地解決實際成本計算問題。

一、分步法概述

（一）分步法的含義及適用範圍

產品成本計算的分步法是以產品的品種和生產步驟為成本計算對象來歸集生產費用，計算產品成本的一種成本計算方法。它主要適用於大量大批多步驟生產且管理上又要求按步驟計算成本的企業，包括連續式複雜生產的企業和裝配式複雜生產的企業。

在大量大批多步驟的複雜生產企業裡，生產是分步進行的。例如紡織業就是很典型的連續式複雜生產，大的生產步驟是兩步，即紡紗和織布，紡紗又可以分為清花、梳棉、並條、紡紗等步驟。汽車製造業是較典型的裝配式的複雜生產，其生產步驟為各車間分別加工各種鑄件、車身、萬向節、發動機、齒輪等零部件，最後由組裝車間組裝成產品。每一個步驟的產品，除了最後步驟外，都是半成品。這些半成品可能用於後續生產步驟繼續加工或裝配，也可能對外銷售。為了加強各步驟的成本管理，不僅要按照產品品種計算成本，而且還要按其生產步驟計算成本，以滿足各步驟半成品對外銷售定價、考核和分析各種產品以及各生產步驟的成本計劃執行情況的需要。

（二）分步法的主要特點

1. 成本計算對象為產品品種和生產步驟

採用分步法計算產品成本時，企業生產費用的核算和產品成本的計算都必須按產品的生產步驟來組織進行。該方法不僅要求計算最終的產成品成本，還要求按照生產步驟歸集生產費用，有時根據需要還要計算各步驟生產的半成品成本。因此，分步法的成本計算對象是各生產步驟的產品品種或類別。如果企業只生產

一種產品，成本計算對象就是該種產品及其所經過的各生產步驟，產品成本計算單（即基本生產成本明細帳）不僅要按產品，同時也要按生產步驟設立；如果企業生產的是兩種或兩種以上的產品，成本計算對象就是各種產品及其所經過的各生產步驟，產品成本計算單（即基本生產成本明細帳）要按每一步驟的每一種產品設立，也可以只按步驟設立，在單內按產品的品種反應。

需要指出的是，這裡所說的步驟是成本計算的步驟，它可以和實際的生產步驟一致，也可以不一致，主要取決於管理上是否要求分步計算成本。實際工作中，可以只對管理上有必要分步計算成本的生產步驟單獨開立產品成本計算單，單獨計算成本；管理上不要求單獨計算成本的生產步驟，則可以與其他生產步驟合併計算成本。例如，在棉紡織品生產企業中，從投入原棉開始，清花、梳棉、並條、粗紡等工序和織造階段的絡經、整經、漿紗、穿扣、織造、整理、打包等工序都是單獨的加工步驟，但在成本計算時各加工步驟並不要求單獨進行成本計算，而是分別將它們合併為紡紗與織布兩大步驟，分別計算棉紗和最終產品棉布的成本。另外，在按生產步驟設立車間的企業中，一般來說，分步計算成本也就是分車間計算成本。但是，如果企業生產規模很小，管理上不要求分車間計算成本，也可以把幾個車間合併為一個步驟計算成本。相反，如果企業生產規模較大，車間內還可以分成幾個生產步驟，管理上又要求分步計算成本，這時，也可以在車間內分步計算成本。因此，分步計算成本和分車間計算成本有時也不是一個概念。

2. 成本計算期一般固定在每月的月末

在大量大批生產的企業裡，各步驟的生產是連續不斷地進行，連續不斷地投入原材料，連續不斷地製造出完工產品，產品往往跨月陸續完工，成本計算一般都是按月、定期在月末進行。所以，分步法的成本計算期同會計報告期一致，但與產品的生產週期不一致。

3. 生產費用需要在完工產品與月末在產品之間進行分配

由於大量大批多步驟生產的企業月末各步驟都會有一定數量的在產品存在，所以，採用分步法計算成本時，記入各種產品、各生產步驟成本計算單中的生產費用，大多要採用適當的方法在完工產品與月末在產品之間進行分配，以分別計算出完工產品與在產品的成本。這裡，完工產品可以是企業的最終完工產成品，也可以是某一生產步驟的完工半成品；在產品可以是某一生產步驟的廣義在產品，也可以是某一生產步驟的狹義在產品。生產費用的分配可以根據企業生產管理、成本核算的要求等，分別採用約當產量法、定額比例法、定額成本法等不同的方法來進行。

4. 各步驟之間成本的計算和結轉可以採用兩種方法

由於產品生產是分步驟進行的，上一步驟生產的半成品是下一步驟的加工對

象。因此，在採用分步法計算產品成本時，各步驟之間還存在一個成本的結轉問題，這也是分步法的一個重要特點。根據成本管理對各生產步驟成本資料的不同要求（即是否計算半成品成本）和對簡化成本計算工作的考慮，各生產步驟成本的計算和結轉，可以採用逐步結轉和平行結轉兩種方法。因而，分步法也就分為逐步結轉分步法和平行結轉分步法兩種。在逐步結轉分步法下，各步驟半成品成本的結轉還可以根據成本管理的要求，選擇綜合結轉或分項結轉的不同方式來完成。一般地，在採用綜合結轉方式結轉各步驟半成品成本時，往往要根據需要進行成本還原。有關這些問題，我們將在後面展開詳細討論。

二、逐步結轉分步法

（一）逐步結轉分步法概述

1. 逐步結轉分步法的含義及適用範圍

（1）逐步結轉分步法的含義。

逐步結轉分步法是指按照產品加工步驟的先後順序，逐步計算並結轉各步驟半成品成本，直到最後加工步驟，計算出完工產成品成本的一種成本計算方法，它是分步法的主要內容。這種方法因為要計算半成品成本，並且要結轉到下一生產步驟，逐步累計計算出產成品成本，故亦被稱為計算半成品成本的分步法或分步成本計算的累計法。

（2）逐步結轉分步法的適用範圍。

逐步結轉分步法適用於大量大批多步驟連續式複雜生產的企業。在這類企業中，產品的製造過程由一系列循序漸進的、性質不同的加工步驟組成，從原料投入到產品制成，中間要經過若干生產步驟的逐步加工，前面各步驟生產的都是半成品，只有最後步驟生產的才是產成品。與這類生產工藝過程特點相聯繫，為了加強對各生產步驟成本的管理，往往要求不僅計算各種產成品成本，還要求計算各步驟半成品成本。具體原因有以下幾點：

①有些企業生產的半成品不完全為企業自用，還經常作為商品對外銷售。企業為了計算外售半成品的成本、全面考核和分析產品成本計劃的執行情況、確定對外銷售半成品的盈虧，要求計算這些半成品的成本。例如紡織廠生產的棉紗、鋼鐵廠生產的鋼錠就是如此。

②有的半成品雖然不一定外售，但要進行同行業成本的評比，因而也要求計算這種半成品的成本。例如，化肥廠生產的半成品合成氨，雖然不一定對外銷售，但其成本是該行業成本評比的重要指標之一，所以需要計算其成本。

③有些半成品為企業幾種產品共同耗用，為了分別計算各種產成品的成本，也要先計算這些半成品的成本。例如造紙廠生產的紙漿、機械廠生產的鑄件就是

如此。

④在實行責任會計或內部經濟責任制的企業中，為了有效控制、全面考核和分析各生產步驟等內部單位的生產耗費和資金占用水準，也要求計算並在各生產步驟之間結轉半成品成本。

由此可見，逐步結轉分步法就是為了計算半成品成本而採用的一種分步法。

2. 逐步結轉分步法的成本計算程序

（1）以產品品種及其所經過的各個生產步驟為成本計算對象開設基本生產成本明細帳，並按成本項目開設專欄。

（2）根據各種原始憑證或費用分配匯總表，分別按成本項目歸集各步驟發生的生產費用（包括耗用上一步驟半成品的成本）。

各步驟生產費用的歸集和分配與以產品品種作為成本計算對象的品種法是基本相同的。成本計算的一般程序與前述品種法的成本計算程序也是基本相同的（如圖7-1所示）。從這個角度來看，逐步結轉分步法，是品種法的反覆運用。所以，品種法是逐步結轉分步法的基礎。

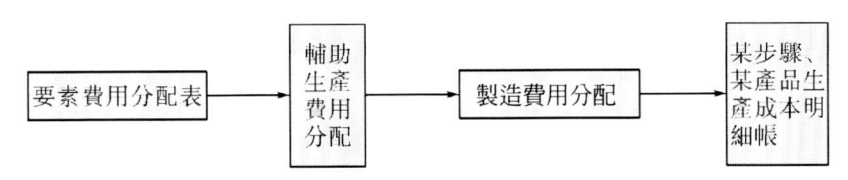

要素費用分配表 → 輔助生產費用分配 → 製造費用分配 → 某步驟、某產品生產成本明細帳

圖7-1　逐步結轉分步法某步驟成本計算程序圖示

（3）逐步計算並結轉各步驟完工半產品成本及最終產成品成本。

將各步驟歸集的生產費用，於月末採用適當的分配方法，在本步驟完工半成品（最後步驟為產成品）和正在加工中的在產品之間進行分配，然後通過半成品成本的逐步結轉，直至最後一個步驟，計算出完工產成品成本（如圖7-2所示）。

需要指出的是，若半成品完工後全部直接移交給下一步驟加工，則其成本應從該步驟成本計算單中直接轉入下一步驟成本計算單中；若半成品完工後先全部入庫，再對外銷售，或由下一步驟領用繼續加工，這時，應設置「自製半成品」帳戶來核算各步驟完工入庫的自製半成品的增減變動和結存情況。在半成品驗收入庫時，借記「自製半成品」科目，貸記「基本生產成本」科目，待下一步驟領用時再編製相反的會計分錄。

第一步驟成本計算 → 第二步驟成本計算 → 第三步驟成本計算 → …… → 最終產成品成本計算單

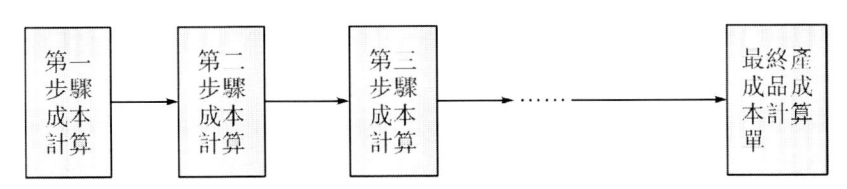

圖7-2　逐步結轉分步法完工產品成本計算程序圖示

由此可見，逐步結轉分步法實質上不過是品種法在各個步驟的連續應用而已，即在採用品種法計算出上一步驟的半成品成本以後，按照下一步驟的耗用數量轉入下一步驟成本計算單，下一步驟再一次採用品種法歸集所耗用的半成品費用和本步驟的其他費用，計算其半成品成本。如此逐步結轉，直至最後一個步驟計算出產成品成本。

各步驟半成品不通過半成品庫直接移交給下一步驟的成本計算程序如圖 7-3 所示。

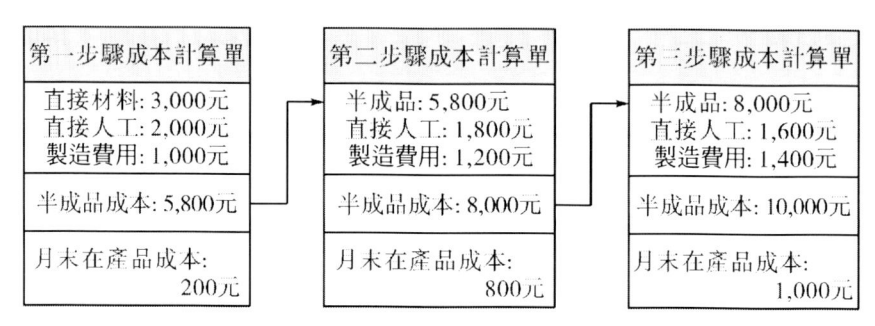

第一步驟成本計算單	第二步驟成本計算單	第三步驟成本計算單
直接材料：3,000元 直接人工：2,000元 製造費用：1,000元	半成品：5,800元 直接人工：1,800元 製造費用：1,200元	半成品：8,000元 直接人工：1,600元 製造費用：1,400元
半成品成本：5,800元	半成品成本：8,000元	半成品成本：10,000元
月末在產品成本：200元	月末在產品成本：800元	月末在產品成本：1,000元

圖 7-3　半成品不通過半成品庫的逐步結轉分步法成本計算程序圖示

各步驟半成品通過半成品庫收發的成本計算程序如圖 7-4 所示。

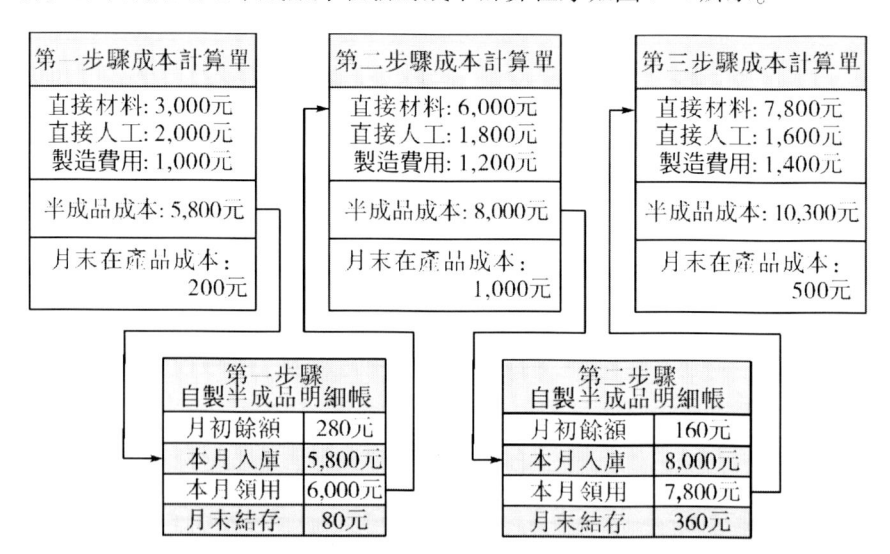

第一步驟成本計算單	第二步驟成本計算單	第三步驟成本計算單
直接材料：3,000元 直接人工：2,000元 製造費用：1,000元	直接材料：6,000元 直接人工：1,800元 製造費用：1,200元	直接材料：7,800元 直接人工：1,600元 製造費用：1,400元
半成品成本：5,800元	半成品成本：8,000元	半成品成本：10,300元
月末在產品成本：200元	月末在產品成本：1,000元	月末在產品成本：500元

第一步驟自製半成品明細帳		第二步驟自製半成品明細帳	
月初餘額	280元	月初餘額	160元
本月入庫	5,800元	本月入庫	8,000元
本月領用	6,000元	本月領用	7,800元
月末結存	80元	月末結存	360元

圖 7-4　半成品通過半成品庫收發的逐步結轉分步法成本計算程序圖示

3. 逐步結轉分步法的主要特點

（1）成本計算對象：各種產成品及其所經過的各生產步驟的半成品。企業既要計算最終完工的產成品成本，也要計算各步驟完工的半成品成本。

（2）成本計算期：固定在每月的月末進行，與會計報告期一致，但與產品的

生產週期不一致。

（3）生產費用需要在完工產品與在產品之間進行分配：

生產費用：此處的生產費用即各步驟成本明細帳中歸集的生產費用，不僅包括本步驟發生的費用，也包括耗用的上一步驟轉入的半成品成本。

完工產品：此處的完工產品指的是最終產品及各步驟完工的半成品。

在產品：此處的在產品指的是狹義的在產品，即僅指各步驟正在加工中的在產品。

分配方法：多採用約當產量法、定額比例法、定額成本法等。

（4）各步驟半成品成本隨半成品實物的轉移而轉移，半成品成本與實物相一致，即各步驟成本計算單中的在產品成本是各步驟狹義在產品成本，與留存在各步驟的在產品實物相匹配。

4. 逐步結轉分步法的種類

採用逐步結轉分步法，按照結轉的半成品成本在下一步驟產品成本明細帳中的反應方式，又分為逐步綜合結轉分步法和逐步分項結轉分步法。

成本計算分步法的方法體系如圖7-5所示。

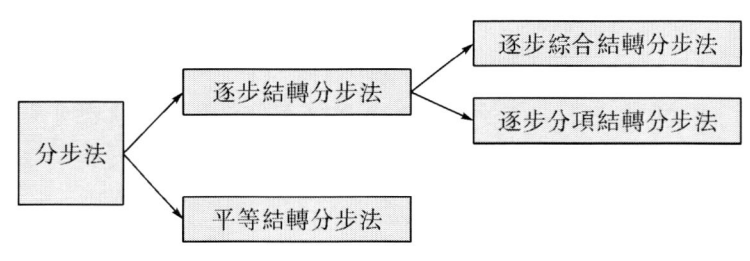

圖 7-5 分步法的方法體系圖示

（二）逐步綜合結轉分步法

1. 逐步綜合結轉分步法的含義

逐步綜合結轉分步法（簡稱綜合結轉法）是指在逐步結轉分步法下，將各步驟所耗用的上一步驟半成品成本，從上步驟成本明細帳的相應成本項目中轉出，綜合地記入本步驟產品成本明細帳的「直接材料」或「半成品」成本項目之中的一種半成品成本結轉方法。這裡，半成品成本從上一步驟向下一步驟進行綜合結轉時，可以按照半成品的實際成本結轉，也可以按照半成品的計劃成本（或定額成本）結轉。

（1）按實際成本綜合結轉。

企業產品生產成本按實際成本核算時，半成品成本在各步驟之間的綜合結轉，也應該按實際成本結轉。結轉時，各步驟所耗上一步驟的半成品成本，應根據耗用的半成品實際數量乘以該半成品實際單位成本計算確定。一般地，各步驟完工半成品成本應伴隨半成品實物驗收入庫（中間產品庫或半成品庫）而結轉，待下

一步驟生產領用時，再根據領用數量和單位成本計算確定應結轉至下一步驟的半成品成本。應該注意的是，由於每一步驟各月所產完工半成品的實際單位成本不同，因而下一步驟生產所耗用的上步驟半成品實際單位成本，應在領用出庫時根據企業的實際情況，選擇使用先進先出法、加權平均法等方法計算、確定。

（2）按計劃成本綜合結轉。

半成品成本採用計劃價核算時，一般是半成品日常收發的明細核算均按計劃成本計價，而半成品收發的總分類核算則按實際成本計價。在這種情況下，月末完工半成品實際成本計算確定後，要通過計算半成品成本差異率，結轉領用半成品應負擔的成本差異額，將領用出庫半成品的計劃成本調整為實際成本。

2. 逐步綜合結轉分步法案例

下面以實際成本綜合結轉半成品成本為例，說明逐步綜合結轉分步法在產品成本計算過程中的應用。

【例7-4】某企業製造甲產品，甲產品需經過三個車間連續加工制成。一車間生產加工 A 半成品完工後，直接轉入二車間繼續加工制成 B 半成品，B 半成品從二車間加工完成後直接轉入三車間繼續加工制成甲產成品，各車間（步驟）之間不設中間產品庫。甲產品耗用的原材料於一車間 A 半成品投產時一次性投入，二、三車間只發生加工費用。各車間月末在產品完工率均為 50%。各車間生產費用在完工產品和在產品之間的分配採用約當產量法。本月各車間產量記錄如表 7-18 所示，月初在產品成本及本月發生生產費用的資料參見表 7-19。

表 7-18　　　　　　　　　　本月各車間產量資料　　　　　　　　　　單位：件

項目	一車間	二車間	三車間
月初在產品數量	8	10	12
本月投產數量或上步驟轉入數量	30	32	34
本月完工產品數量	32	34	40
月末在產品數量	6	8	6

表 7-19　　　　　　　　各車間月初及本月生產費用資料　　　　　　　　單位：元

摘要		直接材料	直接人工	製造費用	合計
一車間	月初在產品成本	680	320	200	1,200
	本月生產費用	5,400	1,080	500	6,980
二車間	月初在產品成本	772	268	184	1,224
	本月生產費用		1,100	500	1,600
三車間	月初在產品成本	948	244	160	1,352
	本月生產費用		960	528	1,488

一車間成本計算單如表 7-20 所示。

表 7-20　　　　　　　　　　第一車間成本計算單

產品：A 半成品　　　　　　　　　××年×月

摘要	直接材料	直接人工	製造費用	金額合計
月初在產品成本（元）	680	320	200	1,200
本月發生費用（元）	5,400	1,080	500	6,980
生產費用合計（元）	6,080	1,400	700	8,180
約當生產總量（件）	38	35	35	—
費用分配率（元/件）	160	40	20	—
完工轉出半成品成本（元）	5,120	1,280	640	7,040
月末在產品成本（元）	960	120	60	1,140

一車間：

A 半成品直接材料約當生產總量：32+6 = 38（件）

直接材料分配率 = 6,080÷（32+6）= 160（元/件）

完工 A 半成品直接材料成本 = 32×160 = 5,120（元）

月末 A 在產品的半成品項目成本 = 6,080-5,120 = 960（元）

A 半成品直接人工、製造費用約當生產總量 = 32+6×50% = 35（件）

直接人工分配率 = 1,400÷（32+6×50%）= 40（元/件）

完工 A 半成品直接人工成本 = 32×40 = 1,280（元）

月末 A 在產品直接人工成本 = 1,400-1,280 = 120（元）

製造費用分配率 = 700÷（32+6×50%）= 20（元/件）

完工 A 半成品製造費用成本 = 32×20 = 640（元）

月末 A 在產品製造費用成本 = 700-640 = 60（元）

根據 A 半成品成本計算單，編製 A 半成品成本結轉的會計分錄如下：

借：基本生產成本——二車間——B 半成品　　　　　　　　　7,040

　　貸：基本生產成本——一車間——A 半成品　　　　　　　　　7,040

二車間成本計算單如表 7-21 所示。

表 7-21　　　　　　　　　　第二車間成本計算單

產品：B 半成品　　　　　　　　××年×月

摘要	半成品	直接人工	製造費用	金額合計
月初在產品成本（元）	772	268	184	1,224
本月發生費用（元）		1,100	500	1,600
一車間轉入半成品成本（元）	7,040			7,040

表7-21(續)

摘要	半成品	直接人工	製造費用	金額合計
生產費用合計（元）	7,812	1,368	684	9,864
約當生產總量（件）	42	38	38	—
費用分配率（元/件）	186	36	18	—
轉出完工半成品成本（元）	6,324	1,224	612	8,160
月末在產品成本（元）	1,488	144	72	1,704

二車間：

B半成品直接材料約當生產總量＝34+8＝42（件）

半成品分配率＝7,812÷（34+8）＝186（元/件）

完工B半成品的半成品項目成本＝34×186＝6,324（元）

月末B在產品的半成品項目成本＝7,812−6,324＝1,488（元）

B半成品直接人工、製造費用約當生產總量＝34+8×50%＝38（件）

直接人工分配率＝1,368÷（34+8×50%）＝36（元/件）

完工B半成品直接人工成本＝34×36＝1,224（元）

月末B在產品直接人工成本＝1,368−1,224＝144（元）

製造費用分配率＝684÷（34+8×50%）＝18（元/件）

完工B半成品製造費用成本＝34×18＝612（元）

月末B在產品製造費用成本＝684−612＝72（元）

根據B半成品成本計算單，編製B半成品成本結轉的會計分錄如下：

借：基本生產成本——三車間——甲產品　　　　　　　　　　　　8,160
　　貸：基本生產成本——二車間——B半成品　　　　　　　　　　8,160

三車間成本計算單如表7-22所示。

表 7-22　　　　　　　　　　第三車間成本計算單

產品：甲產品　　　　　　　　　××年×月

摘要	半成品	直接人工	製造費用	金額合計
月初在產品成本（元）	948	244	160	1,352
本月發生費用（元）		960	528	1,488
二車間轉入半成品成本（元）	8,160			8,160
生產費用合計（元）	9,108	1,204	688	11,000
約當生產總量（件）	46	43	43	—
費用分配率（元/件）	198	28	16	—
產成品成本（元）	7,920	1,120	640	9,680
月末在產品成本（元）	1,188	84	48	1,320

三車間：

甲產品約當生產總量＝40+6＝46（件）

半成品分配率＝9,108÷（40+6）＝198（元/件）

完工甲產成品的半成品項目成本＝40×198＝7,920（元）

月末甲在產品的半成品項目成本＝9,108−7,920＝1,188（元）

甲產品直接人工、製造費用約當生產總量＝40+6×50%＝43（件）

直接人工分配率＝1,204÷（40+6×50%）＝28（元/件）

完工甲產成品直接人工成本＝40×28＝1,120（元）

月末甲在產品直接人工成本＝1,204−1,120＝84（元）

製造費用分配率＝688÷（40+6×50%）＝16（元/件）

完工甲產成品製造費用成本＝40×16＝640（元）

月末甲在產品製造費用成本＝688−640＝48（元）

根據甲產成品成本計算單，編製甲產成品成本結轉的會計分錄如下：

借：庫存商品——甲產品　　　　　　　　　　　　　　9,680
　　貸：基本生產成本——三車間——甲產品　　　　　　9,680

3. 逐步綜合結轉分步法的成本還原

（1）為什麼要進行成本還原。

從【例7-4】可以看出，在逐步綜合結轉分步法下，上一步驟的半成品成本隨著半成品實物的轉移而結轉到下一步驟成本計算單時，是將其成本（包括直接材料、直接人工以及製造費用）綜合地計入下一步驟生產成本明細帳的「直接材料」或「半成品」成本項目中。這樣一來，最後一個步驟完工的產成品成本，不能提供按原始成本項目反應的成本資料。在生產步驟較多的情況下，逐步綜合結轉以後，完工產成品成本中的絕大部分表現為最後一個步驟所耗上一步驟的半成品成本，直接人工、製造費用等加工費用只是最後一個步驟的費用，數額較少，並且在加工費用中所占比重很小。這顯然不符合企業產品成本構成的實際情況，不能據以從整個企業的角度來考核和分析產品成本的構成和水準，企業也難以通過成本結構分析，發現成本升降的真正原因並尋找降低成本的正確途徑。因此，在管理上要求從整個企業角度考核和分析產品成本的構成和水準時，應該將完工產品成本中綜合結轉的半成品成本進行還原，以反應完工產成品成本的真實成本結構和水準。

（2）成本還原的含義。

所謂成本還原，就是從最後一個生產步驟開始，按照產品生產過程的逆順序，

把完工產成品成本所耗以前步驟半成品的綜合成本逐步分解,還原成直接材料、直接人工和製造費用等原始成本項目,從而求得按原始成本項目反應的完工產成品成本。

(3) 成本還原的方法。

成本還原的方法有很多,一般常用的方法有系數還原法和項目比重還原法。

①系數還原法。系數還原法是指從最後一個步驟起,按照產品生產的逆順序,將完工產品成本中所耗用上一步驟半成品的綜合成本,分別乘以各步驟成本還原系數,逐步分解為原始的成本項目結構和水準的方法。其中,各步驟成本還原系數是指完工產成品成本中所耗用上步驟半成品綜合成本與本月所產該半成品總成本的百分比例。

具體還原步驟為:

第一,計算還原系數:

該步驟成本還原系數=完工產成品所耗上步驟半成品綜合成本÷本月所產該種半成品成本合計×100%

第二,從最後一個步驟開始,以各步驟成本還原系數分別乘以上步驟本月生產該種半成品各個成本項目的費用,即可將本月完工產成品所耗用的半成品綜合成本從後往前逐一步驟地進行分解、還原,求得按原始成本項目反應的產成品成本。換言之,將最後步驟完工產成品成本中的「直接人工」「製造費用」項目成本數額與產成品所耗半成品綜合成本還原後的「直接材料」「直接人工」「製造費用」數額按成本項目分別相加,即為按原始成本項目反應的還原後的完工產成品總成本。

第三,如果成本計算步驟是三個步驟,按照上述方法在第三步驟還原以後,「直接材料」成本項目中仍包含有未還原的綜合成本,這時應在第二步驟再進行一次還原,即還原到第一步驟的原始成本結構水準為止。就是說,生產步驟是三個,成本還原要進行兩次,如果是四個步驟,則應還原三次,依此類推,直至還原到第一步驟為止。

仍以上述資料為例,成本還原關係圖示如圖 7-6:

```
還原前：    第三車間完工甲產成品成本：9,680元
半成品綜合成本：7,920元   直接人工：1,120元   製造費用：640元

還原：三車間成本還原系數
     =7,920÷8,160≈0.970,588,2

耗用二車間B半成品綜合成本 7,920元
半成品綜合成本：6,138元   直接人工：1,188元   製造費用：594元

再還原：二車間成本還原系數
       =6,138÷7,040=0.871,875

耗用一車間A半成品綜合成本 6,138元
直接材料：4,464元   直接人工：1,116元   製造費用：558元

直接材料：4,464元   直接人工：3,424元   製造費用：1,792元
還原後：第三車間完工甲產成品成本：9,680元
```

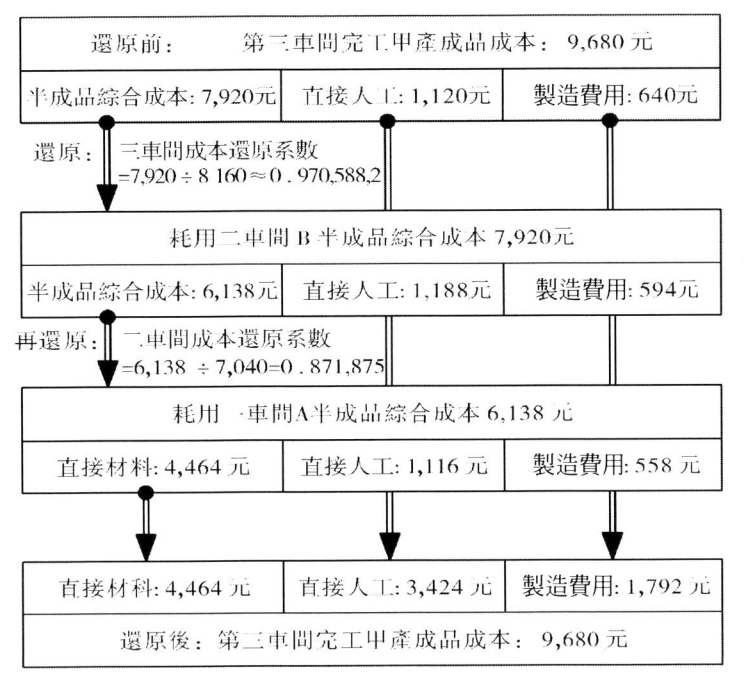

圖 7-6　成本還原關係圖示

成本還原一般通過編製成本還原計算表進行。上述案例採用系數還原法編製的成本還原計算表如表 7-23 所示。

表 7-23　　　　　　　　　產品成本還原計算表（系數法）

項目	還原前產品成本(元)	三車間半成品還原 還原係數	三車間半成品還原 金額（元）	二車間半成品還原 還原係數	二車間半成品還原 金額（元）	還原後產品成本(元)
半成品	7,920		6,138			
直接材料					4,464	4,464
直接人工	1,120	0.970,588,2	1,188	0.871,875	1,116	3,424
製造費用	640		594		558	1,792
合計	9,680		7,920		6,138	9,680

②項目比重還原法。項目比重還原法是指完工產成品成本中半成品綜合成本按上一步驟完工的該種半成品各成本項目占其總成本的比重進行還原的方法。

具體還原步驟為：

第一，計算各步驟完工半成品的成本結構，即各成本項目占各步驟完工半成品總成本的比重；

第二，從最後步驟起，將需要還原的半成品成本，按上一步驟完工半成品的各成本項目的比重，從後往前逐步計算出各步驟對應成本項目的金額；

第三，分別將各步驟分解還原後的金額按成本項目相加，求得最後步驟完工產成品按原始成本項目反應的總成本。

仍以前述資料為例，說明項目比重還原法的計算過程。

第二車間 B 半成品各成本項目占其總成本的比重分別為：

半成品項目比重 = 6,324÷8,160×100% = 77.5%

直接人工項目比重 = 1,224÷8,160×100% = 15%

製造費用項目比重 = 612÷8,160×100% = 7.5%

第三車間完工甲產成品成本中半成品綜合成本按第二車間 B 半成品各成本項目比重還原：

甲產成品所耗二車間 B 半成品成本 7,920 元，還原計算如下：

半成品成本 = 7,920×77.5% = 6,138（元）

直接人工成本 = 7,920×15% = 1,188（元）

製造費用成本 = 7,920×7.5% = 594（元）

由於第三車間完工甲產成品成本中半成品綜合成本還原後還含有第一車間完工 A 半成品綜合成本 6,138 元，因此，還必須再進行還原：

第一車間 A 半成品各成本項目占其總成本的比重分別為：

直接材料項目比重 = 5,120÷7,040×100% ≈ 72.727,3%

直接人工項目比重 = 1,280÷7,040×100% ≈ 18.181,8%

製造費用項目比重 = 640÷7,040×100% ≈ 9.090,9%

完工甲產成品成本所含第一車間完工 A 半成品綜合成本 6,138 元，按第一車間 A 半成品各成本項目占其總成本的比重還原如下：

直接材料成本 = 6,138×72.727,3% ≈ 4,464（元）

直接人工成本 = 6,138×18.181,8% ≈ 1,116（元）

製造費用成本 = 6,138×9.090,9% ≈ 558（元）

還原後按原始成本項目反應的產成品成本見表 7–24。

表 7–24　　　　產品成本還原計算表（項目比重還原法）

成本項目	三車間 還原前的半成品成本（元）	二車間 還原前的半成品成本（元）	二車間 成本結構（％）	二車間 三車間半成品還原後的成本（元）	一車間 還原前的半成品成本（元）	一車間 成本結構（％）	一車間 二車間半成品還原後的成本（元）	還原後的完工產品成本 總成本（元）	還原後的完工產品成本 單位成本（元/件）
直接材料					5,120	72.727,3	4,464	4,464	111.6
半成品	7920	6,324	77.5	6,138					
直接人工	1,120	1,224	15	1,188	1,280	18.181,8	1,116	3,424	85.6
製造費用	640	612	7.5	594	640	9.090,9	558	1,792	44.8
合計	9,680	8,160	100	7,920	7,040	100	6,138	9,680	242

表 7-24 中還原後完工產成品成本如下：

直接材料＝4,464（元）

直接人工＝1,120+1,188+1,116＝3,424（元）

製造費用＝640+594+558＝1,792（元）

在實際工作中，如果企業各月所產半成品成本結構變動較大，按半成品實際成本結構比重進行還原，還原的結果往往不夠準確。而且，如果產品生產步驟較多時，計算工作也非常繁重。因此，在定額成本（或計劃成本）資料比較齊全的企業，也可以直接將產成品成本按其定額成本（或計劃成本）比重進行成本還原。

採用這種方法，首先要確定產成品的單位定額成本（或計劃成本）中各成本項目比重，然後分別乘以還原前產成品成本總額，即可求得按原始成本項目反應的產成品總成本和單位成本。如本例中，假設該企業甲產品的定額成本資料見表7-25，則成本還原結果如表 7-26 所示。

表 7-25　　　　　　　甲產品定額成本資料

項目	直接材料	直接人工	製造費用	合計
產品單位定額成本	108 元	84 元	48 元	240 元
成本項目比重	45%	35%	20%	100%

表 7-26　　　甲產品成本還原計算表（定額成本比重還原法）

成本項目	還原前產成品成本（元）	定額成本項目結構	還原後產成品成本 總成本（元）	還原後產成品成本 單位成本(元/件)
半成品	7,920			
直接材料		45%	4,356	108.9
直接人工	1,120	35%	3,388	84.7
製造費用	640	20%	1,936	48.4
合計	9,680	100%	9,680	242

根據產成品定額成本結構比例還原產成品成本如下：

直接材料＝9,680×45%＝4,356（元）

直接人工＝9,680×35%＝3,388（元）

製造費用＝9,680×20%＝1,936（元）

4. 逐步綜合結轉分步法的優缺點及應用條件

（1）優點：可以在各生產步驟的產品成本明細帳中反應各步驟完工產品所耗半成品費用的水準和本步驟加工費用的水準，有利於各個生產步驟的成本管理。

（2）缺點：為了從整個企業的角度反應產品成本的構成，加強企業綜合的成本管理，必須進行成本還原，故要增加核算工作量。因此，這種結轉方法只適宜

在半成品具有獨立的國民經濟意義且管理上要求計算各步驟完工產品所耗半成品費用，但不要求進行成本還原的情況下採用。

（三）逐步分項結轉分步法

1. 逐步分項結轉分步法的含義

所謂逐步分項結轉分步法（簡稱分項結轉法），是指在逐步結轉分步法下，各步驟所耗上一步驟的半成品費用，分別按照各成本項目從上一步驟成本明細帳中轉出，計入下一步驟成本明細帳相對應的成本項目之中，以便計算出按成本項目反應的產品成本的一種半成品成本結轉方法。

在採用逐步分項結轉分步法時，如果半成品要通過半成品庫收發，那麼自制半成品明細帳中，收入、發出、結存的成本均要按成本項目分項登記。

分項結轉半成品成本，可以按照半成品的實際成本結轉，也可以按照半成品的計劃成本結轉，然後按成本項目分項調整成本差異。由於後一種做法計算工作量較大，因而企業一般多採用按實際成本分項結轉的方法。

在逐步分項結轉分步法下，由於下一步驟的產品加工是在上一步驟轉入的半成品的基礎上進行的，因此無論該步驟的產品是否完工，單位產品（包括在產品）中所包含的上一步驟轉入的半成品費用是相同的。所以，上一步驟轉入的半成品各成本項目費用，應由本步驟所有產品平均負擔，而不需要將本步驟的在產品按其完工程度折合為約當產量參與分配。但是對於本步驟的費用，則應按照完工產品產量和在產品的約當產量比例進行分配。因此，分配時應將上一步驟轉入的半成品成本與本步驟發生的費用分別合計匯總，分別計算分配率。為了簡化計算，也可以不分別計算分配率。

2. 逐步分項結轉分步法案例

【例7-5】沿用【例7-4】的資料，採用分項結轉法計算產成品成本（期末在產品成本不區分應負擔的本步驟費用和上步驟轉入的半成品成本）。計算如下：

第一步驟（即一車間）A半成品成本計算單和逐步綜合結轉分步法完全相同，在此不再重列（參見表7-20）。

第二步驟（即二車間）B半成品成本計算單如表7-27所示。

表7-27　　　　　　　　　第二車間成本計算單

產品：B半成品　　　　　　　　××年×月

摘要	直接材料	直接人工		製造費用		金額合計
月初在產品成本（元）	772	268		184		1,224
本月發生費用（元）		1,100		500		1,600
一車間轉入半成品成本(元)	5,120	1,280		640		7,040
合計（元）	5,892	1,368	1,280	684	640	9,864

表7-27(續)

摘要	直接材料	直接人工		製造費用		金額合計
約當生產總量（件）	42	38	42	38	42	—
分配率（元/件）	140.285,7	36	30.476,2	18	15.238,1	—
轉出完工半成品成本（元）		4,769.71		2,260.19		8,160
月末在產品成本（元）	1,122.29	387.81		193.9		1,704

表7-27中，第二步驟B完工半成品成本計算過程如下：

直接材料分配：

B半成品約當生產總量：34+8＝42（件）

B半成品直接材料分配率＝5,892÷42≈140.285,7（元/件）

完工B半成品直接材料成本＝34×140.285,7≈4,769.71（元）

月末在產品直接材料成本＝5,892－4,769.71＝1,122.29（元）

加工費用分配：

直接人工、製造費用約當生產總量＝34+8×50%＝38（件）

直接人工分配率（本車間發生部分）＝1,368÷38＝36（元/件）

直接人工分配率（一車間轉入部分）＝1,280÷42≈30.476,2（元/件）

B半成品直接人工成本＝34×36+34×30.476,2≈2,260.19（元）

月末在產品直接人工成本＝1,368+1,280－2,260.19＝387.81（元）

製造費用分配率（本車間發生部分）＝684÷38＝18（元/件）

製造費用分配率（一車間轉入部分）＝640÷42≈15.238,1（元/件）

B半成品製造費用成本＝34×18+34×15.238,1≈1,130.1（元）

月末在產品製造費用成本＝684+640－1,130.1＝193.9（元）

第三步驟（即三車間）甲產品成本計算單如表7-28所示。

表7-28　　　　　　　　　第三車間成本計算單

產品：甲產品　　　　　　　××年×月

摘要	直接材料	直接人工		製造費用		金額合計
月初在產品成本（元）	948	244		160		1,352
本月發生費用（元）		960		528		1,488
二車間轉入半成品成本（元）	4,769.71	2,260.19		1,130.1		8,160
合計（元）	5,717.71	1,204	2,260.19	688	1,130.1	11,000
約當生產總量（件）	46	43	46	43	46	—
費用分配率（元/件）	124.298	28	49.134,6	16	24.567,4	—
結轉完工產成品成本（元）	4,971.92	3,085.38		1,622.7		9,680
月末在產品成本（元）	745.79	378.81		195.4		1,320

表 7-28 中，第三步驟完工甲產成品成本計算過程如下：
直接材料分配：
甲產成品約當生產總量＝40+6＝46（件）
直接材料分配率＝5,717.71÷46≈124.298（元/件）
完工甲產成品直接材料成本＝40×124.298＝4,971.92（元）
月末在產品直接材料成本＝5,717.71-4,971.92＝745.79（元）
加工費用分配：
直接人工、製造費用約當生產總量＝40+6×50%＝43（件）
直接人工分配率（本車間發生部分）＝1,204÷43＝28（元/件）
直接人工分配率（二車間轉入部分）＝2,260.19÷46≈49.134,6（元/件）
完工甲產成品直接人工成本＝40×28+40×49.134,6≈3,085.38（元）
月末在產品直接人工成本＝1,204+2,260.19-3,085.38＝378.81（元）
製造費用分配率（本車間發生部分）＝688÷43＝16（元/件）
製造費用分配率（本車間發生部分）＝1,130.1÷46≈24.567,4（元/件）
完工甲產成品製造費用成本＝40×16+40×24.5674≈1,622.7（元）
月末在產品製造費用成本＝688+1,130.10-1,622.7＝195.4（元）

3. 逐步分項結轉分步法的優缺點及應用條件

（1）優點：從以上計算可以看出，採用分項結轉半成品成本與採用綜合結轉半成品成本計算出的產成品成本相同，但逐步分項結轉分步法可以直接提供按原始成本項目反應的企業產品成本資料，便於從整個企業的角度考核和分析產品成本計劃的執行情況，不需要進行成本還原。

（2）缺點：這一方法的成本結轉工作比較繁雜，而且在各步驟完工的產品成本中看不出所消耗的上一步驟半成品成本是多少、消耗本步驟的加工費用是多少等，不便於進行各步驟完工產品的成本分析。

（3）應用條件：逐步分項結轉分步法一般適用於管理上不要求反應各步驟完工產品所耗上步驟半成品成本和本步驟加工費用，而要求按原始成本項目計算產品成本、反應產品成本的真實構成水準的企業。

三、平行結轉分步法

（一）平行結轉分步法概述

1. 平行結轉分步法的含義及適用範圍

（1）平行結轉分步法的含義。

平行結轉分步法亦稱不計算半成品成本的分步法，是指不計算各步驟的半成品成本，也不在各步驟間結轉成本，月末只計算本步驟發生的生產費用中應由最

終完工產成品負擔的份額,並通過平行結轉匯總,計算最終完工產成品成本的一種方法。

在平行結轉分步法下,各步驟產品成本明細帳的期末餘額反應為本步驟廣義在產品應負擔的成本。所謂廣義在產品,是指就整體企業而言,所有未最終完工的產品,包括某步驟正在加工中的在製品以及雖然已經各步驟加工完成但尚未最終完工的各種半成品。這是因為,在平行結轉分步法下,各步驟加工完成的半成品實體雖然轉移到下一生產步驟繼續加工,但其應負擔的生產成本並不同時結轉至下一生產步驟的產品成本明細帳,而是仍然保留在本步驟產品成本明細帳中,直到該種產品最終完工成為產成品,才按照產成品耗用的本步驟半成品數量和單位成本計算確定的金額,作為完工產成品應負擔的份額從本步驟產品成本明細帳中結轉出去。所以,只要本步驟投產的產品或零配件、部件等沒有最終完工,其成本仍然保留在本步驟的生產成本明細帳的餘額之中。由此可見,各步驟產品成本明細帳的期末餘額屬於廣義在產品成本。

(2) 平行結轉分步法的適用範圍。

平行結轉分步法主要適用於大量大批裝配式複雜生產的企業,如機械製造企業、汽車製造企業等。在這類企業裡,每一個生產車間各自獨立地投入原材料,分別加工制成最終產品所需要的各種零配件,然後由部件車間裝配成各種部件,最後由總裝車間裝配成最終產成品——整機(完整的機器)。在這類生產企業中,一般管理上不要求計算零部件的成本,但要求按生產步驟來控制生產費用,並要求計算最終完工產品成本中耗用各部件的成本水準,因此,應該採用平行結轉分步法。同時,對於大量大批連續式複雜生產的企業,如果其各步驟生產的半成品沒有獨立的經濟意義或不作為商品對外出售,如磚瓦廠的磚坯、造紙廠的紙漿等,也可以採用平行結轉分步法計算產品成本。

2. 平行結轉分步法的成本計算程序

(1) 按產品品種和加工步驟設置基本生產成本明細帳,用以分別歸集本步驟生產過程發生的各種費用(不包括耗用上一步驟半成品的成本);

(2) 根據各種原始憑證或費用分配匯總表,在每一步驟、每一產品(或部件)成本明細帳中分別按成本項目進行登記,完成各步驟、各產品(或部件)發生的生產費用的歸集,後續步驟消耗前一步驟完工的半成品,其成本不做結轉,即本步驟歸集的生產費用不包括耗用上一步驟半成品的成本;

(3) 月末,將各步驟歸集的本期生產費用與期初在產品成本相加,求出生產費用合計,採用適當的方法在最終完工產成品與本步驟廣義在產品之間進行分配,計算各步驟生產費用中應計入完工產成品成本的份額;

(4) 將各步驟生產費用中應計入完工產成品成本的份額按成本項目平行結轉,

匯總計算完工產成品的總成本、單位成本，並結轉登記各步驟生產成本明細帳的期末廣義在成品成本。

平行結轉分步法成本計算程序如圖 7-7 所示。

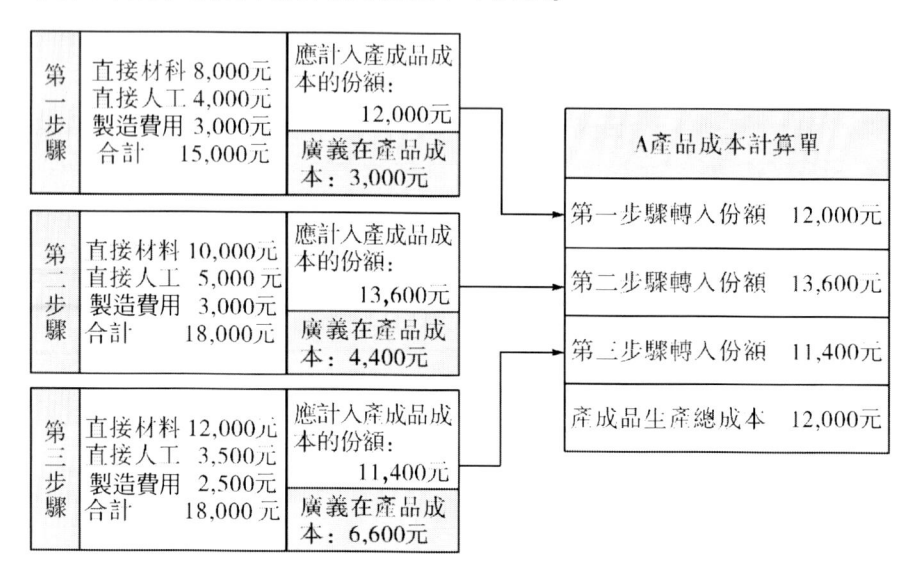

第一步驟	直接材料 8,000元 直接人工 4,000元 製造費用 3,000元 合計　　 15,000元	應計入產成品成本的份額： 12,000元		A產品成本計算單
		廣義在產品成本：3,000元	→	第一步驟轉入份額　12,000元
第二步驟	直接材料 10,000元 直接人工　5,000元 製造費用 3,000元 合計　　 18,000元	應計入產成品成本的份額： 13,600元	→	第二步驟轉入份額　13,600元
		廣義在產品成本：4,400元	→	第三步驟轉入份額　11,400元
第三步驟	直接材料 12,000元 直接人工　3,500元 製造費用 2,500元 合計　　 18,000元	應計入產成品成本的份額： 11,400元	→	產成品生產總成本　12,000元
		廣義在產品成本：6,600元		

圖 7-7　平行結轉分步法成本計算程序圖示

3. 平行結轉分步法特點

（1）成本計算對象：與逐步結轉分步法一樣，平行結轉分步法計算產品成本時，成本計算對象仍然是產品品種及其所經過的各個生產步驟。但與逐步結轉分步法不同的是，平行結轉分步法不計算各步驟完工半成品的成本，只計算各步驟生產費用中應計入產成品成本的「份額」及最終完工產成品成本。

（2）成本計算期：平行結轉分步法的成本計算期與會計報告期一致，固定在每月末進行，與產品的生產週期不一致。

（3）月末，某步驟歸集的生產費用合計需要在完工產品與本步驟廣義在產品之間進行分配。再次強調如下幾點：

第一，生產費用。此處的生產費用即各步驟生產成本明細帳中歸集的生產費用合計，僅包括本步驟發生的費用，不包括耗用上一步驟半成品的成本。所以，在這種情況下，除了第一步驟外，其餘各步驟均不能反應產品生產在本步驟耗費的全部水準。

第二，完工產品。此處的完工產品僅指最終完工的產成品。

第三，廣義在產品。廣義在產品即就整個企業而言尚未最終加工成為產成品的全部在製品和自制半成品。包括：本步驟正在加工的在製品，即狹義在產品；本步驟已完工轉入半成品庫的自制半成品；本步驟已完工轉入以後步驟（或後續

步驟領用）進一步加工，但尚未最後制成產成品的半成品（即後續步驟正在加工中的在製品）。

第四，分配方法。生產費用在完工產成品和廣義在產品之間的分配，通常可以根據企業實際情況和成本管理要求，選用適當的方法進行，如採用約當產量法、定額比例法、定額成本法等。

(4) 各步驟完工的半成品成本不隨半成品實物轉移而轉移，半成品成本與實物脫節，即各步驟成本計算單上的在產品成本是廣義在產品成本，而結存在各步驟的在產品實物卻是狹義在產品。因此，採用這一方法，不論半成品是在各步驟之間直接轉移，還是通過半成品庫收發，都不通過「自制半成品」科目進行總分類核算。如果半成品通過倉庫收發，倉庫只登記半成品實物的收發及結存的數量。

為了計算完工產成品的成本，首先要確定各步驟應計入完工產成品成本的「份額」。如何正確確定各步驟生產費用中應計入產成品成本的份額，即每一生產步驟的生產費用如何正確地在完工產成品和廣義在產品之間進行分配，是採用平行結轉分步法正確計算產成品成本的關鍵所在。

(二) 各步驟應計入產成品成本份額的計算

前已述及，按照完工產成品耗用的某步驟半成品數量及其單位成本，可以計算確定該步驟生產費用中應計入完工產成品成本的份額，並將其作為完工產成品應負擔的成本金額從該步驟產品成本明細帳中結轉出去，平行匯總，從而計算確定完工產成品的生產成本總額。所以，各步驟生產費用應計入產成品成本份額的計算，就成為平行結轉分步法計算產品成本的主要環節。「某步驟生產費用應計入完工產成品成本的份額」可用下列公式計算：

某步驟生產費用應計入完工產成品成本的份額＝最終完工的產成品數量×單位完工產成品耗用該步驟半成品的數量×該步驟完工半成品單位成本

很顯然，如果單位完工產成品只耗用某步驟半成品一件，則上式可簡化為：

某步驟生產費用應計入完工產成品成本的份額＝最終完工的產成品數量×該步驟完工半成品單位成本

從上式可知，正確計算「某步驟生產費用應計入完工產成品成本的份額」的關鍵在於正確計算、確定「該步驟完工半成品單位成本」。各步驟完工半成品單位成本可採用約當產量法、定額比例法、定額成本法等方法求得。下面以約當產量法為例，說明各步驟完工半成品單位成本的計算過程。

在約當產量法下，某步驟完工半成品單位成本等於該步驟各成本項目分配率之和。所以，在進行費用分配時，應按成本項目分別進行計算。某步驟完工半成品單位成本的計算過程如下：

某步驟產品約當總產量，是以最終完工產成品為標準計算確定的，包括完工

165

產成品耗用該步驟的半成品數量以及後續步驟期末在產品耗用的本步驟半成品數量之和、本步驟月末狹義在產品的約當產量等。顯然，上述後兩項合計就是該步驟的廣義在產品約當產量。用公式表示如下：

某步驟產品約當總產量＝最終完工的產成品數量×單位完工產成品耗用該步驟半成品數量＋$\sum$（該後續步驟月末在產品數量×該後續步驟單位在產品耗用本步驟半成品數量）＋該步驟月末在產品數量×在產品完工程度（％）

上式中，如果單位完工產成品和後續步驟單位在產品只耗用本步驟半成品一件，則上式可簡化為：

某步驟產品約當總產量＝最終完工的產成品數量＋$\sum$（後續步驟月末在產品數量）＋該步驟月末在產品數量×在產品完工程度（％）

應當指出，按上式計算的「某步驟產品約當總產量」是計算各成本項目分配率，即某步驟半成品成本的重要指標。

在使用「某步驟產品約當總產量」指標參與該步驟各成本項目分配率計算時，如果材料屬於一次性投入，則在計算直接材料分配率時，該指標中的月末狹義在產品數量不需要約當計算，而應該按照實有在產品數量計算，即上式中最後一項「在產品完工程度」按照100％計算。當然，對於直接人工和製造費用分配率的計算，上式中最後一項「在產品完工程度」應按照測算的實際完工程度正常使用。

（三）平行結轉分步法案例

在大量大批連續式複雜生產的企業，如果管理上不要求計算半成品成本，可以採用平行結轉分步法。

【例7-6】某企業甲產品經過第Ⅰ、第Ⅱ、第Ⅲ車間連續加工製成。第Ⅰ車間生產A半成品，直接轉入第Ⅱ車間繼續加工製成B半成品，B半成品直接轉入第Ⅲ車間繼續加工成甲產成品。原材料於第Ⅰ車間生產開始時一次性投入，各車間月末在產品完工率均為50％。各車間生產費用在完工產品和在產品之間的分配採用約當產量法，管理上不要求計算各步驟完工半成品成本。該企業採用平行結轉分步法計算完工產成品成本。本月各車間產量資料如表7-29所示，各車間月初在產品成本及本月生產費用資料如表7-30所示。

表7-29　　　　　　　　　　　**本月各車間產量表**　　　　　　　　　單位：件

項目	第Ⅰ車間	第Ⅱ車間	第Ⅲ車間
月初在產品數量	10	20	16
本月投產數量或上步驟轉入數量	90	80	90
本月完工產品數量	80	90	100
月末在產品數量	20	10	6

表 7-30　　　　　　　　　　本月各車間生產費用表　　　　　　　　單位：元

摘要		直接材料	直接人工	製造費用	合計
第Ⅰ車間	月初在產品成本	576	186	112	874
	本月生產費用	8,400	1,200	1,400	11,000
第Ⅱ車間	月初在產品成本		221	153	374
	本月生產費用		2,110	2,400	4,510
第Ⅲ車間	月初在產品成本		284	160	444
	本月生產費用		1,570	1,900	3,470

有關產品成本計算結果如表 7-31、表 7-32、表 7-33、表 7-34 所示。

表 7-31　　　　　　　基本生產成本明細帳（成本計算單）

車間：第Ⅰ車間　　　　產品：A 半成品　　　　××年×月

摘要	直接材料	直接人工	製造費用	金額合計
月初在產品成本（元）	576	186	112	874
本月發生費用（元）	8,400	1,200	1,400	11,000
生產費用合計（元）	8,976	1,386	1,512	11,874
約當總產量（件）	136	126	126	—
分配率（元/件）	66	11	12	89
應計入產成品成本份額（元）	6,600	1,100	1,200	8,900
月末在產品成本（元）	2,376	286	312	2,974

表 7-31 中，第Ⅰ車間應計入甲產品成本的份額計算過程如下：

直接材料約當總產量＝100＋6＋10＋20＝136（件）

直接材料分配率＝8,976÷136＝66（元/件）

直接材料應計入產成品成本份額＝100×66＝6,600（元）

月末在產品直接材料成本＝8,976－6,600＝2,376（元）

直接人工、製造費用約當總產量＝100＋6＋10＋20×50%＝126（件）

直接人工分配率＝1,386÷126＝11（元/件）

直接人工應計入產成品成本份額＝100×11＝1,100（元）

月末在產品直接人工成本＝1,386－1,100＝286（元）

製造費用分配率＝1,512÷126＝12（元/件）

製造費用應計入產成品成本份額＝100×12＝1,200（元）

月末在產品製造費用成本＝1,512－1,200＝312（元）

第Ⅰ車間應計入甲產成品成本的份額合計＝6,600＋1,100＋1,200＝8,900（元）

表 7-32　　　　　　　　基本生產成本明細帳（成本計算單）

車間：第Ⅱ車間　　　　產品：B 半成品　　　　××年×月

摘要	直接材料	直接人工	製造費用	金額合計
月初在產品成本（元）		221	153	374
本月發生費用（元）		2,110	2,400	4,510
生產費用合計（元）		2,331	2,553	4,884
約當總產量（件）		111	111	—
分配率（元/件）		21	23	44
應計入產成品成本份額（元）		2,100	2,300	4,400
月末在產品成本（元）		231	253	484

表 7-32 中，第Ⅱ車間應計入甲產品成本的份額計算過程如下：

直接人工、製造費用約當總產量＝100+6+10×50%＝111（件）

直接人工分配率＝2,331÷111＝21（元/件）

直接人工應計入產成品成本份額＝100×21＝2,100（元）

月末在產品直接人工成本＝2,331−2,100＝231（元）

製造費用分配率＝2,553÷111＝23（元/件）

製造費用應計入產成品成本份額＝100×23＝2,300（元）

月末在產品製造費用成本＝2,553−2,300＝253（元）

第Ⅱ車間應計入甲產品成本的份額合計＝2,100+2,300＝4,400（元）

表 7-33　　　　　　　　基本生產成本明細帳（成本計算單）

車間：第Ⅲ車間　　　　產品：甲產品　　　　××年×月

摘要	直接材料	直接人工	製造費用	金額合計
月初在產品成本（元）		284	160	444
本月發生費用（元）		1,570	1,900	3,470
生產費用合計（元）		1,854	2,060	3,914
約當總產量（件）		103	103	—
分配率（元/件）		18	20	38
應計入產成品成本份額（元）		1,800	2,000	3,800
月末在產品成本（元）		54	60	114

表 7-33 中，第Ⅲ車間應計入甲產品成本的份額計算過程如下：

直接人工、製造費用約當生產總量＝100+6×50%＝103（件）

直接人工分配率＝1,854÷103＝18（元/件）

直接人工應計入產成品成本份額＝100×18＝1,800（元）

月末在產品直接人工成本＝1,854－1,800＝54（元）
製造費用分配率＝2,060÷103＝20（元/件）
製造費用應計入產成品成本份額＝100×20＝2,000（元）
月末在產品製造費用成本＝2,060－2,000＝60（元）
第Ⅲ車間應計入甲產品成本的份額合計＝1,800+2,000＝3,800（元）

表 7-34　　　　　　　　　產品成本匯總計算單
產品名稱：甲產品　　　完工數量：100 件　　　　××年×月

摘要	直接材料	直接人工	製造費用	合計
第一車間份額（元）	6,600	1,100	1,200	8,900
第二車間份額（元）		2,100	2,300	4,400
第三車間份額（元）		1,800	2,000	3,800
甲產品總成本（元）	6,600	5,000	5,500	17,100
單位成本（元/件）	66	50	55	171

表 7-34 中甲產品成本計算過程如下：
完工甲產品成本總額＝8,900+4,400+3,800＝17,100（元）
根據「甲產品成本匯總計算單」編製完工產品成本結轉的會計分錄如下：
借：庫存商品——甲產品　　　　　　　　　　　　　　　17,100
　　貸：基本生產成本——第Ⅰ車間——A 半成品　　　　　8,900
　　　　　　　　　　——第Ⅱ車間——B 半成品　　　　　4,400
　　　　　　　　　　——第Ⅲ車間——甲產品　　　　　　3,800

實際上，平行結轉分步法在裝配式生產企業中使用得比較普遍。這種成本計算方法與裝配式生產企業的產品加工以及產品實體轉移，在過程和形式上是基本一致的。

【例 7-7】假設某機械製造廠生產製造乙產品，採用平行結轉分步法計算乙產品成本。乙產品由 A、B 兩種零部件組成，A 零件由第一車間加工生產，B 零件由第二車間加工生產，總裝車間將 1 件 A 零件和 2 件 B 零件組裝成乙產品。第一、二車間完工的 A、B 零部件先驗收入庫，再由總裝車間領用、裝配成乙產品。各車間的生產費用在完工產品與月末在產品之間的分配採用約當產量法，狹義在產品完工程度均為 50%。A、B 零部件投產時，原材料均為一次性投入。本月份各車間有關產量記錄和成本資料見表 7-35、表 7-36。

表 7-35　　　　　　　　　　　　　產量記錄　　　　　　　　　　　　　單位：件

項目	第一車間 A 零件	第二車間 B 零件	總裝車間乙產品
月初在產品數量	40	80	30
本月投入數量	100	200	130
本月完工數量	120	240	135
月末在產品數量	20	40	25
半成品（A 零件）明細帳			
摘要	收入	發出	結存
月初結存			20
本月收、發及餘額	120	130	10
半成品（B 零件）明細帳			
摘要	收入	發出	結存
月初結存			40
本月收、發及餘額	240	260	20

表 7-36　　　　　　　　　　　各車間成本資料　　　　　　　　　　　單位：元

成本項目	第一車間 月初在產品	第一車間 本月發生	第二車間 月初在產品	第二車間 本月發生	組裝車間 月初在產品	組裝車間 本月發生
直接材料	600	2,535	400	1,956	—	—
直接人工	130	500	90	918	120	647
製造費用	170	712	70	506	45	250
合計	900	3,747	560	3,380	165	897

各車間產品成本計算如表 7-37、表 7-38、表 7-39、表 7-40 所示。

表 7-37　　　　　　基本生產成本明細帳（成本計算單）

車間：第一車間　　　　　產品：A 零件　　　　　××年×月

摘要	直接材料	直接人工	製造費用	金額合計
月初在產品成本（元）	600	130	170	900
本月發生費用（元）	2,535	500	712	3,747
合計（元）	3,135	630	882	4,647
約當生產總量（件）	190	180	180	—
分配率（元/件）	16.5	3.5	4.9	24.9
應計入產成品成本份額（元）	2,227.5	472.5	661.5	3,361.5
月末在產品成本（元）	907.5	157.5	220.5	1,285.5

（1）表 7-37 中，A 零件成本計算過程如下：

①直接材料分配：

直接材料約當生產總量 = 135×1+10+25+20 = 190（件）

直接材料分配率 = 3,135÷190 = 16.5（元/件）

A 零件直接材料應計入乙產成品成本份額 = 135×1×16.5 = 2,227.5（元）

月末 A 零件在產品直接材料成本 = 3,135-2,227.5 = 907.5（元）

或 =（10+25+20）×16.5 = 907.5（元）

②直接人工、製造費用分配：

直接人工、製造費用約當生產總量 = 135×1+10+25+20×50% = 180（件）

直接人工分配率 = 630÷180 = 3.5（元/件）

A 零件直接人工應計入乙產成品成本份額 = 135×1×3.5 = 472.5（元）

月末 A 零件在產品直接人工成本 = 630-472.5 = 157.5（元）

或 =（10+25+20×50%）×3.5 = 157.5（元）

製造費用分配率 = 882÷180 = 4.9（元/件）

A 零件製造費用應計入乙產成品成本份額 = 135×1×4.9 = 661.5（元）

月末 A 零件在產品製造費用成本 = 882-661.5 = 220.5（元）

或 =（10+25+20×50%）×4.9

= 220.5（元）

表 7-38　　　　　　**基本生產成本明細帳（成本計算單）**

車間：第二車間　　　產品：B 零件　　　××年×月

摘要	直接材料	直接人工	製造費用	金額合計
月初在產品成本（元）	400	90	70	560
本月發生費用（元）	1,956	918	506	3,380
合計（元）	2,356	1,008	576	3,940
約當生產總量（件）	380	360	360	—
分配率（元/件）	6.2	2.8	1.6	10.6
直接計入產成品成本份額（元）	1,674	756	432	2,862
月末在產品成本（元）	682	252	144	1,078

（2）表 7-38 中，B 零件成本計算過程如下：

①直接材料分配：

直接材料約當生產總量 = 135×2+25×2+20+40 = 380（件）

直接材料分配率 = 2,356÷380 = 6.2（元/件）

B 零件直接材料應計入產成品成本份額 = 135×2×6.2 = 1,674（元）

171

月末 B 零件在產品直接材料成本=2,356-1,674=682（元）

$$或 = (25×2+20+40) ×6.2$$
$$= 682（元）$$

②直接人工、製造費用分配：

直接人工、製造費用約當生產總量=135×2+25×2+20+40×50%=360（件）

直接人工分配率=1,008÷360=2.8（元/件）

B 零件直接人工應計入產成品成本份額=135×2×2.8=756（元）

月末 B 零件在產品直接人工成本=1,008-756=252（元）

$$或 = (25×2+20+40×50%)×2.8$$
$$= 252（元）$$

製造費用分配率=576÷360=1.6（元/件）

B 零件製造費用應計入產成品成本份額=135×2×1.6=432（元）

月末 B 零件在產品製造費用成本=576-432=144（元）

$$或 = (25×2+20+40×50%)×1.6$$
$$= 144（元）$$

表 7-39　　　　　　　　**基本生產成本明細帳（成本計算單）**

車間：總裝車間　　　　產品：乙產品　　　　××年×月

摘要	直接材料	直接人工	製造費用	金額合計
期初在產品成本（元）		120	45	165
本月發生費用（元）		647	250	897
合計（元）		767	295	1,062
約當生產總量（件）		147.5	147.5	—
分配率（元/件）		5.2	2	7.2
應計入產成品成本份額（元）		702	270	972
月末在產品成本（元）		65	25	90

(3) 表 7-39 中，乙產品成本計算過程如下：

直接人工、製造費用約當生產總量=135+25×50%=147.5（件）

直接人工分配率=767÷147.5=5.2（元/件）

乙產品直接人工應計入產成品成本份額=135×5.2=702（元）

月末乙產品在產品直接人工成本=767-702=65（元）

$$或 = (25×50%) ×5.2=65（元）$$

製造費用分配率=295÷147.5=2（元/件）

乙產品製造費用應計入產成品成本份額=135×2=270（元）

月末乙產品在產品製造費用成本＝295−270＝25（元）

或＝（25×50%）×2＝25（元）

表 7-40　　　　　　　　　　產品成本匯總計算單

產品名稱：乙產品　　　　產量：135 件　　　　　××年×月

摘要	直接材料	直接人工	製造費用	合計
第一車間份額（元）	2,227.5	472.5	661.5	3,361.5
第二車間份額（元）	1,674	756	432	2,862
組裝車間份額（元）		702	270	972
甲產品總成本（元）	3,901.5	1,930.5	1,363.5	7,195.5
單位成本（元/件）	28.9	14.3	10.1	53.3

（4）表 7-40 中，乙產品成本計算過程如下：

完工乙產品成本總額＝3,901.5＋1,930.5＋1,363.5＝7,195.5（元）

根據「乙產品成本匯總計算單」編製完工產品成本結轉的會計分錄如下：

借：庫存商品——乙產品　　　　　　　　　　　　　　　7,195.5

　　貸：基本生產成本——第一車間——A 零件　　　　　3,361.5

　　　　　　　　　　——第二車間——B 零件　　　　　2,862

　　　　　　　　　　——總裝車間——乙產品　　　　　972

（四）平行結轉法的優缺點

1. 平行結轉分步法的優點

（1）採用這一方法，各步驟可以同時計算產品成本，然後將應計入完工產品成本的份額平行結轉匯總計入產成品成本，不必逐步結轉半成品成本，從而可以簡化和加速成本計算工作，保證成本計算的及時性。

（2）採用這一方法，一般是按成本項目平行結轉匯總各步驟成本中應計入產成品成本的份額，因而能夠直接提供按原始成本項目反應的產品成本資料，不必進行成本還原，省去了大量繁瑣的計算工作。

2. 平行結轉分步法的缺點

（1）不能提供各步驟半成品成本資料及各步驟所耗上一步驟半成品費用資料。

（2）各步驟之間不結轉半成品成本，使半成品實物轉移與費用結轉脫節，因而此方法不能為各步驟在產品的實物管理和資金管理提供資料。

因此，平行結轉分步法一般只適宜在半成品種類較多，逐步結轉半成品成本的工作量較大，管理上又不要求提供各步驟半成品成本資料的情況下採用。

第八章　產品成本計算的輔助方法

　　實際工作中，由於企業情況複雜，管理基礎和管理水準要求不一，有的企業採用產品成本計算基本方法以外的一些其他成本計算方法。例如在產品品種、規格繁多，但加工工藝基本相同的企業，為簡化成本計算採用分類法；定額管理工作較好的企業，為配合成本管理採用定額法。由於這些方法從計算產品實際成本方面來說並不是必不可少的，因而其被稱為成本計算輔助方法。

第一節　分類法

一、分類法的特點

　　產品成本計算的分類法是以產品類別作為成本計算對象，計算各類產品成本，然後按一定標準分配計算每類產品內各種產品成本的一種方法。在一些企業中，生產的產品品種、規格繁多，如果按照產品的品種歸集生產費用，計算產品成本，那麼計算工作會十分繁重。在這種情況下，為了簡化成本計算工作，能夠按照一定的分類標準對產品進行分類的企業可採用分類法。分類法的特點如下：

　　（1）以產品類別作為成本計算對象，計算各類產品成本。先根據產品的結構、所用原材料和工藝過程的不同，將產品劃分為若干類別，將產品的類別作為成本計算對象，設立產品成本明細帳，歸集產品的生產費用，計算各類產品成本。

　　（2）選擇合理的分配標準，分配確定每類產品內各種產品的成本。每類產品內各種產品之間分配費用的標準有定額消耗量、定額費用、產品售價，以及產品的體積、長度、重量等。各成本項目可以採用同一分配標準進行分配，也可以按照成本項目的性質，分別採用不同的分配標準進行分配，以使分配結果更加合理。例如，原材料費用可按定額原材料費用或定額原材料消耗量比例分配，工資及福利費等其他費用按定額工時比例分配等。

二、分類法的適用範圍

凡是產品的品種繁多，而且可以按照前述要求將產品劃分為若干類別的企業或車間，均可採用分類法計算產品成本。分類法與產品生產的類型沒有直接聯繫，因而可以在各種類型的生產中應用，主要包括以下幾種情況：

(1) 原材料相同、生產工藝過程相同，但規格、種類不同的產品。如食品工業企業的各種餅干、制鞋廠生產的不同號碼的皮鞋等。

(2) 聯產品。即用一種或幾種原材料，經過同一加工過程同時生產出兩種或兩種以上具有同等地位的主要產品。例如，原油經過提煉，可以煉出各種汽油、煤油、柴油等產品。聯產品最適合採用分類法計算成本。

(3) 主產品和副產品。有些工業企業，在主要產品的生產過程中，會附帶生產出一些非主要產品，即副產品，例如肥皂廠生產出的甘油等。為了簡化成本計算工作，可以將主副產品歸為一類，歸集生產費用，計算產品成本。

(4) 零星產品。雖然零星產品的原材料和工藝過程不一定相同，但由於其品種、規格多，而且數量少，費用比例小，因此為了簡化成本計算工作，也可以將其歸為幾類，採用分類法計算成本。

(5) 等級產品。如果等級產品是由於產品內部結構、所用原材料的質量或工藝技術條件不同而產生的，則這些產品是同一品種不同規格的產品，可以歸為一類，採用分類法計算成本。

三、分類法的計算程序

(1) 按照產品的類別設置產品成本明細帳，計算各類產品的成本。

(2) 選擇合理的分配標準，分別將每類產品的成本在類內各種產品之間進行分配，計算每類產品內各種產品的成本。

類內產品成本的分配常用定額比例法和系數法。

系數法是將分配標準折算成相對固定的系數，按照固定的系數分配同類產品內各種產品成本的一種方法。系數法是分類法的一種，也可稱為簡化的分類法。

具體做法是：先在每類產品中選擇一種產量較大、生產穩定或規格適中的產品作為標準產品，將該種產品分配標準的系數確定為1，與其他產品的有關數據進行比較，求出比例，即可求出其他非標準產品的系數；然後，將各種產品產量分別乘以各自的系數，折算為標準產品的產量或總系數；最後，按各種產品標準產量或總系數的比例分配費用，計算出類內各種產品的成本。現舉例說明如下：

【例 8-1】某工業企業生產 A、B、C 三種產品，由於所耗的原材料品種相同，生產工藝過程基本相近，成本計算時將三種產品合併為甲類產品，採用分類法計

算成本。

(1) 資料。

①某年6月甲類產品的成本資料見表8-1。

表8-1　　　　　　　　　　　　　產品成本資料
產品類別：甲類　　　　　　　　　　某年6月　　　　　　　　　　　　單位：元

成本項目	直接材料	直接人工	製造費用	合計
月初在產品成本	30,000	12,000	6,000	48,000
本月發生費用	110,000	48,000	46,000	204,000
月末在產品成本（定額成本）	11,600	2,620	3,680	17,900

②有關產量記錄和定額成本資料見表8-2。

表8-2　　　　　　　　甲類產品產量紀錄和定額成本資料

產品名稱	產品產量（件）	材料費用消耗定額（元/件）	工時消耗定額（小時/件）
A產品（標準產品）	2,400	20	40
B產品	1,800	18	32
C產品	2,000	24	44

(2) 根據以上資料，採用分類法計算甲類產品的成本。

①計算和分配甲類產品本月完工產品和月末在產品成本。甲類產品成本計算單見表8-3。

表8-3　　　　　　　　　　　　　產品成本計算單
產品類型：甲類　　　　　　　　　　某年6月　　　　　　　　　　　　單位：元

成本項目	直接材料	直接人工	製造費用	合計
月初在產品成本	30,000	12,000	6,000	48,000
本月發生費用	110,000	48,000	46,000	204,000
合計	140,000	60,000	52,000	252,000
完工產品成本	128,400	57,380	48,320	234,100
月末在產品成本（定額成本）	11,600	2,620	3,680	17,900

②計算甲類產品材料和工時消耗系數，見表8-4。

表 8-4　　　　　　　　　材料和工時消耗系數計算表

產品名稱	產品單位定額 材料費用消耗定額（元/件）	產品單位定額 工時消耗定額（小時/件）	材料定額消耗係數	定額工時係數
A 產品	20	40	1	1
B 產品	18	32	0.9	0.8
C 產品	24	44	1.2	1.1

③根據甲類產品的成本計算單、材料和工時係數資料編製甲類各產品成本計算表，見表 8-5。

表 8-5　　　　　　　　　甲類各產品成本計算表

產品名稱	產量（件）	材料定額消耗係數	定額工時係數	總係數 材料	總係數 工時	總成本（元）直接材料	總成本（元）直接人工	總成本（元）製造費用	總成本合計	單位成本（元/件）
①	②	③	④	⑤=②×③	⑥=②×④	⑦=⑤×分配率	⑧=⑥×分配率	⑨=⑥×分配率	⑩	⑪
	2400	1	1	2,400	2,400	48,000	22,800	19,200	90,000	37.5
	1800	0.9	0.8	1,620	1,440	32,400	13,680	11,520	57,600	32
	2000	1.2	1.1	2,400	2,200	48,000	20,900	17,600	86,500	43.25

註：各種費用的分配率計算如下：
　　直接材料費用分配率 = 128,400÷6,420 = 20
　　直接人工費用分配率 = 57,380÷6,040 = 9.5
　　製造費用分配率 = 48,320÷6,040 = 8

四、聯產品、副產品和等級產品成本的計算

(一) 聯產品的成本計算

1. 聯產品成本計算的特點

聯產品是指用一種或幾種原材料，經過同一加工過程同時生產出兩種或兩種以上具有同等地位的主要產品。這些產品雖然在性質、用途上有所差別，但它們都是企業的主要產品。例如，煉油廠從原油中同時提煉出各種汽油、柴油、煤油等，制糖廠用甘蔗制成白砂糖、赤砂糖等。

聯產品成本計算的特點是：由於使用相同的原材料，經過同一加工過程生產出不同的產品，因此無法將每一種產品作為成本計算對象，而只能將同一生產過程的聯產品視為同一類產品，採用分類法計算分離前的實際成本，然後再採用適當的分配標準，在聯產品中分配計算各種產品的實際成本。

各種聯產品一般要到生產過程終了時才能分離出來，有時也可能在生產過程中的某個步驟分離出來。分離時的生產步驟稱為「分離點」。在分離點之前按類別歸集所發生的各項生產費用，稱為各種聯產品的綜合成本，即「聯合成本」。在分離點之後，按分類法計算類內各種聯產品的成本。有些聯產品分離後為了取得較好的經濟效益和滿足市場的需要，還需要進一步加工才能出售，這時，分離後某單個聯產品繼續加工所發生的成本由於有明確的承擔對象，因此這一部分加工成本又被稱為「可歸屬成本」。聯產品應負擔的聯合成本和可歸屬成本之和即是該產品的全部成本。聯產品的成本構成如圖8-1所示。

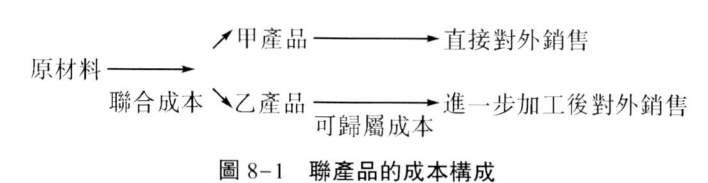

```
                  ╱ 甲產品 ────────→ 直接對外銷售
原材料 ──────→
聯合成本          ╲ 乙產品 ────────→ 進一步加工後對外銷售
                        可歸屬成本
```

圖8-1　聯產品的成本構成

2. 聯產品成本的計算

聯產品成本計算的關鍵是聯合成本的分配。聯合成本的分配方法常用的有系數分配法、實物量分配法、銷售價值分配法等。目前我們在實際工作中採用較多的是系數分配法。

（1）系數分配法。系數分配法是將各種聯產品的實際產量按事先規定的系數折算為標準產量，然後將聯合成本按聯產品的標準生產量比例進行分配。採用該方法分攤聯合成本，其正確程度取決於系數的確定。

【例8-2】某企業生產甲、乙、丙三種聯產品，各聯產品的實際產量分別為750千克、600千克、900千克，折算系數分別為1：0.8：0.6，分離後甲、乙產品直接對外銷售，而丙產品需進一步加工成A產品後才能出售。假定無期初、期末在產品，以甲產品的實際產量為標準產量。聯產品成本資料見表8-6。

表8-6　　　　　　　　　　聯產品成本資料　　　　　　　　　單位：元

項目	直接材料	直接人工	製造費用	合計
分離前聯合成本	17,700	8,850	5,310	31,860
A產品可歸屬成本	1,200	800	500	2,500

根據系數分配法計算，結果見表8-7和表8-8。

表 8-7　　　　　　　　　　聯產品成本計算表

產品名稱	產量（千克）	係數	標準產量（千克）	直接材料（元）	直接人工（元）	製造費用（元）	產品成本（元）	產品成本（元）
甲	750	1	750	7,500	3,750	2,250	13,500	18
乙	600	0.8	480	4,800	2,400	1,440	8,640	14.4
丙	900	0.6	540	5,400	2,700	1,620	9,720	10.8
合計			1,770	17,700	8,850	5,310	31,860	

表 8-8　　　　　聯產品成本匯總計算表（產量：600 千克）　　　　單位：元

項目	直接材料	直接人工	製造費用	合計
聯合成本	5,400	2,700	1,620	9,720
可歸屬成本	1,200	800	500	2,500
總成本	6,600	3,500	2,120	12,220
產品成本	11	5.83	3.53	20.36

（2）實物量分配法。實物量分配法是將產品的聯合成本按各聯產品之間的實際產量比例進行分配。這種分配方法的優點是簡便易行。由於各聯產品的實物量不需要進行折算，所以聯合成本的分配相對於各實物量單位來說是平均的。該方法的不足之處是沒有考慮各聯產品的特性及銷售價值。這種分配方法一般適用於以實物量為計量單位，成本的發生與產量的關係密切，且各聯產品銷售價值較為均衡的聯合成本的分配。

【例 8-3】假設某企業用同一種原材料，經過相同的生產工藝過程生產出 A、B、C 三種聯產品，本月份的實際產量為：A 產品 200 噸，B 產品 500 噸，C 產品 100 噸，分離前的綜合成本為 24,000 元。該企業以三種產品的實物量為標準分配綜合成本，其中 A 產品每噸售價 65 元，B 產品每噸售價 50 元，C 產品每噸售價 55 元。聯產品的綜合成本分配見表 8-9。

表 8-9　　　　　　　　　　聯產品綜合成本分配

產品名稱	產品產量（噸）	分配率（元/噸）	各產品總成本(元)	單位成本(元/噸)
A 產品	200		6,000	30
B 產品	500	30	15,000	30
C 產品	100		3,000	30
合計	800		24,000	

分配率＝24,000÷800＝30（元/噸）

179

從計算過程和結果來看，按實物量分配聯合成本非常簡便，但是這種方法須假設各聯產品的單位成本相同。

（3）銷售價值分配法。銷售價值分配法將聯合成本按各聯產品的銷售價值的比例進行分配。這種方法基於售價較高的聯產品應負擔較多的聯合成本這一思想基礎，克服了實物量分配法的不足，但同時該方法也有自身的不足，因為影響產品價格的因素絕不僅僅只有成本。因此，該方法只適用於分離後直接對外銷售且銷售價格波動不大的聯產品的成本計算。

（二）副產品的成本計算

1. 副產品成本計算的特點

副產品是指用同種原材料，經過同一加工過程，在生產主要產品的同時，附帶生產出來的一些非主要產品。例如煉鐵時附帶產生的煤氣，提煉原油過程中附帶產生的渣油和石油焦等。這些產品的使用價值與主要產品不同，一般費用比例不大、價值較低，不屬於企業生產的主要對象，但也具有一定的經濟價值。

由於副產品是在主要產品生產過程中附帶生產出來的非主要產品，分離前和主要產品的生產費用是歸集在一起的，因此只能將副產品和主要產品歸為一類，視同分類法計算成本。但由於副產品價值較低，因而可以採用簡化的方法計價，然後從總成本中扣除，其餘額即為主要產品的成本。

在實際工作中，副產品的計價可以採用以下幾種方法。

（1）扣除法。對於無需加工即可出售的副產品，可按售價減去銷售費用、稅金和銷售利潤後的餘額計價。如果副產品需加工後才能出售，還需再減去分離後的加工費用，作為副產品的扣除額。

（2）計劃成本法。即根據事先確定的計劃成本計價，一般年度內不得變動。

副產品的計價是否合理，對於正確計算主、副產品的成本關係重大。在計價中，既不能人為地任意提高副產品的價格，掩蓋主要產品的虧損，也不能人為地壓低副產品的價格，而將其虧損轉嫁給主要產品。副產品的價格確定後，一般從主要產品的直接材料成本項目中扣除，也可按照各成本項目占分離前成本總額的比例，分別從各成本項目中扣除。如果副產品與主要產品分離後還需繼續加工，則應再單獨設置成本計算明細賬，歸集費用，計算成本。

2. 副產品成本計算

【例8-4】假設某企業本月生產甲種主要產品 10,000 千克，在甲產品的生產過程中還附帶產生乙種副產品 300 千克，乙種副產品的計價採用計劃成本法計算後從主副產品總成本中扣除。乙副產品的單位計劃成本為 8 元，其中直接材料費用為 5 元，直接人工費用為 1.8 元，製造費用為 1.2 元。根據上述資料，編制的主、副產品成本計算表詳見表 8-10（其他成本資料已於表中體現）。

表 8-10　　　　　　　　　　主、副產品成本計算表

成本項目	產量 （千克）	直接材料 （元）	直接人工 （元）	製造費用 （元）	金額合計 （元）
月初在產品（定額成本）		56,000			56,000
本月生產費用		152,600	83,200	32,400	268,200
減：乙產品成本	300	1,500	540	360	2,400
合計		207,100	82,660	32,040	321,800
完工甲產品成本	10,000	183,100	82,660	32,040	297,800
單位成本		18.31	8.266	3.204	29.78
月末在產品（定額成本）		24,000			24,000

（三）等級產品的成本計算

等級產品是指在同一生產過程中以相同的材料生產出來的品種相同但質量不同的產品。各等級產品由於質量高低不同，其售價也不相同。等級產品的成本計算方法應根據等級產品產生的原因採用不同的成本計算方法。

如果等級產品的產生是由於原材料質量或工藝技術條件不同而引起的，則可採用分類法，按一定的分配標準，計算各等級產品成本。如果等級品的產生是由於生產和管理不善造成的，那麼，不同等級產品的單位成本應該是相同的，因而不能採用分類法計算這些不同等級產品的成本。次級產品由於售價低而引起的損失，正好說明企業經營管理上存在不足，應進一步加強管理，不斷提高產品質量。

第二節　定額法

一、定額法概述和特點

定額法是在品種法、分步法、分批法的基礎上，運用一種特殊匯集費用的技術計算產品成本的方法。該方法一般適用於定額管理制度較健全，而且消耗定額比較準確、穩定的企業。

無論何種生產類型，只要同時具備下列兩個條件，都可採用定額法計算產品成本。①企業的定額管理制度比較健全，定額管理工作基礎較好；②產品的生產已經定型，消耗定額比較準確、穩定。

一般而言，進行大批大量生產產品的企業比較容易具備上述條件。定額法的基本特點如下：

(1) 變被動為主動，加強成本費用的事前控制。

將事前制定的產品消耗定額、費用定額和定額成本作為降低成本的目標。

(2) 及時揭示實際費用與定額費用之間的差異，加強成本的事中控制。

在生產費用發生的當時，就將符合定額的費用和發生的差異分別核算，以加強對成本差異的日常核算、分析和控制。

(3) 月末計算產品的定額成本，為成本的事後控制提供資料。

月末，在定額成本的基礎上，加上各種成本差異，計算產品的實際成本，為成本的定期考核和分析提供數據。

二、定額法成本核算程序

(一) 定額成本的計算

依據現行定額資料計算出的目標成本，計算公式如下：

直接材料費用定額成本＝直接材料消耗定額×材料計劃單價

直接人工定額成本＝產品生產工時消耗定額×計劃小時人工費率

製造費用定額成本＝產品生產工時消耗定額×計劃小時製造費用率

單位產品定額成本＝直接材料定額成本＋直接人工定額成本＋製造費用定額成本

(二) 脫離定額差異的核算

(1) 原材料脫離定額差異的核算。

直接材料脫離定額的差異＝（直接材料實際消耗量－直接材料定額消耗量）×材料計劃單價

【例8-5】某企業生產甲產品，本月期初在產品60臺，本月完工產量500臺，期末在產品數量120臺。原材料系開工時一次性投入，單位產品材料消耗定額為10千克，材料計劃單價為4元/千克。本月材料限額領料憑證登記數量為5,600千克，材料超限額領料憑證登記數量為400千克，期初車間有餘料100千克，期末車間盤存餘料300千克。要求：計算本月產品的原材料定額消耗量及脫離定額差異。

甲產品本月投產數量＝500＋120－60＝560（臺）

原材料定額消耗量＝560×10＝5,600（千克）

原材料實際消耗量＝5,600＋400＋100－300＝5,800（千克）

原材料脫離定額差異＝(原材料實際消耗量－原材料定額消耗量)×材料計劃單價
　　　　　　　　　＝(5,800－5,600)×4＝800（元）

(2) 直接人工脫離定額差異的核算。

在計件工資制度下，直接人工費用脫離定額差異的計算與原材料脫離定額差

異的計算相似。在計時工資制度下，直接人工費用屬於間接計入費用，其脫離定額的差異不能在平時按照產品直接計算，只有在月末確定了實際直接人工費用總額和實際生產工時總額後才能計算。

產品定額直接人工＝產品實際產量定額生產工時×計劃小時直接人工率

產品實際直接人工＝產品實際產量的實際生產工時×實際小時直接人工率

直接人工脫離定額差異＝產品實際直接人工－產品定額直接人工

【例8-6】某企業生產甲產品，單位產品的工時定額為4小時，本月實際完工產品產量為1,500件。月末在產品數量為200件，完工程度為80％。月初在產品數量為100件，完工程度為60％。計劃小時直接人工為3元，實際的生產工時為6,200小時，實際小時直接人工為3.1元。要求：計算甲產品直接人工脫離定額差異。

甲產品直接人工脫離定額差異＝甲產品實際直接人工－定額直接人工
＝實際生產工時×實際小時直接人工率－實際完成的定額生產工時×計劃小時直接人工率
＝6,200×3.1－（1500＋200×80％－100×60％）×4×3
＝19,220－19,200＝20（元）

（3）製造費用及其他費用脫離定額的核算。

製造費用屬於間接計入費用，在月末實際費用分配給各產品以後，才能以其實際費用與定額費用相比較加以確定。

計劃小時製造費用率＝計劃製造費用總額÷計劃產量的定額生產工時總數

實際小時製造費用率＝實際製造費用總額÷產品實際生產工時總數

某產品實際製造費用＝該產品實際生產工時×實際小時製造費用率

某產品定額製造費用＝該產品實際產量的定額工時×計劃小時製造費用率

某產品製造費用脫離定額差異＝該產品實際製造費用－該產品定額製造費用

(三) 材料成本差異的分配

在採用定額法計算產品成本時，材料的日常核算是按計劃成本進行的，因此材料定額成本和材料脫離定額的差異，是按照材料的計劃單位成本計算的。在月末計算產品的實際原材料費用時，還必須計算應分配的材料成本差異。計算公式如下：

某產品應分配的材料成本差異＝（該產品的原材料定額費用±材料脫離定額差異）×材料成本差異率

【例8-7】某廠生產A產品，8月份所耗原材料定額成本為50,000元，材料脫離定額差異為超支200元，材料成本差異率為－1％。

A產品應分配的材料成本差異＝（50,000＋200）×（－1％）＝－502（元）

（四）定額變動差異的核算

定額變動差異是指企業因經濟的發展、生產技術條件的變化、勞動生產率的提高等促使企業修訂消耗定額或生產耗費的計劃價格而產生的新舊定額之間的差異。定額變動差異是定額本身變動的結果，它與生產中費用支出的節約或超支無關，一般在月初、季初或年初修訂。

為了簡化核算工作，可以按照單位產品費用的折算系數進行計算，即將按新舊定額計算出的單位產品費用進行對比，求出系數，然後根據系數，進行計算。計算公式如下：

定額變動系數＝按新定額計算的單位產品費用定額÷按舊定額計算的單位產品費用定額

月初在產品定額變動差異＝按舊定額計算的月初在產品成本×（1－定額變動系數）

【例8-8】某企業甲產品從201×年1月起採用新的材料消耗定額，其舊的材料費用定額為100元／件，新的材料費用定額為95元／件，本月初舊的材料費用定額為5,000元。要求：計算定額變動差異及按新定額計算的月初在產品材料成本。

定額折算系數＝95÷100＝0.95

定額變動差異＝5,000×（1－0.95）＝250（元），將定額變動差異250元並入本月費用。

按新定額計算月初在產品材料成本＝5,000－250＝4,750（元）

利用系數法來計算月初在產品定額變動差異雖然較為簡便，但由於系數是按照單位產品計算，而不是按照產品的零部件計算的，因此它只適合在零部件成套生產或零部件成套可能性較大的情況下採用。

在有月初在產品定額變動差異時，產品實際成本的計算公式應補充為：

產品實際成本＝按現行定額計算的產品定額成本±脫離現行定額的差異±直接材料或半成品成本差異±月初在產品定額變動差異

三、定額法舉例

【例8-9】某企業生產A產品，採用定額法計算產品成本。該產品上月定額成本資料如表8-11所示。投產情況如下：月初在產品100件，本月投產500件，本月完工550件，月末在產品50件。實際發生費用如下：原材料37,200元，直接人工12,950元，製造費用10,630元。定額變動情況：本月初原材料定額成本修訂為73.5元／件。

表 8-11　　　　　　　　　上月份產品定額成本資料　　　　　金額單位：元

成本項目		原材料	直接人工	製造費用	合計
產成品定額成本		75	24	20	119
在產品定額成本		75	12	10	97
月初在產品成本(100件)	定額成本	7,500	1,200	1,000	9,700
	定額差異	-125	36	43	-46
	定額變動				

根據上述資料，A 產品成本計算結果可列作表 8-12（計算過程略）：

表 8-12　　　　　　　　A 產品成本計算表（定額法）　　　　　金額單位：元

成本項目		原材料	直接人工	製造費用	合計
月初在產品（100件）	定額成本	7,500	1,200	1,000	9,700
	脫離定額差異	-125	36	43	-46
月初在產品定額變動	定額成本調整	-150			-150
	定額變動差異	+150			+150
本月發生費用	定額成本	36,750	12,600	10,500	59,850
	脫離定額差異	450	350	130	930
合計	定額成本	44,100	13,800	11,500	69,400
	脫離定額差異	325	386	173	884
	定額變動差異	-150			-150
分配率	脫離定額差異	0.737%	2.797%	1.504%	
	定額變動差異	-0.34%			
產成品（550件）	定額成本	40,425	13,200	11,000	64,625
	脫離定額差異	298	369	165	832
	定額變動差異	-137			-137
	實際總成本	40,586	13,569	11,165	65,320
	單位成本	73.79	24.67	20.3	118.76
月末在產品（50件）	定額成本	3,675	600	500	4,775
	脫離定額差異	27	17	8	52
	定額變動差異	-13			-13

四、定額法的優缺點

綜上所述，定額法是將產品成本的計劃工作、核算工作和分析工作有機結合起來，將事前、事中、事後的反應和監督融為一體的一種產品成本計算方法和成

本管理制度。

1. 定額法的主要優點

（1）能夠在生產耗費發生的當時反應和監督脫離定額（或計劃）的差異，有利於加強成本控制。

（2）便於對各項生產耗費和產品成本進行定期分析，有利於進一步挖掘降低成本的潛力。

（3）有利於提高成本的定額管理和計劃管理工作的水準。

（4）能夠較為合理、簡便地解決完工產品和月末在產品之間分配費用的問題。

2. 定額法的主要缺點

由於採用定額法必須制定定額成本，單獨核算脫離定額差異，在定額變動時還必須修訂定額成本，計算定額變動差異，因此核算工作量大。

第九章　成本預測、成本決策和成本計劃

　　成本預測、成本決策和成本計劃是成本管理的重要環節。本章成本預測的重點是討論目標成本預測、本量利分析在成本預測中的應用和可比產品成本降低趨勢的預測。在成本決策中，重點討論與成本決策有關的重要成本概念、成本決策的基本方法等內容。成本計劃內容，主要包括成本計劃的內涵、作用、編製步驟等內容，較完整地介紹了成本計劃的編製方法。學生應通過本章學習，理解成本預測、決策和計劃的基本含義、作用、內容，掌握成本預測、決策和計劃的基本方法。

第一節　成本預測

　　預測，是指用科學的方法來預計、推測事物發展的趨勢。它的主要特點是：根據過去和現在預計未來，根據已知推測未知。其理論前提是：被研究對象的發展趨勢具有可為人們所認識和掌握的規律性，因而可以事先對其發展變化進行科學的估計。

　　成本預測是指依據歷史成本資料和影響成本的各種技術經濟因素，運用科學的方法，對企業未來一定時期的成本水準及其變動趨勢進行預計和測算。現代成本管理著眼於未來，它要求做好事前的成本預測工作，為成本決策和成本計劃提供重要的科學依據。成本預測是成本管理工作的重要環節，是進行成本決策和編製成本計劃的基礎，也是挖掘成本降低潛力、提高經濟效益的重要途徑。

　　成本預測包括全部產品目標成本的預測、可比產品成本降低任務預測、不可比產品成本的測算、產品成本發展趨勢預測，以及本量利分析在成本預測中的應用等內容。本節主要介紹目標成本預測、本量利分析在成本預測中的應用和可比產品成本降低趨勢的預測等。

一、目標成本預測

目標成本是企業在未來一定時期內為實現目標利潤應達到的成本水準,是保證實現目標利潤的重要前提。預測目標成本的方法主要有以下幾種:

(一) 倒扣測算法

採用倒扣測算法首先要確定目標利潤,然後從產品的預測銷售收入中減去銷售費用、應納稅金和目標利潤,其餘額就是應達到的目標成本。採用倒扣測算法預測目標成本,應注意區分單一產品預測和多品種產品預測在計算上的差別。

1. 單一產品生產的目標成本預測

產品目標成本總額＝預計銷售收入－預計應繳稅金及附加－預計銷售費用－目標利潤

或:單位產品目標成本＝單位產品預計價格×(1－稅率)－單位產品預計銷售費用－單位產品目標利潤

上式中,稅率是指消費稅率、城市維護建設稅率和教育費附加的比率等價內稅率。

2. 多品種產品的目標成本預測

全部產品目標成本總額＝$\sum$(預計產品銷售收入－預計銷售稅金及附加)－預計銷售費用總額－企業總體目標利潤

【例9-1】某企業生產甲產品,假定產銷平衡,預計甲產品的銷售量為5,000件,單價為600元,增值稅率為17%,另外還需交納10%的消費稅。假設該企業甲產品所耗用存貨成本占其銷售額的預計比重為40%,該企業所在地區的城市維護建設稅稅率為7%,教育費附加比率為3%,同行業先進的銷售利潤率為20%,不考慮銷售費用,要求預測該企業的目標成本。

目標利潤＝5,000×600×20%＝600,000(元)

預計銷售收入＝5,000×600＝3,000,000(元)

預計銷售稅金及附加＝3,000,000×10%＋[300,000＋3,000,000×(1－40%)×17%]×(7%＋3%)＝360,600(元)

則:甲產品目標成本＝3,000,000－360,600－600,000＝2,039,400(元)

綜合公式:產品目標成本＝5,000×600×(1－10%－20%)－5,000×600×[10%＋17%×(1－40%)]×(7%＋3%)＝2,100,000－60,600＝2,039,400(元)

如果A企業在生產甲產品的同時還生產乙產品,預計乙產品的銷售量為3,000件,單價為400元,不用繳納消費稅,乙產品所耗存貨成本占銷售額的預計比重為50%,其他條件保持不變。在這種情況下預測企業總體的目標成本如下:

總體的目標利潤＝（5,000×600+3,000×400）×20%＝840,000（元）

總體銷售收入＝5,000×600+3,000×400＝4,200,000（元）

總體的目標成本＝4,200,000-[360,600+3,000×400×(1-50%)×17%×(7%+3%)]-840,000＝2,989,200（元）

【例9-2】某公司計劃生產櫃式空調，經過測算，消費者可接受的價格為8,000元/臺，預計單位產品應負擔的銷售稅金及附加780元，單位產品所負擔的銷售費用為530元，目標利潤率為20%。則櫃式空調的目標成本為：

目標成本＝8,000-780-530-8,000×20%＝5,090（元）

倒扣測算法主要適用於新產品開發時無歷史資料可比較，需要先在市場調查的基礎上確定消費者可接受的價格，再將有關的稅金、期間費用（主要是銷售費用）、預計的利潤剔除後確定的成本。它的計算公式簡單明了，數據確實可靠，容易理解掌握。同時其與市場可接受價格、目標利潤直接掛勾，具有一定的科學性。

（二）比率測算法

單位產品目標成本＝產品預計價格×(1-稅率)÷(1+成本利潤率)

【例9-3】某企業準備生產一種新產品，預計單位售價為10,000元，價內稅率為10%，成本利潤率為25%。要求預測該新產品的目標成本：

單位產品目標成本＝10,000×(1-10%)÷(1+25%)＝7,200（元）

（三）選擇測算法

選擇測算法是以某一先進單位成本作為目標成本的預測方法。它可以將按平均先進定額制定的定額成本或標準成本作為目標成本，也可以從國內外同類型產品成本中選擇先進成本水準作為目標成本。

（四）直接測算法

這是一種根據上年預計成本總額和企業規劃確定的成本降低目標來直接推算目標成本的預測方法，其計算公式為：

目標成本＝按上年預計平均單位成本計算的計劃年度可比產品成本總額×(1-計劃期預計成本降低率)

通常成本計劃是在上年第四季度進行編製的，因此目標成本的測算只能建立在上年預計平均單位成本的基礎上。計劃期預計成本降低率可以根據企業的近期規劃事先確定，另外還需通過市場調查預計計劃期產品的生產量。

上式中，上年預計平均單位成本及計劃期預計總成本的計算公式如下：

上年預計平均單位成本＝(上年1~9月份實際平均單位成本×上年1~9月份實際產量+上年第四季度預計單位成本×上年第四季度預計產量)÷(上年1~9月實際產量+上年第四季度預計產量)

按上年預計平均單位成本計算的計劃年度可比產品成本總額 = $\sum$ 上年預計平均單位成本×計劃期產量

這種方法建立在上年預計成本水準的基礎之上，從實際出發，充分考慮降低產品成本的內部潛力，僅適用於可比產品目標成本的預測。

【例9-4】假設 ABE 公司生產甲、乙兩種產品，本年 1~9 月份實際生產甲產品 3,600 件，實際平均單位成本為 250 元；生產乙產品 1,143 件，實際平均單位成本為 500 元。第四季度預計生產甲產品 2,400 件，單位成本為 225 元；乙產品 457 件，單位成本為 475 元。計劃明年繼續生產甲、乙兩種產品，全年計劃生產甲產品 7,500 件，生產乙產品 2,000 件，計劃期可比產品成本降低率要求達到 5%。

要求：預測公司明年的目標成本及成本降低額。

甲產品本年預計平均單位成本 =（3,600×250+2,400×225）÷（3,600+2,400）= 240（元）

乙產品本年預計平均單位成本 =（1,143×500+457×475）÷（1,143+457）≈ 493（元）

目標成本 =（240×7,500+493×2,000）×（1-5%）= 2,646,700（元）

成本降低額 =（240×7,500+493×2,000）×5% = 139,300（元）

二、本量利分析在成本預測中的應用

本量利分析是成本、產銷量、利潤三者關係分析的簡稱。成本並不是一個孤立的變量，它與銷售量和銷售利潤之間存在著內在的聯繫，我們只要掌握三者之間的這種內在聯繫，就能從一個變量的變化或多個變量的變化來預測其對其他指標產生的影響。

（一）本量利分析的基本假定

本量利分析以一系列基本假定為研究的前提條件，瞭解這些基本假定有助於企業在實際工作中結合實際予以調整後應用。本量利分析主要包括以下幾項基本假定：

1. 成本性態分析假定

成本性態分析假定是假定成本性態分析工作已經完成，全部成本已經區分為固定成本和變動成本兩部分。

所謂成本性態是指成本與產銷量之間的依存關係。企業總成本按照成本性態分類可分為固定成本、變動成本和混合成本三類。由於成本按其性態分類採用了「是否變動」和「是否正比例變動」雙重分類指標，因此在成本按其性態分類過程中，必然出現介於變動成本和固定成本之間的混合成本，此時，成本性態分析

的關鍵任務就是分解混合成本。可見，經過成本性態分析後混合成本已分解，總成本只包括變動成本和固定成本兩大類。

2. 相關範圍及線性假定

相關範圍是指一定時期和一定產銷量的變動範圍。相關範圍假定，是假定在一定的時期和一定的產銷量範圍內，固定成本和變動成本保持其成本特性，前者與產銷量沒有直接關係，保持固定不變，後者則與產銷量成正比例變動。另外，假定單價水準不因產銷量的變化而改變。由於相關範圍的作用，成本和收入可以分別表現為一條直線：

收入模型：收入＝單價×銷量，即 $S=px$

成本模型：總成本＝固定成本＋單位變動成本×銷量

即：$C=a+bx$

3. 本量利分析基本模型假定

本量利分析基本模型假定，是假定本量利分析建立在變動成本法日常成本核算的基礎上，依照本量利的內在關係建立其基本分析模型。即：

利潤總額(P)＝銷售收入(S)－變動成本(bx)－固定成本(a)

即：$P=px-bx-a$

上式中的變動成本包括主動生產成本和變動非生產成本。變動生產成本指直接材料、直接人工和變動製造費用，變動非生產成本指變動的營業費用、管理費用及財務費用。固定成本包括固定生產成本和固定非生產成本。固定生產成本指固定性製造費用，固定非生產成本指固定的營業費用、管理費用和財務費用。另外假定營業外收支淨額與投資淨損益為零，即利潤（P）的計算主要是指營業利潤。

(二) 本量利分析在成本預測中的具體應用

1. 保本點的預測

（1）單一產品保本點的預測。當企業只生產一種產品，依據本量利分析的基本模型，並令利潤為零，則保本時的銷售量或銷售額的計算公式為：

保本量＝固定成本÷(單價－單位變動成本)＝$a\div(p-b)$，或＝固定成本÷單位邊際貢獻＝$a\div cm$

保本額＝固定成本÷(1－變動成本率)＝$a\div(1-bR)$，或＝固定成本÷邊際貢獻率＝$a\div cmR$

上式中的單位邊際貢獻（cm）等於單價減單位變動成本；bR是變動成本率，它是單位變動成本與單價的比率；cmR是邊際貢獻率，它是單位邊際貢獻與單價的比率。由此可推出：

邊際貢獻率＋變動成本率＝1

【例9-5】某企業生產一種產品,預計單價為100元,單位變動生產成本為50元,單位變動非生產成本為10元,固定生產成本為100,000元,固定非生產成本為10,000元,要求預測該產品的保本點。

保本量:110,000÷(100-60)=2,750(件)

保本額:110,000÷(1-60%)=275,000(元)

(2)多品種產品的保本點預測。當企業生產兩種或兩種以上的產品時,產品的邊際貢獻率各不相同,此時應計算加權平均邊際貢獻率來確定綜合保本額,並在此基礎上,計算各產品的保本額。相關的計算公式如下:

綜合保本額=固定成本÷加權邊際貢獻率

各產品保本額=綜合保本額×該產品的銷售比重

其中,加權貢獻邊際率=$\sum$某產品的邊際貢獻率×該產品的銷售比重

應該注意的是,由於各產品的實物量不能相加,因此只能計算總保本額,不能計算總保本量。

【例9-6】某企業生產甲、乙兩種產品,有關資料如表9-1所示。

表9-1

項目產品	銷售量(件)	單價(元)	單位變動成本(元)	邊際貢獻率(%)	銷售收入(元)	銷售比重(%)	固定成本(元)
甲產品	1,750	20	12	40	35,000	35	
乙產品	1,625	40	16	60	65,000	65	
合計					100,000	100	23,850

邊際貢獻率=40%×35%+60%×65%=53%

綜合保本額=23,850÷53%=45,000(元)

甲產品保本額=45,000×35%=15,750(元)

乙產品保本額=45,000×65%=29,250(元)

(3)完全成本法下的保本點預測。企業日常的成本核算方法有兩種,即變動成本法和完全成本法。以上均是在變動成本法基礎上進行的保本分析,而實務中企業常常採用完全成本法核算產品成本,此時應調整固定成本。由於完全成本法下固定成本按期初固定成本加本期固定成本減期末固定成本扣除,而變動成本法中只扣除本期固定成本,因此保本點的計算公式應調整為:

保本量=[本期固定成本-(期末固定成本-期初固定成本)]÷(單價-單位變動成本)

或=[本期固定成本-(期末固定成本-期初固定成本)]÷單位邊際貢獻

保本額=[本期固定成本-(期末固定成本-期初固定成本)]÷(1-變動成本率)

或=[本期固定成本-(期末固定成本-期初固定成本)]÷邊際貢獻率

【例 9-7】某企業生產的甲產品，預計單價 200 元，單位變動成本為 120 元，本期發生的固定成本為 62,000 元，期初固定成本為 2,500 元，期末固定成本為 1,500 元。要求預測該企業的保本量。

保本量＝[62,000-(1,500-2,500)]÷(200-120)＝787.5（元）

2. 保利成本的預測

為規劃目標利潤，企業常常需要測算確保目標利潤實現的保利變動成本和保利固定成本的水準。假定企業已確定目標利潤，此時，依據本量利分析的基本公式並令利潤為零，這樣就可進行保利變動成本和保利固定成本的預測。計算公式如下：

實現目標利潤應達到的單位變動成本＝(銷售額-固定成本-目標利潤)÷銷售量

＝單價-(固定成本+目標利潤)÷銷售量

實現目標利潤應達到的固定成本＝銷售收入-變動成本-目標利潤

如果已知目標淨利潤，則相應的計算公式應變為：

實現目標利潤應達到的單位變動成本＝(銷售收入-固定成本-目標淨利潤)÷(1-所得稅÷銷售額)

實現目標利潤應達到的單位固定成本＝(銷售收入-固定成本-目標淨利潤)÷(1-所得稅÷銷售量)

【例 9-8】某企業生產一種產品，預計單價為 100 元，單位變動生產成本為 50 元，單位變動性非生產成本為 10 元，固定生產成本為 100,000 元，固定非生產成本為 10,000 元。假定該企業的銷售量為 2,500 件，確定的目標利潤為 20,000 元，要求進行保利的成本預測。

實現目標利潤應達到的單位變動成本＝[100×2,500-(100,000+10,000)-20,000]÷2,500
＝48（元）

實現目標利潤應達到的固定成本＝[1,000×2,500-(50+10)×2,500-20,000]÷2,500
＝80,000（元）

可見，只要單位變動成本由 60 元下降到 48 元，或固定成本由 110,000 元下降到 80,000 元，此時都能確保目標利潤的實現。

三、可比產品成本降低趨勢的預測

可比產品是指以前年度正常生產過、有歷史成本資料，並在計劃年度繼續生產的產品。可比產品成本計劃主要通過成本降低額和成本降低率指標體現。

可比產品成本計劃降低指標計算公式如下：

可比產品成本計劃降低額＝∑ 可比產品計劃產量×(可比產品上年平均單位

成本－可比產品計劃單位成本）

可比產品成本計劃降低率＝可比產品成本計劃降低額÷（計劃產量×上年平均單位成本）

成本降低指標預測的步驟通常是：

(1) 預計上年平均單位成本，並按上年平均單位成本計算計劃年度產品總成本；

(2) 分析與成本有關的各項因素變動對成本降低率和降低額的影響；

(3) 匯總計算成本降低率和降低額，並與目標成本進行對比，確定計劃年度產品成本水準。

（一）按上年平均單位成本計算計劃年度總成本

1. 預計上年度平均單位成本

計劃年度可比產品成本降低額和降低率，是以上年平均單位成本為基數計算的。如果在計劃年度開始以後編製成本計劃，則應當以上年度實際平均單位成本作為計算依據。由於成本計劃的編製通常是在上年第四年度進行的，所以上年平均單位成本需要預計。公式如下：

上年平均單位成本＝（上年1～3季度實際產量＋預計上年第4季度總成本）÷（上年1～3季度實際產量＋預計上年第4季度產量）

上式中，「預計上年第4季度總成本」可以根據上年第4季度產量計劃和單位成本計劃，並分析可能完成的情況加以預計。在一般情況下，第4季度往往是一年中產量最高的季節，單位產品成本中的固定成本隨之相應下降。因此，第4季度的預計平均單位成本要比前三個季度的實際單位成本低。

2. 按上年平均單位成本計算計劃年度總成本

按上年預計平均單位成本計算的計劃年度產品總成本＝上年預計平均單位成本×計劃產量

【例9-9】綠源工廠生產甲、乙兩種產品，上年1～9月份生產甲產品7,200件，實際平均單位成本為500元；乙產品2,286件，實際平均單位成本為1,000元。第4季度預計生產甲產品4,800件，單位成本為450元；乙產品914件，單位成本為950元。

計劃年度繼續生產甲、乙兩種產品，全年計劃生產甲產品15,000件，乙產品4,000件，可比產品成本降低率要求達到5％。根據這一要求和實際情況，經有關部門初步核算和分析研究，預測計劃年度各項主要技術經濟指標將做如下變動：

(1) 計劃年度可比產品生產增長25％；

(2) 直接材料消耗定額降低3％，直接材料價格降低4％；

(3) 燃料和動力消耗定額降低2％，燃料和動力價格不變；

（4）生產工人平均工資提高 12.8%，勞動生產率提高 20%；
（5）製造費用中半變動費用增加 22.5%；
（6）廢品損失減少 20%。

此外，該企業可比產品各成本項目比重為：直接材料 60%；燃料和動力 8%；直接人工 10%；廢品損失 2%；製造費用 20%（其中固定費用 5%，半變動費用 15%）。

甲產品上年預計平均單位成本＝(7,200×500+4,800×450)÷(7,200+4,800)＝480（元）

乙產品上年預計平均單位成本＝(2,286×1,000+914×950)÷(2,286+914)≈986（元）

按上年預計平均單位成本計算的計劃年度產品總成本＝15,000×480+4,000×986＝11,144,000（元）

（二）測算計劃年度與成本有關的各種主要因素變動對成本降低率和降低額的影響

與成本有關的各項因素，首先是影響各成本項目變動的因素，如產量、材料消耗定額、材料價格、平均工資、勞動生產率、製造費用等。這些因素的變動直接影響各成本項目的降低率。其次是各成本項目占產品成本的比重，各成本項目的降低率乘以該成本項目比重，即可求出對成本降低率的影響程度。

1. 測算直接材料變動對可比產品成本降低率和降低額的影響程度

產品成本中材料費用的大小，主要受兩個因素的影響：一是材料消耗定額水準的高低；二是材料價格的變動幅度。

（1）單價不變，材料消耗定額變動的影響。材料消耗定額的降低，會使產品單位成本中的材料費用相應地降低，兩者降低幅度是一致的。但是，材料費用的降低率並不能等於產品成本的降低率，因為材料費用只占產品成本的一部分，所占比重有多大，材料費用降低對產品成本的影響也就有多大。因此，由於材料消耗定額的降低形成的節約對單位產品成本的影回應按下列公式計算：

材料消耗定額降低影響成本降低率＝材料消耗定額降低的百分比×直接材料占成本的百分比

（2）材料消耗定額不變，單價變動的影響。在材料消耗定額不變時，材料價格降低，也會使產品成本中的材料費用減少；反之，材料價格提高，則會使產品成本中的材料費用成比例地增加，兩者變動一致。材料價格降低而形成的成本節約，應按下列公式計算：

材料價格降低影響成本降低率＝材料價格降低的百分比×直接材料占成本的百分比

(3) 材料消耗定額和單價同時變動的影響。在材料消耗定額變動的情況下，材料價格降低而形成的成本節約，應按下列公式計算：

材料價格降低影響成本降低率＝材料價格降低的百分比×（1－材料消耗定額降低的百分比）×直接材料占成本的百分比

上述公式中材料價格降低的百分比要乘以「1－材料消耗定額降低的百分比」，這是由於受材料價格變動影響的只是材料預計的實際消耗量，至於材料定額消耗量預計節約部分則同材料價格變動無關。

材料消耗定額和材料價格的變動，也可以綜合計算它們對成本的影響。

材料消耗定額和材料價格同時變動影響成本降低率＝[1－(1－材料消耗定額降低率)×(1－材料價格降低率)]×直接材料占成本的百分比

材料消耗定額和材料價格同時變動影響的成本降低額＝按上年預計平均單位成本計算的計劃年度產品總成本×材料消耗定額和材料價格同時變動影響的成本降低率

依【例9-9】資料計算，得：

材料消耗定額和材料價格同時變動影響的成本降低率＝[1－(1－3%)×(1－4%)]×60%≈4.13%

材料消耗定額和材料價格同時變動影響的成本降低額＝11,144,000×4.13%＝460,247.2（元）

燃料動力成本變動影響產品成本的降低率和降低額預測，可以比照材料成本的方法進行。依【例9-9】資料計算，得：

燃料與動力減少影響成本降低率＝2%×8%＝0.16%

燃料與動力減少影響成本降低額＝11,144,000×0.16%＝17,830.4（元）

2. 測算直接人工變動對成本降低率和降低額的影響程度

產品成本中直接人工成本與勞動生產率增長速度成反比，與工人平均工資增長速度成正比。所以，當勞動生產率增長速度超過平均工資增加速度時，每單位產品分攤的直接人工成本就會減少，產品成本也就降低。這樣，既可以滿足工人工資不斷增加、改善職工生活條件的需要，又可以不斷降低產品成本。因此，測算直接人工變動對成本降低率和降低額的影響程度，應該結合勞動生產率的增長速度和平均工資增長速度的對比關係，採用下列公式計算：

直接人工變動影響的成本降低率＝$\left(1-\dfrac{1+\text{平均工資增長率}}{1+\text{勞動生產提高率}}\right)$×直接人工占成本的百分比

直接人工變動影響的成本降低額＝按上年預計平均單位成本計算的計劃年度產品總成本×直接人工變動影響的成本降低率

依【例9-9】資料計算，得：

直接工資變動影響的成本降低率 = $\left(1 - \dfrac{1+12.8\%}{1+20\%}\right) \times 10\% = 0.6\%$

直接工資變動影響的成本降低額 = 11,144,000×0.6% = 66,864（元）

3. 測算製造費用變動對成本降低率和降低額的影響程度

在企業製造費用中，大部分費用屬於相對固定費用，如生產單位管理人員工資、辦公費、差旅費等，也有一部分費用屬於變動費用，如機物料消耗、低值易耗品、修理費、運輸費等。相對固定費用一般不隨產量的增長而發生變動。當產量增加時，單位產品所分攤的固定性製造費用就會相應減少，從而使產品成本降低。變動性製造費用雖然隨著產量增長而增長，但是通過採取各項節約變動費用的措施，它增長的幅度一般也是小於生產增長幅度的。所以當企業生產任務增加時，也會減少單位產品所分攤的變動性製造費用，從而使產品成本降低。總之，製造費用的增長幅度只要低於生產增長的幅度，就能使產品成本降低。

關於產量增長而形成固定性製造費用和變動性製造費用的節約對成本降低的影響，可按下列公式計算：

（1）產量增長對固定費用的影響。

固定性製造費用變動影響的成本降低率 =［1－1÷（1+產量增加率）］×固定費用占成本的百分比

固定性製造費用變動影響的成本降低額 = 按上年預計平均單位成本計算的計劃年度產品總成本×固定性製造費用變動影響的成本降低率

依【例9-9】資料計算，得：

固定性製造費用變動影響的成本降低率 =［1－1÷（1+25%）］×5% = 1%

固定性製造費用變動影響的成本降低額 = 11,144,000×1% = 111,440（元）

（2）產量增長對變動費用的影響：

變動性製造費用變動影響的成本降低率 =［1－（1+變動性製造費用增加率）÷（1+產量增加率）］×變動費用占成本的百分比

變動性製造費用變動影響的成本降低額 = 按上年預計平均單位成本計算的計劃年度產品總成本×變動性製造費用變動影響的成本降低率

依【例9-9】資料計算，得：

變動性製造費用變動影響的成本降低率 =［1－（1+22.5%）÷（1+25%）］×15% = 0.3%

變動性製造費用變動影響的成本降低額 = 11,144,000×0.3% = 33,432（元）

4. 測算廢品損失變動對成本降低率和降低額的影響程度

生產中發生的廢品損失，意味著人力、物力和財力的浪費。廢品的損失額，要計入合格品的成本中，廢品損失增加，合格品成本也就提高，反之則降低。其計算公式如下：

廢品損失減少影響成本降低率＝廢品損失減少的百分比×廢品損失占成本的百分比

依【例9-9】資料計算，得：

廢品損失減少影響成本降低率＝20%×2%＝0.4%

廢品損失減少影響成本降低額＝11,144,000×0.4%＝44,576（元）

(三) 匯總計算成本降低率和降低額

綜合以上各因素的影響數，即可求得計劃期可比產品成本總降低率。用總降低率乘上按上年預計平均單位成本計算的計劃年度可比產品總成本，即可求得計劃期可比產品成本總降低額。用公式表示如下：

可比產品成本總降低率＝$\sum$各因素變動影響的成本降低率

可比產品成本總降低額＝按上年預計平均單位成本計算的計劃年度產品總成本×可比產品成本總降低率

依【例9-9】資料計算，得：

可比產品成本降低率＝4.13%＋0.6%＋1%＋0.3%＋0.4%＋0.16%
　　　　　　　　＝6.59%＞5%

可比產品成本降低額＝11,144,000×6.59%＝734,389.6（元）
　　　　　　　或＝460,247.2＋66,864＋111,440＋33,432＋44,576＋17,830.4
　　　　　　　　＝734,389.6（元）

由於預測的成本降低率大於要求達到的成本降低率，所以，決策可以完成成本降低任務，且企業應據此編製計劃年度可比產品成本計劃。

通過測算，若降低率還不能達到預期水準，或者經調查研究認為仍有潛力可挖，則要對有關單位提出增產節約的進一步要求，組織補充措施，修訂消耗定額，然後再次測算，直至達到或超過預期降低成本的要求。經過這樣反覆的測算及潛力挖掘，企業就可以使成本指標建立在較先進和合理的基礎上。

第二節　成本決策

一、成本決策概述

(一) 成本決策的含義

成本決策是指依據掌握的各種決策成本及相關的數據，對各種備選方案進行分析比較，從中選出最佳方案的過程。成本決策與成本預測緊密相連，它以成本預測為基礎，是成本管理不可缺少的一項重要職能。成本決策對於正確地制定成

本計劃，促使企業降低成本，提高經濟效益具有十分重要的意義。

成本決策涉及的內容較多，包括可行性研究中的成本決策和日常經營中的成本決策。由於前者以投入大量的資金為前提來研究項目的成本，因此，這類成本決策與財務管理的關係更加緊密；後者以現有資源的充分利用為前提，以合理且最低的成本支出為標準，屬於日常經營管理中的決策範疇，包括零部件自制或外購的決策、產品最優組合的決策、生產批量的決策等。

(二) 相關概念

單純從成本核算的角度來看，產品成本是非常重要的概念，它屬於歷史成本，必須在帳簿中予以反應，而成本管理更側重於成本的預測和決策，關注未來成本可能達到的水準。成本決策中常常考慮與決策有關的成本概念，這些成本概念統稱為相關成本。相關成本與成本核算中的產品成本概念不同。首先，相關成本所屬概念多樣化是與決策有關的一系列成本概念的總稱，如差量成本、機會成本、專屬成本、重置成本等；其次，這些與決策有關的成本概念一般無須在憑證和帳簿中反應，但決策中必須考慮到它們。

1. 差量成本

差量成本又稱為差別成本，它有廣義和狹義之分。廣義的差量成本是指兩個不同備選方案預計未來成本的差額，如零部件自制較外購所增加的成本。這類成本是決策的重要依據之一。狹義的差量成本有時也被稱為增量成本，是指由於方案本身生產能量（產量的增減變動）利用程度不同而表現在成本方面的差額。在相關範圍內，由於固定成本保持不變，狹義差量成本等於相關變動成本，即單位變動成本與相關產量的乘積；如果突破相關範圍，則狹義差量成本不僅包括變動成本差額，還包括固定成本差額。

2. 機會成本

機會成本又稱擇一成本，是指在經濟決策過程中，因選取某一方案而放棄另一方案所付出的代價或喪失的潛在利益。企業中的某種資源常常有多種用途，即有多種使用的「機會」，但用在某一方面，就不能同時用在另一方面，因此在決策分析中，必須把已放棄方案可能獲得的潛在收益，作為被選取方案的機會成本，這樣才能對中選方案的經濟效益做出正確的評價。

例如某公司準備將其所屬的商店改為餐廳，預計餐廳未來一年中可獲收入100,000元，成本支出為40,000元，利潤為60,000元。如果僅分析至此，則並不全面，實際中還應考慮原商店的預計收益，並以此作為餐廳的機會成本。如果商店改為餐廳後，預計的利潤值高於原商店的預計收益，則應開設餐廳，否則保留原商店。由此可見，機會成本在決策中不容忽視，優選方案的預計收益必須大於機會成本，否則所選中的方案就不是最優方案。

實際生活中，如果某項資源只有一種用途，則其機會成本為零。如自來水公司或煤氣公司的地下管道只有一種用途，故其機會成本為零。

3. 專屬成本

專屬成本又稱特定成本，是指那些能夠明確歸屬於特定備選方案的固定成本，如零部件自制時所追加的專用工具支出等。這類成本與特定的方案相聯繫，決策中必須考慮到。

4. 重置成本

重置成本又稱現行成本，是指目前從市場上購買同一項原有資產所需支付的成本。這一概念常常用於產品定價決策以及設備以舊換新的決策。例如，某公司某一庫存商品的單位成本為 25 元，重置成本為 27 元，共 1,000 件，現在有一客商準備以 26 元的單價購買全部該種庫存商品，如果只按庫存成本考慮，每件可獲利 1 元，共計 1,000 元，但如果該公司銷售的目的是重新購進，則應該考慮的是重置成本而不是庫存成本，而按重置成本計算，該公司將虧損 1,000 元。由此可見，企業在進行價格決策時應考慮重置成本而不是歷史成本。

5. 無關成本

無關成本是相關成本的對立概念，是指與決策無關的成本。為保證決策的正確性，決策中必須區分相關成本和無關成本。凡無關成本，決策中不予考慮，可以剔除。無關成本包括沉沒成本、共同成本等。

（1）沉沒成本。沉沒成本又稱沉入成本或旁置成本，是指那些由於過去的決策所引起，已經發生並支付過款項的成本。這類成本由於已經發生並記入帳簿，與現在的決策無關，因此，其是典型的無關成本，決策中不予考慮。一般來說，大多數固定成本屬於沉沒成本，但新增的固定成本為相關成本；另外某些變動成本也屬於沉沒成本。例如半成品無論是自制還是外購，所涉及的半成品成本（包括固定成本和變動成本）已經發生，因此，其為沉沒成本，決策中不予考慮。

（2）共同成本。共同成本是指那些由多個方案共同負擔的固定成本。由於這類成本注定要發生，與特定方案的選擇無關，因此在決策中不予考慮。如企業計提的折舊費、發生的管理人員工資等。

二、成本決策的基本方法

成本決策的方法有很多，因成本決策的內容及目的不同而採用的方法也不同，主要有總額分析法、差量損益分析法、相關成本分析法、成本無差別點法、線性規劃法、邊際分析法等。

（一）總額分析法

總額分析法是以利潤作為最終的評價指標，按照「銷售收入-變動成本-固定

成本」的模式計算利潤，由此決定方案取捨的一種決策方法。其之所以被稱為總額分析法，是因為決策中涉及的收入和成本是指各方案的總收入和總成本。在這種方法下，通常不考慮總成本與決策的關係，不需要區分相關成本與無關成本。這種方法一般通過編製總額分析表進行決策。

此法便於理解，但由於將一些與決策無關的成本也考慮進去，計算中容易出錯，從而會導致決策的失誤，因此決策中不常使用。

（二）差量損益分析法

所謂差量是指兩個不同方案的差異額。差量損益分析法是以差量損益作為最終的評價指標，由差量損益決定方案取捨的一種決策方法。計算的差量損益如果大於零，則前一方案優於後一方案，接受前一方案；如果差量損益小於零，則後一方案為優，捨棄前一方案。

差量損益這一概念常常與差量收入、差量成本兩個概念密切相關。所謂差量收入，是指兩個不同備選方案預期相關收入的差異額；差量成本是指兩個不同備選方案的預期相關成本之差；差量損益是指兩個不同方案的預期相關損益之差。某方案的相關損益等於該方案的相關收入減去該方案的相關成本，可得決策中確定的差量收入。

差量成本以及差量損益必須堅持相關性原則，凡與決策無關的收入、成本、損益，均應予以剔除。

差量損益的計算有兩個途徑，一是依據定義計算，二是用差量收入減去差量成本計算，決策中多採用後一方式計算。差量損益分析法適用於同時涉及成本和收入的兩個不同方案的決策分析，其常常通過編製差量損益分析表進行分析評價。

決策中須注意的問題是，如果決策中的相關成本只有變動成本，在這種情況下，可以直接比較兩個不同方案的貢獻邊際，貢獻邊際最大者為最優方案。

（三）相關成本分析法

相關成本分析法是以相關成本作為最終的評價指標，由相關成本決定方案取捨的一種決策方法。相關成本越小，說明企業所費成本越低，因此決策時應選擇相關成本最低的方案為優選方案。

相關成本分析法適用於只涉及成本的方案決策，如果不同方案的收入相等，也可以視為此類問題的決策。這種方法可以通過編製相關成本分析表進行分析評價。

（四）成本無差別點法

成本無差別點法是以成本無差別點業務量作為最終的評價指標，根據成本無差別點所確定的業務量範圍來決定方案取捨的一種決策方法。這種方法適用於只

涉及成本且業務量未知的方案決策。

成本無差別業務量又稱為成本分界點，是指兩個不同備選方案總成本相等時的業務量。如果業務量 X 的取值範圍在 $0<X<X_0$ 時，則應選擇固定成本較小的 Y_2 方案；如果業務量在 $X>X_0$ 的區域變動時，則應選擇固定成本較大的 $Y1$ 方案；如果 $X=X_0$，說明兩方案的成本相同，決策中選用其中之一即可。

應用此法值得注意的是，如果備選方案超過兩個以上時，應首先確定兩方案成本無差別點業務量，然後通過比較進行評價。比較時最好先根據已知資料作圖，這樣可以直觀地進行判斷，不容易失誤，因為圖中至少有一個成本無差別點業務量沒有意義。通過作圖，可以剔除不需用的點，在此基礎上再進行綜合判斷分析。

（五）線性規劃法

線性規劃法是數學中的線性規劃原理在成本決策中的應用，此法是依據所建立的約束條件及目標函數進行分析評價的一種決策方法。其目的在於利用有限的資源，解決具有線性關係的組合規劃問題。基本程序如下：

（1）確定約束條件，即確定反應各項資源限制情況的系列不等式。

（2）確定目標函數。它是反應目標極大或極小的方程。

（3）確定可能極值點。極值點為滿足約束條件的兩方程的交點，常常通過圖示進行直觀反應。

（4）進行決策。將可能極值點分別代入目標函數，使目標函數最優的極值點為最優方案。

（六）邊際分析法

邊際分析法是微分極值原理在成本決策中的應用，它是依據微分求導結果進行分析評價的一種決策方法，主要用於成本最小化或利潤最大化等問題的決策。基本程序如下：

（1）建立數學模型。

（2）對上述函數求導。

（3）計算上述函數的二階導數。

三、成本決策應注意的問題

從成本決策的程序可看出，成本決策不是瞬間的決定，它有一個過程。成本決策是一個提出問題、分析問題和解決問題的系統分析過程，決策中應注意以下幾個問題：

（1）成本決策不能主觀臆斷。

（2）成本決策必須目的明確。

（3）成本決策必須是集體智慧的結晶。

四、成本決策的運用

（一）新產品開發的決策分析

新產品開發的決策主要是利用企業現有剩餘生產能力或老產品騰出來的生產能力開發新產品，對不同新產品開發方案進行的決策。這時，應採用差量損益分析法。

（二）虧損產品是否停產決策分析

某種產品發生虧損是企業經常遇到的問題。虧損產品按其虧損情況分為兩類，一類是實虧損產品，即銷售收入低於變動成本，這種產品生產越多，虧損越多，必須停止生產（但如果是國計民生急需的產品，應從宏觀角度出發，即使虧損仍應繼續生產）。另一類是虛虧損產品，即銷售收入高於變動成本，這種產品對企業還是有貢獻的，這時，應採用差量損益分析法進行決策。

（三）半成品是否進一步加工決策分析

半成品是企業連續生產的中間產品，有的既可以直接出售，也可以對其進一步加工後再出售，如紡織業的棉紗等。當然，完工產品的售價要比半成品售價高些，但繼續加工要追加變動成本，有時還可能追加固定成本。對於這類問題的決策，需視進一步加工後增加的收入是否超過進一步加工過程中追加的成本而定，如果前者大於後者，則繼續加工方案較優；反之，如果前者小於後者，則應選擇直接出售半成品的方案。需要注意的是，決策中必須考慮半成品與產成品數量上的投入產出關係，以及企業現有的進一步加工能力。這時，應採用差量損益分析法進行決策。

（四）聯產品是否進一步加工決策分析

聯產品是指利用同一材料，經過同一加工過程生產出來的若干種經濟價值較大的多種產品的總稱。通常聯產品產出結構比較穩定，在分離後，有的聯產品可以直接出售，有的可以繼續加工再出售。聯產品分離前的成本稱為聯合成本，分離後的繼續加工的成本稱為可分成本。進行此類問題的決策與半成品是否繼續加工的決策類似，聯產品分離前的聯合成本屬於沉沒成本，決策中不予考慮，只有繼續加工發生的可分成本才是決策相關的成本。這時，應採用差量損益分析法進行決策。

（五）合理組織生產的決策分析

企業在生產經營中經常會受到設備能力、原材料來源、動力、能源、市場銷

售等方面的限制，如何充分利用有限的生產資源，並在各種產品之間進行分配，以獲取盡可能多的經濟效益，這類問題就是合理組織生產的決策分析問題，可以用線性規劃法對此進行分析評價。

(六) 零部件自製或外購的決策分析

企業零部件的取得有兩個途徑，一是自製，二是外購。在既可自製又可外購的情況下，從節約成本的角度講，就存在是自製劃算還是外購劃算的問題。這類問題的決策不需考慮原有的固定成本，它屬於沉沒成本，與決策無關，只要比較兩個不同方案的相關成本即可。這時，應採用相關成本法進行決策。

(七) 採用幾種工藝的決策分析

企業生產的產品或零件可能採用幾種不同的方案進行生產或加工。在選擇比較先進的生產方案時，一般該方案中的設備比較先進，其單位變動成本可能較低，但固定成本會很高；而選擇比較落後的生產工藝方案時，雖然固定成本較低，但單位變動成本卻較高。不同工藝方案的選擇與一定的產銷量範圍相聯繫。

對於這類問題的決策，可採用成本無差別點法進行分析比較。

(八) 最佳訂貨批量的決策分析

實際經營中，企業為了不使生產中斷，需保持一定的存貨，這樣某種存貨就存在全年採購幾次、每次採購多少的問題，即訂貨批量的決策問題。與訂貨批量相關的成本是訂貨成本和儲存成本。

訂貨成本是指為取得購貨訂單而支付的成本，如支付的辦公費、差旅費、電話費、郵費等。如果每次訂貨的成本為已知，全年該項存貨的年需要量為確定值，則訂貨成本與訂貨批量的關係可用如下公式表示：

年訂貨成本＝某存貨全年需要量÷訂貨批量×每次訂貨成本

儲存成本是指為保持存貨而發生的成本。如存貨占用資金應計的利息，倉儲人員工資、保險費及存貨破損和變質的損失等。如果某種存貨的單位年儲存成本為已知，則儲存成本與訂貨批量的關係可用如下公式表示：

年儲存成本＝平均儲存量×單位年儲存成本
　　　　　＝訂貨批量÷2×單位年儲存成本

訂貨成本與訂貨次數直接相連，而儲存成本卻與訂貨批量直接相連，由此決定訂貨成本與儲存成本隨訂貨批量的增減變化而呈相反方向變動，當每次訂貨的數量逐漸增加，全年的訂貨次數將減少，這樣訂貨成本也隨之減少，而儲存成本卻隨著訂貨數量的增加而增加；反之，當每次訂貨的數量逐漸減少時，全年的訂貨次數將增加，由此導致訂貨成本隨之增加，但儲存成本卻隨著訂貨數量的減少而減少。由於訂貨成本與儲存成本的變動性質相反，因此就存在全年訂貨幾次、

每次訂貨多少最為合理的最佳訂貨批量的決策問題。

所謂最佳訂貨批量是指使存貨相關總成本最低時的訂貨批量。對於此類問題的決策，可以採用邊際分析法進行。

假設企業所購存貨足以滿足生產需要，即不存在缺貨現象，另外還假設存貨能夠集中到貨，而不是陸續到貨。在這種情況下，與訂貨批量有關的成本可以用公式表示。

(九) 最佳生產批量的決策分析

成批生產企業通常存在全年應分幾批組織生產、每批應生產多少件產品最為經濟合理的決策問題。這類問題的決策類似於最佳訂貨批量的決策，可以利用邊際分析法進行決策。

最佳生產批量決策時考慮的相關成本有兩個：調整準備成本和儲存成本。至於生產過程中發生的直接材料、直接人工等成本，與此決策無關，不必考慮。調整準備成本是指每批產品投產前，企業為做好準備工作而發生的成本，如產品生產前發生的調整機器、準備工具模具、清理現場、布置生產線等的成本支出。這類成本每次的發生額基本相等，它與生產數量沒有直接聯繫，而與批次成正比，批次越多，調整準備成本就越高，反之，則越低。儲存成本是指產品或零部件在儲存過程中發生的成本，如倉庫及其設備的維修費、折舊費、保險費、保管人員工資、利息支出等。這類成本與批次的多少無直接聯繫，而與生產批量成正比，即批量越大，儲存成本就越高，反之，則越低。顯然，調整準備成本及儲存成本隨生產批量的變化而呈相反方向變動，生產批量越大，儲存成本越高，但調整準備成本則越低。如果產品或零部件的全年生產量、每次調整準備成本、單位產品或者部件的年儲存成本為已知，全年發生的調整準備成本和儲存成本與每批生產批量的關係可用公式表示。

由於調整準備成本與儲存成本是性質相反的兩類成本，因此，存在最佳生產批量的決策問題。最佳生產批量是指與生產批量有關的全年調整準備成本和全年儲存成本之和最低時的生產批量。

如果企業用同一生產設備輪換著分批生產幾種產品或零部件，在這種情況下，不能簡單地套用上述公式來計算每種產品或零部件的生產批量，因為他們每批的最佳生產批量不盡相同，而批次卻應保持一致。可以依據年調整準備成本和年儲存成本之和最低原理來確定其共同的最佳生產批次，利用微分極值原理進行推導。

(十) 最佳質量成本的決策分析

產品質量是產品的生命，產品質量好，則產品暢銷；否則，質量差，則產品滯銷。但過高且過剩的質量會使產品成本上升，從而導致企業的利潤下降，因此

存在產品最佳質量成本的決策問題。

質量成本包括預防成本、檢驗成本、內部質量損失成本和外部質量損失成本四項內容。所謂預防成本，是指為保證產品質量達到一定水準而發生的各種費用，如新產品評審費、質量審核費、質量情報費、質量獎勵費等。所謂檢驗成本，是指為評估和檢察產品質量而發生的費用，如進貨檢驗費、產品試驗費、產品檢查費等。所謂內部質量損失成本，是指生產過程中因質量問題而發生的損失成本，如報廢損失、返修損失、事故分析處理費等。所謂外部質量損失成本，是指產品銷售後，因產品質量不過關而發生的費用支出，如賠償費用、退貨損失、保修費用、折價損失等。

預防和檢驗成本隨著產品質量的提高會上升，而內部和外部質量損失成本則隨著產品質量的提高明顯下降。由於這兩類成本性質相反，因此就存在最佳質量成本的決策。所謂最佳質量成本，就是指質量成本四項內容之和最低時的質量水準。

本節復習思考題

1. 什麼是成本預測？對企業而言，它有什麼意義？
2. 成本預測要經過哪些程序？
3. 什麼是定性預測法？哪些方法屬於定性預測法？
4. 什麼是定量預測法？哪些方法是定量預測法？
5. 什麼是成本決策？
6. 成本決策方法有哪些？企業應如何選擇成本決策方法？
7. 成本決策要注意哪些問題？
8. 簡述成本決策如何運用。

第三節　成本計劃

一、成本計劃的內涵

（一）成本計劃的內容

成本計劃是以貨幣形式預先規定企業計劃期內產品生產耗費和各種產品的成本水準。成本計劃的內容包括產品單位成本計劃、商品產品成本計劃、製造費用計劃、期間費用預算、降低成本的主要措施方案五個方面。

成本計劃除了包含上述內容外，通常還有文字說明。其主要內容是：對上年成本計劃預計完成情況的分析、計劃中存在的問題和對問題的解決意見、計劃年度較上年的價格差異和其他重大因素變動對成本計劃的影響、計劃年度改善成本工作的規劃等。

(二) 成本計劃的作用

(1) 成本計劃是達到目標成本的一種程序，使企業職工明確成本方面的奮鬥目標。

成本計劃是為實現企業目標而制定的，是一種確保目標成本落實和具體化的程序。成本計劃編製後，規定了產品的耗費水準及降低成本的任務，這就使企業全體職工明確了降低成本方面的具體工作目標和各自的職責，做到心中有數。其還與獎懲掛勾，增強了每個員工的責任心，從而可以動員全體職工，深入開展降低消耗和節約開支的活動，精打細算，合理使用一切人力、物力和財力，確保企業目標的實現。

(2) 成本計劃是推動企業實現責任成本制度和加強成本控制的有力手段。

成本計劃已經確定，應把成本計劃指標分解落實到車間、班組和有關職能部門，以確定各級單位和各職能部門在成本上應承擔的責任，這樣也為企業實行責任成本制度奠定了基礎。在成本計劃執行過程中，各部門可依據按成本計劃分解的指標和本部門實際制定的具體計劃，對比實際消耗和支出，進行成本控制，並及時反饋成本和費用差異數額，以便採取有效措施調節和控制生產耗費，保證成本計劃更好地完成。

(3) 成本計劃是評價考核企業及部門成本業績的標準尺度。

企業要考核各方在成本工作方面的業績，只能以成本計劃作為客觀依據。企業通過定期分析成本計劃的完成情況，查明企業和各部門的成本差異，分清主觀原因和客觀原因，可以正確評價和考核企業及各部門工作業績，並以此作為獎懲的依據，從而調動各部門及職工努力完成目標的積極性。

(4) 成本計劃有助於企業管理者對生產經營活動做出正確判斷，提高成本決策的科學性、準確性。

二、成本計劃的編製步驟

成本計劃是企業生產經營計劃的有機組成部分。成本計劃是在銷售計劃和生產計劃的基礎上編製的，它要保證目標銷售成本和目標銷售利潤的實現。為了使成本計劃的編製既富有先進性，又具有合理性，充分發揮成本計劃的積極作用，在編製成本計劃時，應分為以下幾個步驟進行：

(一) 收集和整理資料

獲取和掌握大量的與成本計劃編製相關的重要信息和數據，是正確編製成本計劃的基礎。因此，企業財務部門和成本管理部門，應從各方面收集和整理成本計劃所需的各種資料，通過深入細緻的調查研究工作，掌握生產中的具體情況，為正確編製成本計劃提供可靠依據。

(二) 預計和分析上期成本計劃的執行情況

在編製成本計劃時，一般是在本年度末編製下一年度的成本計劃，但在編製成本計劃時，本年度的成本資料還無法取得，因而應該進行科學的預測，並對本年度成本計劃的執行情況進行分析，找出成本升降的原因，總結經驗，提出進一步的改進措施。

(三) 進行成本降低指標的測算

在編製成本計劃前，要對預期計劃年度降低成本的各種措施進行分析，結合預定的成本降低指標，反覆測算採取這些措施後能否完成計劃成本降低任務。成本降低指標的測算，是成本計劃編製的重要步驟，對於組織動員全體職工挖掘企業內部潛力、促進企業成本計劃與降低成本措施緊密結合、保證成本計劃的先進性和合理性，都具有重要意義。

(四) 正式編製企業成本計劃

在進行成本降低指標測算的基礎上，企業可以正式編製成本計劃。成本計劃的編製可在廠長的直接領導下，由企業的財務部門負責制定。

三、成本計劃的編製方法

成本計劃的編製，由於生產特點和成本管理的要求不同，有著不同的方法，在實務中通常包括三種：

一級編製方法：由廠部直接編製全廠的成本計劃。

分級編製方法：先編製車間成本計劃，再匯總編製全廠的成本計劃。

混合編製方法：直接材料費用計劃由部分車間編製，而直接人工和製造費用計劃分車間編製，然後匯總編製全廠成本計劃。

本書主要介紹一級成本計劃編製方法。一級成本計劃編製的程序如圖9-1所示。

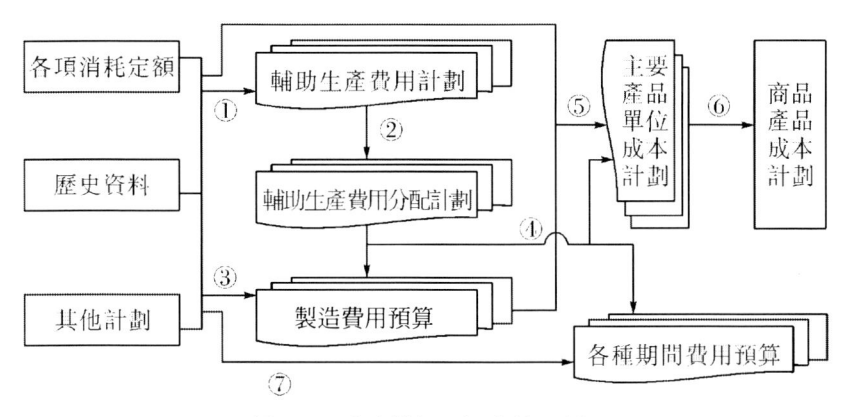

圖 9-1 成本計劃一級編製程序圖

(一) 輔助生產車間成本計劃的編製

在編製成本計劃時，之所以要先編製輔助生產成本計劃，是因為輔助生產車間是為基本生產車間和行政管理部門提供產品或勞務服務的，它所發生的費用，應通過一定方法分配到各受益單位的產品成本計劃和費用預算中去。只有先將輔助生產車間的成本計劃編製完畢，才能編製其他車間和部門的計劃。

輔助生產車間成本計劃的編製一般包括如下幾個步驟：

1. 輔助生產費用計劃的編製

在編製輔助生產車間成本計劃時，一般應按成本項目進行。成本項目一般包括直接材料、直接人工、燃料及動力、製造費用等。

（1）直接材料等成本項目成本計劃的計算。對於前三個成本項目，即直接材料、直接人工、燃料及動力，可以根據產品的生產量或勞務的供應量與單位產品或勞務消耗的定額及計劃單價進行計算。這三個成本項目的計算方法是相同的。現以直接材料為例說明其計算方法：

直接材料計劃成本＝產品的生產量或勞務供應量×單位產品或勞務消耗定額×計劃單價

這時，只要有產量、定額、單價等指標，就可以計算出直接材料、直接人工、燃料及動力等的成本計劃。

（2）製造費用項目計劃的計算。製造費用項目的內容較多，編製計劃時就比較複雜了。它一般有如下幾種情況：

凡是有規定開支標準的，則按有關標準計算。例如，勞動保護費可以根據車間享受人數和規定標準計算。

凡是沒有消耗定額和開支標準的費用項目，如低值易耗品、修理費等，可以根據上期的預計實際數，結合本期車間產量或勞務供應量的增減情況以及計劃期

節約費用的要求來確定。其計算公式如下：

本期計劃數＝上期預計實際金額×本期計劃產量或勞務供應量÷上期預計實際產量或勞務供應量×（1－節約百分比）

凡是相對固定的費用項目，如辦公費，可以根據上期的預計實際數和計劃期節約費用的要求來確定。

凡是其他計劃中已有現成資料的費用項目，如生產單位管理人員工資、折舊費等，可以根據其他計劃有關資料計算確定。

2. 輔助生產費用分配計劃的編製

輔助生產費用計劃編製完成以後，需要編製輔助生產費用分配計劃，把輔助生產全部費用分配給有關受益單位的產品成本和費用計劃。其中，有一些應先分配給製造費用預算，有些則可以直接分配給各產品成本，還有一部分應分配給各種期間費用預算。

輔助生產費用應採用一定的標準進行分配。在分配時，首先應計算費用分配率（即單位成本）。

（1）生產或提供單一品種的產品或勞務。將所發生的全部費用，包括直接費用和間接費用，列入該種產品或勞務的成本當中。可用如下公式表示：

輔助生產費用分配率＝發生的輔助生產費用總額÷全部產品產量（或勞務量）

（2）生產或提供多個品種的產品或勞務。可用如下公式表示：

計劃單位成本＝某種產品或勞務的總成本÷全部產量
　　　　　＝（分配的間接費用＋計入的直接費用）÷全部產量

在計劃單位成本計算出來後，根據計劃單位成本和各車間、部門耗用輔助生產產品或勞務的數量，可以計算出其應分配的輔助生產費用。

（二）基本生產車間成本計劃的編製

在基本生產車間較多的企業，基本生產車間成本計劃應按每一個車間進行編製。其編製程序是：①編製車間直接費用計劃；②編製製造費用計劃；③編製車間的產品成本計劃。現分述其成本計劃的編製程序如下：

1. 車間直接費用計劃的編製

車間直接費用計劃應分不同產品按成本項目進行編製。在編製成本計劃時，應按成本項目反應產品的單位成本、本期的生產費用總額和本期完工產品的成本分別進行編製。各成本項目的計算如下：

（1）直接材料項目的計算（包括燃料和動力的計算）。直接材料成本項目應根據各種材料的消耗定額和該種材料的計劃單位成本計算。其計算公式如下：

直接材料計劃成本＝$\sum$（某種材料消耗定額×該種材料計劃單位成本）

在上式中，材料的消耗定額一定要先進、合理，否則，將會影響計劃的準

確性。

（2）直接人工成本項目的計算。直接人工成本項目應根據各種產品的工時定額和小時工資率計算。其計算公式如下：

直接人工計劃成本＝計劃期內單位產品工時定額×計劃小時工資率

計劃小時工資率＝計劃期內計劃工資總額÷計劃期內所需產品生產總工時

基本生產車間對於上一車間轉來的半成品成本，企業可以根據自身的特點，在逐步結轉分步法和平行結轉分步法兩種不同的處理方法中選用一種進行計算。

2. 製造費用預算的編製

製造費用預算的編製包括費用預算的編製和費用分配計劃的編製兩個方面。

製造費用預算的編製應根據規定的明細項目和輔助生產車間製造費用的編製方法進行。製造費用的分配計劃，則應按一定的標準，將製造費用在各種產品當中進行分配。

3. 車間產品成本計劃的編製

以上我們分別介紹了基本生產車間按成本項目編製的成本計劃，將其進行匯總，就可以計算出每一種產品的成本計劃。所以，基本生產車間產品成本計劃應按成本項目反應各種產品的計劃單位成本和總成本。它主要是根據上述編製的各種產品直接費用計劃、製造費用分配計劃以及產量計劃進行編製的。

（三）製造費用總預算的編製

企業的製造費用包括基本生產車間和輔助生產車間為組織和管理本車間的生產所發生的費用。在上述編製輔助生產車間成本計劃、基本生產車間成本計劃時，我們分別按車間制定了各車間的製造費用計劃，再將其按明細項目進行匯總，就可以編製出「製造費用總預算」，以便分析和考核製造費用計劃的執行情況。

（四）全廠成本計劃的編製

全廠成本計劃的編製內容包括主要產品單位成本計劃和商品產品成本計劃兩部分。

1. 主要產品單位成本計劃

主要產品單位成本計劃是根據生產該種產品的各車間產品成本計劃編製的。在採用逐步結轉分步法時，應根據最後一個車間的計劃單位成本編製；在採用平行結轉分步法時，則應將各車間同一產品單位成本的相同成本項目數額相加進行編製。

2. 商品產品成本計劃

商品產品成本計劃是根據各種產品單位成本計劃，結合產量計劃編製的。商品產品計劃將商品分為可比產品和不可比產品兩大類，主要反應各種可比產品和

不可比產品的計劃單位成本、計劃總成本,以及可比產品的計劃成本應較按上年平均單位成本計算的成本降低的數額。在商品產品成本計劃中,各項總成本的計算公式如下:

按上年預計平均單位成本計算的總成本 = $\sum$（某種產品計劃產量×該產品上年預計單位成本）

按本年預計單位成本計算的總成本 = $\sum$（某種產品計劃產量×該產品本年計劃單位成本）

（五）期間費用預算的編製

期間費用包括管理費用、財務費用和銷售費用三項。在編製預算時,應分別按規定的明細項目編製。以管理費用為例,有的可以根據費用開支標準進行計算,如公司經費中的辦公費、差旅費等；有的可以根據一定的費用標準進行計提,如工會經費、職工教育經費等；有的以基期實際數為基礎,結合計劃期降低費用的要求進行編製。銷售費用、財務費用預算的編製方法,與管理費用預算的編製方法基本相同。

四、成本計劃的編製舉例

現舉例說明成本計劃的編製。

【例9-10】某企業有兩個基本生產車間和一個輔助生產車間（修理車間）。計劃年度的成本計劃降低額為50,000元。有關計劃成本的制定過程如下:

（一）編製輔助生產車間的成本計劃

根據有關資料,輔助生產車間編製的成本計劃見表9-2。

表9-2中,輔助生產費用分配率 = 37,300÷80,000 = 0.466,25

一車間應分配金額 = 50,000×0.466,25 = 23,312.5（元）

表9-2　　　　　　　　　輔助生產車間成本計劃

成本項目	輔助生產車間的成本計劃			輔助生產車間成本的分配計劃			
	消耗定額	單價	金額	基本生產車間	修理工時	分配率	金額
直接材料	1,000（千克）	10（元/千克）	10,000（元）	一車間	50,000（小時）	0.466,25（元/小時）	23,312.5（元）
直接人工	2,000（小時）	7（元/小時）	14,000（元）	二車間	30,000（小時）	0.466,25（元/小時）	13,987.59（元）

表9-2(續)

成本項目	輔助生產車間的成本計劃			輔助生產車間成本的分配計劃			
	消耗定額	單價	金額	基本生產車間	修理工時	分配率	金額
製造費用	—	—					
其中：							
工資	—	—	8,000(元)				
辦公費	—	—	2,000(元)				
折舊費	—	—	800(元)				
其　他	—	—	2,500(元)				
小　　計	—	—	13,300(元)				
合　　計	—	—	37,300(元)	合　　計	80,000(小時)	—	37,300(元)

二車間應分配金額＝30,000×0.466,25＝13,987.5（元）

(二) 編製基本生產車間的成本計劃

某企業第一基本生產車間有關計劃資料如表9-3、表9-4所示，編製完成第一基本生產車間成本計劃見表9-5（本例只編製其中A產品的成本計劃，其他產品的成本計劃省略，二車間的成本計劃亦略去）。

表9-3　　　　　　　第一基本生產車間直接費用計劃

A產品產量：100件

成本項目	單位消耗量	計劃單價	總成本	單位成本
直接材料	200(千克/件)	50(元/千克)	1,000,000(元)	1,000(元/件)
燃料和動力	80,000(千克/件)	1(元/千克)	80,000(元)	800(元/件)
直接人工	3,000(小時/件)	2(元/小時)	60,000(元)	600(元/件)
合　　計			1,140,000(元)	11,400(元/件)

表9-4　　　　　　　第一基本生產車間製造費用預算及分配表

明細項目	分配標準（元）	分配率	分配金額（元）
工資	100,000	0.25	25,000
辦公費	80,000	0.25	20,000
折舊費	60,000	0.25	15,000
消耗材料	110,000	0.25	27,500
低值易耗品	90,000	0.25	22,500
修理費	40,000	0.25	10,000
合　　計	480,000	—	120,000

(三) 編製全廠商品產品成本計劃

將第一基本生產車間、第二基本生產車間的成本計劃進行匯總，編製完成的「全部商品產品成本計劃表」如表9-6所示。

表 9-5　第一基本生產車間產品計劃成本

金額單位：元

項目	A產品計劃 產量100件 單位成本	A產品計劃 產量100件 總成本	B產品計劃 產量40件 單位成本	B產品計劃 產量40件 總成本	C產品計劃 產量1,000件 單位成本	C產品計劃 產量1,000件 總成本	D產品計劃 產量250件 單位成本	D產品計劃 產量250件 總成本	E產品計劃 產量60件 單位成本	E產品計劃 產量60件 總成本	F產品計劃 產量50件 單位成本	F產品計劃 產量50件 總成本	總成本合計
直接材料	10,000	1,000,000	700	28,000	40	40,000	190	47,500	440	26,400	370	18,500	1,160,400
燃料及動力	800	80,000	400	16,000	21	21,000	150	37,500	400	24,000	220	11,000	189,500
直接人工	600	60,000	300	12,000	12	12,000	100	25,000	320	19,200	180	9,000	137,200
製造費用	250	25,000	500	20,000	15	15,000	110	27,500	375	22,500	200	10,000	120,000
合計	11,650	1,165,000	1,900	76,000	88	88,000	550	137,500	1,535	92,100	970	48,500	1,607,100

表 9-6　全部商品產品成本計劃表

產品名稱		計劃產量（件）	單位成本（元/件）上年實際	單位成本（元/件）本年計劃	總成本 按上年實際單位成本計算（元）	總成本 按本年計劃單位成本計算（元）	降低額（元）	降低率
可比產品	A產品	100	25,000	24,500	2,500,000	2,450,000	50,000	2%
	B產品	40	2,400	2,350	96,000	94,000	2,000	2.1%
	C產品	1,000	190	185	190,000	185,000	5,000	2.6%
	小計	—	—	—	2,786,000	2,729,000	57,000	2.05%
不可比產品	D產品	250	—	720	—	180,000		
	E產品	60	—	2,100	—	126,000		
	F產品	50	—	1,400	—	70,000		
	小計	—	—	—	—	376,000		
合計						3,105,000		

表 9-6 中，A 可比產品成本降低額=2,500,000−2,450,000=50,000（元）
B 可比產品成本降低額=96,000−94,000=2,000（元）
C 可比產品成本降低額=190,000−185,000=5,000（元）
可比產品成本降低額合計=50,000+2,000+5,000=57,000（元）
或=2,786,000−2,729,000=57,000（元）

A 產品成本降低率=$\dfrac{50,000}{2,500,000}\times 100\%=2\%$

B 產品成本降低率=$\dfrac{2,000}{96,000}\times 100\%\approx 2.1\%$

C 產品成本降低率=$\dfrac{5,000}{190,000}\times 100\%\approx 2.6\%$

可比產品成本降低率=$\dfrac{57,000}{2,786,000}\times 100\%\approx 2.05\%$

在表 9-6 全部商品產品成本計劃中，可比產品成本降低額為 57,000 元，能夠完成計劃降低任務（計劃降低任務為 50,000 元）。所以，可將此作為正式的成本計劃。

本章復習思考題

1. 什麼是成本預測？成本預測、成本決策、成本計劃之間是什麼關係？
2. 什麼是目標成本？目標成本如何預測？
3. 什麼是本量利分析？成本預測中怎樣使用本量利分析？
4. 什麼是可比產品？如何進行可比產品降低趨勢的預測？
5. 什麼是成本決策？如何理解成本決策中的重要成本概念？
6. 舉例說明差量損益分析法、成本無差別點法在成本決策中的應用。
7. 什麼是成本計劃？成本計劃的作用和編製步驟是怎樣的？

第十章　成本控制和考核

第一節　成本控制

一、成本控制的含義

成本控制是指在成本形成過程中，根據事先制定的成本目標，對企業的各項生產經營活動進行嚴格的控制，通過分析實際成本與目標成本的差異，積極採取對策，以實現全面降低產品成本的一種會計管理行為或工作。

成本控制有廣義和狹義之分。廣義的成本控制是指對企業生產經營的各個方面、各個環節的所有成本實施的控制。在空間上，廣義的成本控制滲透到企業的方方面面，如產品設計階段的成本控制、生產階段的成本控制、銷售及售後服務階段的成本控制等；在時間上，廣義的成本控制貫穿了企業生產經營的全過程，包括成本的事前控制、事中控制和事後控制。其中，事前成本控制又稱為前饋控制，是指在產品投產前的設計、試製階段，對影響成本的各有關因素進行的事前規劃、審核和監督，建立健全各項成本的管理制度，以達到防患於未然的目的；事中成本控制又稱為防護性成本控制，是指在產品的生產過程中，對生產成本的形成和偏離目標成本的差異進行的日常控制；事後成本控制又稱為後饋性控制，是指在產品成本形成之後，對成本差異的進一步分析和考核。狹義的成本控制主要是指對產品生產階段的控制。

成本控制對於企業經營管理具有重要意義。企業開展成本控制，可以事先限制各項費用和消耗的發生，有計劃地控制成本的形成，使成本不超過預先制定的標準，以達到提高經濟效益的目的。當售價不變時，成本降低意味著利潤的相對增加；降低成本也可以降低盈虧臨界點，擴大安全邊際，增強企業的抗風險能力；降低成本還可以減少企業的資金占用，提高資金的使用效率。從控制的難易程度來看，相比於產品售價、銷量、資金占用等要素，成本控制的主動權掌握在企業手中，更易於組織實施。因此，在某種意義上，成本控制是現代企業生存和發展的基礎。

二、成本控制的分類

成本控制可按不同的標誌進行分類，常見的幾種分類如下：

(一) 按控制的時間分類

廣義的成本控制，按其時間特徵，可分為事前成本控制、事中成本控制和事後成本控制三類。

事前成本控制是指在產品投產前的設計、試製階段，對影響成本的各有關因素進行的事前規劃、審核與監督；同時建立健全各項成本管理制度，達到防患於未然的目的。比如，用測定產品目標成本來控制產品設計成本；從成本角度考慮，對各種工藝方案進行比較，從中選擇最優方案；事先制定勞動工時定額、物資消耗定額、費用開支預算和各種產品、零件的成本目標，作為衡量生產費用超支或節約的依據；建立健全成本責任制，實行成本歸口分級管理等。

事中成本控制是指在實際發生生產費用過程中，按成本標準控制費用，及時揭示節約或浪費，並預測今後發展趨勢，把可能導致損失和浪費的苗頭，扼殺在萌芽狀態，並隨時把各種成本偏差信息反饋給責任者，以利於及時採取糾正措施，保證成本目標的實現。這一階段，企業需要建立反應成本發生情況的數據記錄，做好收集、傳遞、匯總和整理工作。

事後成本控制是指產品成本形成之後的綜合分析和考核，主要是對實際成本脫離目標（計劃）成本的原因進行深入分析，查明成本差異形成的主客觀原因，確定責任歸屬，據以評定和考核責任單位業績，並為下一個成本循環提出積極、有效的措施，消除不利差異，發展有利差異，修正原定的成本控制標準，以促使成本不斷降低。

(二) 按控制的手段分類

以控制手段為標誌可將成本控制分為絕對成本控制和相對成本控制兩類。

絕對成本控制側重於節流，主要著眼於節約各項支出，杜絕浪費；相對成本控制是開源與節流並重，除採取節約措施外，還要根據本量利分析的原理，充分利用生產能量，達到相對降低成本的目的。

(三) 按控制的對象分類

以控制對象為標誌可將成本控制分為產品成本控制和質量成本控制兩類。

產品成本控制是指對生產產品全過程的控制；質量成本控制是指將質量管理與成本管理有機結合，通過確定最優質量成本而達到控制成本的目的。

三、成本控制的原則

(一) 經濟原則

因推行成本控制而發生的成本不應超過因缺少控制而喪失的收益。有些企業為了趕時髦，不計成本，搞了一些華而不實的繁瑣手續，效益不大，甚至得不償失。經濟原則很大程度上決定了我們只在重要領域中選擇關鍵因素加以控制。經濟原則要求能降低成本，糾正偏差，具有實用性；要求貫徹「例外管理」原則，例如對脫離標準的重大差異展開調查，對超出預算的支出建立審批手續等；要求貫徹重要性原則；要求成本控制系統具有靈活性，即面對已更改的計劃和出現的始料未及的情況，控制系統仍能發揮作用，而不至於在市場變化時成為無用的「裝飾品」。

(二) 因地制宜原則

對大型企業和小型企業，老企業和新企業，發展快和相對穩定的企業，不同行業的企業，以及同一企業的不同發展階段，管理重點、組織結構、管理風格、成本控制方法和獎勵形式都應當有所區別。例如，新企業的重點是銷售和製造，而不是成本；正常經營後的管理重點是經營效率，要開始控制費用並建立成本標準；擴大規模後的管理重點轉為擴充市場，要建立收入中心和正式的業績報告系統；規模龐大的老企業，管理重點是組織的鞏固，需要制定周密的計劃並建立投資中心。適用所有企業的成本控制模式是不存在的。

(三) 領導重視與全員參與原則

1. 對領導層的要求

領導要重視並全力支持；具有完成成本目標的決心和信心；具有實事求是的精神；不可好高騖遠，更不能急功近利；要腳踏實地，逐漸取得成效；以身作則，嚴格控制自身的責任成本。

2. 對員工的要求

員工要具有控制願望和成本的意識，養成節約習慣。

3. 合作

企業應正確理解和使用成本信息，據以改進工作，降低成本。嚴格的成本控制並不是一件令人愉快的事情，但控制總是必須的。

4. 調動全體員工成本控制積極性應注意的問題

控制標準雖然會有主觀成分，但對一名下屬的業績評價，應盡可能做到實事求是，減少個人偏見和主觀性。應鼓勵員工參與標準制定，讓員工瞭解企業的困難和實際情況，因採用壓力和生硬的控制會導致不滿，而讓員工瞭解實情會激發

他們的士氣，使其自覺適應工作的需要。另外，還應進行公正激勵。如果努力之後未得到肯定的評價，取得好的業績未得到獎勵，或沒有努力的人卻得到獎勵，那麼員工的積極性就會受到打擊。最後，企業應冷靜地處理成本超支和過失，始終記住要尋找解決問題的辦法，而不是尋找「罪犯」。

(四) 責權利相結合的原則

進行成本控制必須與目標管理經濟責任制的建立與健全配套銜接，事先將企業的成本管理目標按照各有關責任中心層層分解，落實到每個責任中心、每個職工，明確規定有關方面或個人應承擔的成本控制責任和義務，並賦予其相應的權力，使成本控制的目標和相應的管理措施能夠落到實處，成為考核的依據。對那些成本控制卓有成效的部門或個人，應當在給予精神鼓勵的同時，給予適當的物質鼓勵；對那些主觀努力不夠、成本控制效果不好、措施不得力的部門或個人，應當在查明原因的基礎上，給予相應的經濟處罰。只有這樣，各成本中心才能有責、有權、有利，充分調動其積極性，達到成本控制的目的。

四、價值工程成本控制

(一) 價值工程的含義

成本管理不應僅僅是「成本節約」或「成本改善」，而應是「成本預防」。產品設計階段成本控制應該作為成本管理的關鍵，這不僅是因為開發設計本身的費用很高，更是因為設計方案確定後導致相關的成本鎖定。雖然各項成本費用主要發生在製造階段，但成本的高低主要取決於設計階段。產品設計在很大程度上決定了產品的成本，大部分成本在這一階段已經確定。傳統的成本估計和成本控制是在產品設計階段以後完成的，但此時削減成本的大部分機會都已經喪失，以後各階段成本只能在這一框架內進行小幅度調整。所以，降低和控制產品成本必須始於研發設計階段，此時產品設計者擁有最大的自由度來改進設計，並使產品在生產週期中的成本最小化，所以從設計階段入手降低成本的潛力最大。無論是新產品設計還是老產品設計，價值工程（Value Engineering, VE）是用於設計階段成本控制的一種行之有效的方法。

價值工程的思想認為，用戶購買某一特定產品，需要的並不是產品本身，而是產品帶來的功能，且用戶按功能的必要程度來支付費用。所以，要設計出價廉物美的產品，必須以功能為中心，研究用戶對產品的功能要求，並以此作為設計的基礎。價值工程是以功能（Function）分析為核心，以盡可能低的成本（Cost）去實現用戶需要的必要功能，以使產品（作業）達到最佳的價值（Value）的一種經濟技術方法。這裡功能、成本、價值之間的關係，可以用以下基本公式來表示：

價值(V) = 功能(F) ÷ 成本(C)

上式中，功能是指產品所起的作用和所負擔的職能。用戶購買產品的動機是為了獲取某種功能，所以產品必須以滿足用戶的需求為前提條件。值得注意的是，這裡的功能是指「必要功能」。功能的提高是無限的，但它受一定用途的支配，受用戶需求的制約，並與一定的成本相聯繫。如果產品的功能很全面，但某些功能並非用戶所需，則這種產品「功能過剩」；相反，如果功能達不到用戶的需求，則產品「功能不足」。價值工程的核心是功能分析，使產品既要避免功能的不足，又要防止功能的過剩，恰到好處地滿足用戶，即實現產品的必要功能。

這裡的成本是指產品的生命週期成本，即為實現某種產品的必要功能而發生的產品生命週期內所有階段的成本總和，包括從產品的研發設計、製造、行銷、用戶使用到產品被棄置為止的全部費用，而不僅僅是指產品的生產成本和產品在廠內發生的成本。因為對用戶而言，他購買了某產品，就承擔了該產品所有的費用，產品生命週期成本的高低，直接影響用戶對該產品的需求，只有產品生命週期成本降低了，才真正實現了節約，才能反應出整個社會實現的宏觀效益。

這裡的價值不同於政治經濟學中價值的含義，這裡的價值是評價產品有益程度的尺度，是產品的功能與成本的綜合反應，它與功能成正比，與成本成反比。如果兩個產品成本相同而功能不同，則功能高的產品價值高，功能低的產品價值低。同樣，兩個產品功能相同而成本不同，則成本低的產品價值高，成本高的產品價值低。

價值概念的引入使人們對產品的評價出現了新的方式，即把產品功能和成本綜合起來評價，把技術性能指標與經濟指標結合起來評價，把設計和需求結合起來評價。這種評價方式，使得企業與用戶對產品的評價標準達到統一。企業的產品，既不能脫離用戶的需求，片面追求不切實際的「高功能」和「全功能」，從而造成產品的積壓和浪費，也不能片面地為降低成本而使產品的必要功能不足，從而造成產品質量下降，甚至導致產品滯銷。開展價值工程的真正目的就在於既要實現產品的必要功能，又要降低產品的生命週期成本，追求最佳價值。

(二) 提高價值的途徑

從價值工程的基本公式可以看出，某產品（作業）的價值與其功能成正比，與其成本成反比。所以，要實現價值工程的真正目的，要從改善功能和降低成本兩個角度去考慮，而這主要有以下五條途徑：

1. 功能不變，成本降低

技術進步出現了新材料、新工藝、新設備，企業完全可以在滿足用戶對原有產品功能的需求外，降低費用，從而提高產品價值。例如，採用新工藝使產品體積減小，從而降低成本，卻又不改變產品的所有功能。

2. 成本不變，功能提高

隨著科技的進步、經濟的發展，以及人們生活水準的提高，人們日益重視產品的美觀、裝飾功能，所以企業可以對那些具有裝飾價值的日常用品，如家具、衣物等，在式樣、顏色上做一些改變，無須增加費用就提升了功能，從而提升了產品價值。此外，一些新材料、新工藝、新設備的使用也可以使企業在原有的成本支出水準下，提升產品性能。

3. 功能提高，成本降低

新技術的迅速發展與應用，可以使實現某種功能的產品在結構或方法上有較大突破，這不僅有助於產品功能的增加，同時還能使產品的成本降低，從而使價值有較大的提升。隨著時代進步，這種提高產品價值的途徑將日益增多。

4. 成本略有增加，同時功能大幅度提高

現代工作與生活的節奏，需要產品由單功能向多功能發展，成本雖有增加，但其功能卻成倍甚至成十幾倍地增加，這無疑提升了產品的價值。

5. 功能略有下降，同時成本大幅度降低

由於用戶對產品功能的需求程度不一致，企業適當降低某些產品的功能（一般是輔助功能），同時使產品成本有較大幅度的下降，也可以滿足一些購買能力相對較弱的用戶的需求，從而取得較好的經濟效益。

（三）價值工程的步驟

我們從價值工程的定義和基本原理中可以發現，價值功能就是對產品的功能和成本進行對比，找出產品在功能和成本上存在的問題，以便提出切實可行的方案來解決問題。這是一個不斷提出問題、解決問題的過程。一般來說，價值工程包括四個階段：

1. 準備階段

準備階段是提出問題的階段。這個階段是價值工程的基礎，完成的好壞直接影響到價值工程的最終效果。該階段是否能很好地完成，關鍵取決於選擇對象的質量，而對象的質量又與掌握情報的數量和質量有著密切的聯繫，所以，這個階段又包括確定對象和收集情報兩個部分。

2. 分析階段

這個階段是價值工程的核心內容，是分析問題的階段，包括功能分析、成本分析、價值分析。

（1）功能分析。功能分析是在已確定產品改進對象的前提下，運用功能研究的手段，採用定量與定性相結合的方式，對產品的零部件逐個進行剖析、認識並研究其功能。其目的在於最大限度地剔除產品的多餘功能，補足不足功能。

（2）成本分析。經過功能分析後，需要採取種種方法對價值工程對象進行改

221

進。這些改進措施，不僅要技術上可行，而且要具有經濟上的合理性。所以，在功能分析確定價值工程對象的基礎上，要對他們的生命週期成本進行分析核算。成本分析就是站在用戶的立場上，按功能系統圖，在能夠滿足功能要求的多種方式方法中，通過成本的核算來確定最經濟的方式方法，以求提高價值工程活動對象的價值。

（3）價值分析。價值分析是在成本分析的基礎上，從經濟的角度，以最低成本（目標成本）方案的價值為標準，對實現必要功能的原方案的價值進行評價。其目的是找出價值小的功能區域作為重點改進的對象，並預測價值工程活動對象的成本改善期望值。

3. 創新階段

創新階段和隨後的實施階段都屬於問題解決階段。創新階段主要包括提出創新方案、方案評價。

（1）提出創新方案。提出創新方案是指根據用戶所要求的功能，採用一定的創造技巧與方法，綜合集體的智慧，提出高效益的、實用的、先進的可行方案。創新的方案，是開發新產品和改進老產品的胚胎，是價值工程活動具有生命力的基礎，是價值工程活動出成果的關鍵步驟。

（2）方案評價。將創新階段提出的新方案進行整理、篩選後，即可進行評價。評價一般分為兩個步驟：首先經過概略評價，初步挑選出有價值的方案；然後再對有價值的方案進行詳細評價，選出最佳方案。概略評價和詳細評價階段的內容都包括技術評價、經濟評價、社會評價和綜合評價四個方面，但深度和廣度有所不同。

4. 實施階段

（1）試驗實施。經過詳細評價後優選出來的方案，可以作為正式提案提交有關部門領導審批。提案批准後，即可開始試驗實施。在試驗實施過程中，應跟蹤檢查，及時發現、研究與解決問題，力求使新方案達到預期的效果。

（2）總結評定。方案試驗實施後，應對其成果進行全面的總結評定，總結評定的內容一般涉及技術、經濟、社會貢獻等方面。

本節復習思考題

1. 簡述成本計劃的作用。
2. 成本計劃的編製應包含哪些方面的內容？
3. 成本計劃需遵循哪幾方面的要求？
4. 簡述成本計劃的編製步驟。
5. 簡述成本計劃的編製方法。

6. 成本控制的原則是什麼？可分為哪幾類？
7. 什麼是價值工程？如何提高產品價值？簡述價值工程的步驟。

第二節　成本考核

一、成本考核的意義

(一) 成本考核的內涵

成本考核是指定期通過成本指標的對比分析，對目標成本的實現情況和成本計劃指標的完成結果進行的全面審核、評價，是成本會計職能的重要組成部分。為了監督和評價各部門、各單位成本計劃的完成情況，促使其履行有關經濟責任，保證目標成本的實現，應建立定期的成本考核制度。成本考核作為成本會計的重要職能之一，對於降低成本、促進成本工作水準的提高，具有十分重要的意義。

(二) 成本考核的原則

1. 以國家的政策法令為依據

為了協調國家、集體、個人三者之間的關係，國家根據經濟運行的客觀規律，制定了相應的政策法令，給人們提供了一個按照規律辦事的界限。違反了國家的政策法令，也就違反了經濟規律的起碼要求，因此，在對企業以及企業內部進行成本考核時，必須以國家的政策法令為依據，對企業的經營及成本指標的完成情況進行全面的評價。

2. 以企業的計劃為標準

企業的成本計劃，是根據國家計劃並結合企業實際情況制定的。它是全體職工奮鬥的目標，也是各個部門和環節工作的標準。因此，對企業及企業內部進行成本考核，必須以計劃為標準。

3. 以完整可靠的資料、指標為基礎

成本考核的資料、指標必須完整可靠。資料不全面、指標不可靠，也就失去了考核的依據。因此，在成本考核前，必須對成本資料及其計算的指標，進行全面的檢查審計，而後才能做出恰如其分的考核評價。

4. 以提高經濟效益為目標

全面成本管理的最終目的，是獲得最佳投入—產出的比例，也就是最大限度地提高經濟效益。產品成本下降了，就應給予相關人員肯定和獎勵；否則，相關人員要負相應的經濟責任。只有考核合理，功過分明，才能為降低產品成本、提高經濟效益不斷開拓新的途徑。

二、分權管理與責任中心

隨著企業規模的日益擴大，分權管理已成為現代企業管理的基本模式。分權管理的基本特徵是將企業的決策權在不同層次和不同地區的管理部門之間進行劃分，以使各層次的管理人員能在所授予的權力範圍內，及時地根據市場情況的變化做出最快、最有效的決策。與此同時，各級管理部門也對其經營管理的有效性承擔經濟責任。這種承擔著與其經營決策權相適應的經濟責任部門，被稱為「責任中心」。

責任中心是指與其經濟決策密切相關的、責權利相結合的部門。其主要特點是決策權的大小與其經濟責任的範圍相適應，經濟責任的大小又與工作業績好壞的評價相聯繫，從而與其經濟利益相聯繫。責任中心的劃分，是現代企業管理中分權管理模式的靈活體現，為充分調動各級、各部門的積極性和創造性提供了廣闊的舞臺。根據企業授權的責任和控制範圍的不同，責任中心又分為收入中心、成本（費用）中心、利潤中心和投資中心。收入中心一般是企業的銷售部門，只對收入負責，不對成本負責，但對部分銷售費用負有一定的責任；成本中心只對其可控成本負責；利潤中心、投資中心既對收入負責又對成本負責。可見，各個責任中心的考核範圍與重點是有較大區別的。通過考核，可以評價各責任中心對當期經濟效益的貢獻，使企業樹立全員成本管理意識，使各個責任單位和責任人員在成本考核的獎懲制度中看到自身的經濟利益，增強降低成本的責任心，為增收節支做出更大的貢獻。

一個責任中心，如果不形成或者不考核其收入，而著重考核其所發生的成本和費用，這類中心稱為成本中心。在實行成本責任制的企業，可以按照車間、部門甚至一個班組建立不同層次的成本中心，各成本中心要對分工管理的責任成本及成本超支負責，按分工管理的責任成本進行考核。

責任成本是指特定的責任中心發生的可由其主觀控制的耗費。當企業將經濟責任層層落實到各責任中心後，就需要對各責任中心發生的耗費進行核算，以正確反應各責任中心的經營業績。這種以責任中心為對象進行歸集的成本稱為責任成本。

為了正確計算責任成本，必須先將成本按已確定的經濟責權分管範圍分為可控成本和不可控成本。劃分可控成本和不可控成本，是計算責任成本的先決條件。責任成本的歸集必須以可控性為原則，這是責任成本最主要的特點。可控成本和不可控成本是相對而言的，是指產品在生產過程中發生的耗費能否為特定的責任中心所控制。

可控成本應符合三個條件：能在事前知道將發生什麼耗費；能在事中發生偏

差時對偏差加以調節；能在事後計量耗費。能滿足三個條件的成本則為可控成本，但凡有一個條件不滿足的則為不可控成本。任何責任中心的責任成本必須是該中心的可控成本。每個責任中心在計劃期開始前編製的責任預算、平時對責任成本實際發生數額的記錄以及編製的工作業績報告，都以該中心的可控成本為限。一個責任中心的責任成本，應包括該責任中心本身歸集的可控成本，由其他責任中心按責任歸屬轉來的應由該中心負責的成本，以及下屬各責任中心的責任成本。

責任成本與產品成本是企業的兩種不同成本核算組織體系，他們有時是一致的，有時則不一致。責任成本按責任者歸類，即按成本的可控性歸類，產品成本則按產品的對象來歸集。

三、成本考核的主要指標、方法和評價

(一) 成本考核主要指標

成本考核要求責任者對所控制的成本負責，將責任與獎懲制度相結合，調動各級、各部門、每位員工降低成本的積極性。成本考核要求按成本責任單位進行成本核算與分析。企業若想具有較高的成本計劃水準、成本核算水準和成本分析水準，關鍵之一在於成本考核指標的制定。企業產品的計劃成本或目標成本制定完成後，應進行歸口分級管理，層層分解至每一個有關部門和人員，明確其經濟責任與經濟利益，定期考核兌現。成本考核既有價值指標，也有實物指標；既有數量指標，也有質量指標；既有單項指標，也有綜合指標。

1. 實物指標和價值指標

實物指標是從使用價值的角度，按照其自然計量單位來表示的指標。如消耗鋼材採用「噸」或「千克」，消耗包裝物採用「箱」或「只」等。價值指標是以貨幣為統一尺度表現的指標，如生產費用、產品成本、材料成本、辦公費用等。在成本指標中，實物指標是基礎（班組、機臺成本核算多用實物指標），價值指標是一種綜合性指標。考核成本指標的完成情況，需要把實物指標和價值指標結合起來。

2. 數量指標和質量指標

數量指標是反應一定時期某一方面工作數量的指標，如產量、生產費用、總成本等。質量指標是反應一定時期工作質量或相對水準的指標，如單位成本、產值生產費用率、商品產品成本率、可比產品成本降低率等。數量指標和質量指標相結合，才能全面認識成本變化的規律。

3. 單項指標和綜合指標

單項指標是反應成本變化中某個側面的指標，如某種產品的單位成本等。綜合指標是總括反應成本的指標，如全部生產費用、商品產品總成本、可比產品成

本降低率等。單項指標是基礎，綜合指標是單項指標的概括總結。

(二) 成本考核的方法和評價

1. 成本考核的方法

成本中心要對其責任成本（可控成本）負責，因此，對成本中心的考核應以責任成本為主要指標，即將成本中心實際發生的責任成本同預算的責任成本或目標成本進行比較。為確保考核的有效性和合理性，責任成本除包括成本中心發生的直接可控成本外，還應當包括分攤給本中心並由本中心負責的間接可控成本。

成本中心的考核指標，一般按其不同的責任層次進行劃分。比如，大華總廠下設分廠、車間、班組三個層次，則這三個不同層次的責任成本的構成如下：

分廠責任成本 = $\sum$ 各車間責任成本+分廠應分攤的可控間接成本

車間責任成本 = $\sum$ 各班組責任成本+車間應分攤的可控間接成本

班組責任成本 = $\sum$ 可控直接材料成本+可控直接人工成本+班組應分攤的可控間接成本

分廠責任成本由分廠廠長負責，車間責任成本由車間主任負責，班組責任成本由班組長負責。

在會計期末，成本中心往往要編製業績報告，以此作為業績評價和考核的依據。由於成本中心只對責任成本負責，因而成本中心的業績報告主要根據責任成本的實際數與預算數進行編製，以此反應成本中心責任預算的執行情況。

業績報告通常包括三部分，即實際數、預算數和差異數。對差異產生原因的分析，可以作為業績報告的第四部分，也可以作為業績報告的附件。業績報告中的「差異數」是顯示成本中心工作好壞的重要標志，凡實際數大於預算數，稱為「不利差異」，表示超支，可用「U」表示；凡實際數小於預算數，稱為「有利差異」，表示節約，可用「F」表示。

成本中心的業績報告如表 10-1 所示。

這裡應當強調說明，對成本中心考核的是責任成本而不是產品成本。責任成本和產品成本的區別在於責任成本是按「誰負責誰負擔」的原則，以責任中心為對象計算的，而產品成本則是以「誰受益誰負擔」的原則，以產品為對象計算的。

成本考核的指標主要集中於目標成本完成情況，包括目標成本節約額和目標成本節約率兩個指標。

(1) 目標成本節約額。目標成本節約額是一個絕對數指標，它以絕對數形式反應目標成本的完成情況，這一指標的計算公式如下：

目標成本節約額＝預算成本－實際成本

表 10-1　　　　　　　　某車間成本中心業績報告

20×7 年 6 月　　　　　　　　　　　　　單位：元

項目	實際數	預算數	差異數
可控直接成本			
直接材料	59,000	61,000	2,000（U）
直接人工	32,000	31,000	1,000（F）
可控間接成本			
間接材料	2,500	2,400	100（F）
間接人工	1,000	1,200	200（U）
其他	600	800	200（U）
合計	95,100	96,400	1,300（U）

【例 10-1】某公司生產 A、B、C 三種產品，每種產品都需經過甲、乙、丙三個生產部門（成本中心）生產加工。今年五月份，整個企業在生產過程中共發生直接材料消耗 150,000 元，直接人工費用 80,000 元，製造費用 110,000 元，根據料工費耗用的原始憑證及有關的分配表，各責任中心和各產品五月份成本的計算如表 10-2 所示：

表 10-2　　　　　　　　責任成本和產品成本計算表　　　　　　　　單位：元

成本項目	合計	責任成本			產品成本		
		甲	乙	丙	A	B	C
直接材料	150,000	90,000	30,000	30,000	40,000	50,000	60,000
直接人工	80,000	20,000	20,000	40,000	20,000	25,000	35,000
製造費用	110,000	40,000	40,000	30,000	25,000	40,000	45,000
總成本	340,000	150,000	90,000	100,000	85,000	115,000	140,000

各責任中心將各月的責任成本加總起來，就是全年的責任成本。如果是成本中心，就以此作為生產業績的考核依據。上表中計算的產品成本，僅表明是當月發生的成本，要求加上各產品的期初成本餘額，然後在完工產品與在產品之間進行分配，計算出完工產品的成本和期末在產品的成本。

【例 10-2】若前例中甲、乙、丙三個責任中心的責任成本預算分別為 160,000 元、85,000 元和 100,000 元，則甲、乙、丙三個責任中心的目標成本節約額可計算如下：

目標成本節約額（甲）＝160,000－150,000＝10,000（元）

目標成本節約額（乙）＝85,000－90,000＝－5,000（元）

目標成本節約額（丙）＝100,000－100,000＝0（元）

其中，正數為節約額，負數為超支額。

（2）目標成本節約率。目標成本節約率是一個相對數指標，它以相對數形式反應目標成本的完成情況，這一指標的計算公式如下：

目標成本節約率＝目標成本節約額÷目標成本×100%

承前例，各成本中心的目標成本節約率計算如下：

目標成本節約率（甲）＝ 10,000÷160,000×100% = 6.25%

目標成本節約率（乙）＝ -5,000÷85,000×100% ≈ -5.88%

目標成本節約率（丙）＝ 0÷100,000×100% = 0%

2. 成本考核的評價

（1）一般考核。目標成本節約額和目標成本節約率兩指標相輔相成，因此評價一個責任中心的經營業績時必須綜合考核兩個指標的結果。由計算結果可知，甲責任中心目標成本完成情況較好，節約額達 10,000 元，節約率達 6.25%；乙責任中心目標成本完成情況較差，超支了 5,000 元，超支率達 5.88%；丙責任中心正好完成目標成本，不超支也不節約。根據這一結果，如果沒有其他環境影響，則甲責任中心的業績是好的，成本控制較有效；乙責任中心相對比較差；丙責任中心還可以。但在實際工作中，還應綜合考慮各方面因素的影響，才能使業績評價公正、合理，才能收到良好的效果。

（2）綜合考核和評價。

①成本崗位工作考核。這是會計工作達標考核標準的一部分，是對成本核算和管理人員工作內容、工作狀況、工作方式、工作態度及工作業績的綜合評價。該項制度採取考核評分的形式，每個崗位以 100 分為滿分，達到 70 分以上為達標，不足 70 分為不及格。格式如表 10-3 所示。

表 10-3　　　　　　　　　　成本崗位考核標準

序號	考核標準	評分標準
1	認真貫徹執行「兩則」以及成本核算有關部門的規定，正確掌握成本開支標準，劃清本期產品和下期產品成本的界限，不得任意攤銷和預費用，劃清在產品成本和產品成本的界限，不得虛報可比產品成本降低額。凡是制度規定不得列入成本的開支，不得列入產品成本	10
2	積極會同有關部門建立健全各項原始記錄、定額管理和計量驗收制度，正確計算成本，為加強成本管理提供可靠依據	5
3	正確組織成本核算，及時歸集與分配生產費用，組織審查、匯總產品生產成本，按時編報成本報表，進行成本費用的分析和考核	15
4	負責預提費用、待攤費用、長期待攤費用、材料成本差異的分配及核算	7
5	負責成本費用開支的事前審核，嚴格控制成本、費用開支，確保成本計劃的完成	8

表10-3（續）

序號	考核標準	評分標準
6	按照費用指標進行核算和管理，定期考核各單位費用指標的完成情況	7
7	按照下達的生產資金定額，及時掌握各生產單位生產資金的佔用情況，並進行全廠的在產品管理	8
8	開展目標成本管理和質量成本管理，根據已確定的各項指標，分解落實到有關生產單位	9
9	組織在製品、自製半成品核算與半成品稽核工作，建立在製品明細帳，對庫存自製半成品進行定期盤點，發現盈虧應查明原因，及時處理	10
10	經常深入車間等生產單位，解決車間成本管理中的問題，協調車間之間、處室（科室）之間有關成本計算問題	7
11	定期組織各車間或成員互相檢查成本核算工作，發現問題及時以書面形式向企業領導或總會計師匯報	8
12	保管好各種會計憑證、報表、帳簿及有關成本計算資料，防止丟失或損壞。按月裝訂好會計憑證及報表、帳簿，定期全數歸檔	6

②成本否決制與成本考核。成本否決是企業為了求得自身的不斷發展而採取的一種旨在制約、促進生產經營管理，提高經濟效益的手段。其主要內容和特點表現為三點。一是成本否決存在於生產經營的全過程，貫穿於成本預測、決策、計劃、核算、分析等全過程，涉及產品的設計、決策、生產、銷售等各個環節，具有時間上、空間上的前饋控制、過程控制、反饋控制。二是成本否決是一個動態循環過程，比如否決了生產成本，涉及原材料成本；否決了原材料成本，涉及原材料的採購成本；否決了原材料的採購成本，涉及採購計劃及實施。從再生產過程來看，否決了銷售，涉及生產；否決了生產，涉及供應。從供、產、銷的銜接及其制約上評價成本的升降情況來看，有助於從企業各個部門及有關人員的職責的完成情況上考核其工作業績，促使企業走上良性循環的軌道。三是成本否決是一個自我調節的過程。企業應在產品決策階段，通過認真、科學的論證，選擇具有競爭力的產品，使其機會成本達到最低；在產品設計階段，企業應利用價值工程等理論和方法，使產品的功能與其價值相匹配，達到優化，消除成本管理的「先天不足」問題；在材料採購階段，除控制採購費用外，企業應盡量選擇功能相當、價格較低的代用材料，控制材料採購成本；在生產階段，企業應通過生產工藝過程和產品結構的分析，嚴格定額管理，運用價值工程進行進一步管理控制；在銷售階段，應加強包裝、運輸、銷售費用管理；在售後服務階段，應加強產品服務管理，提高售後服務隊伍的業務素質，降低外部故障成本，改善企業形象。

成本否決制的誕生和運用，在生產經營管理的控制過程中，起到了激勵、約束、導向的作用，形成了「成本控制中心」的權威地位；強化了企業全員的成本

意識，有效地解決了成本控制中條塊分割、縱橫制約的弊端，打破了財務部門獨家管理成本的現狀，使技術和經濟相結合，也使生產、技術、物資、勞資等方面的管理與價值管理真正相結合。一方面，大批技術人員被納入成本管理行列；另一方面，大批財務會計人員進入生產技術領域，形成了縱橫交錯的成本管理網絡。「成本降低率」指標的設立，使責權利密切結合，突出了成本控制的地位，解決了成本綜合考核、綜合獎勵的問題，強化了控制手段，擴大了責任成本的視野，完善了責任成本控制，拓展了責任成本考核的思路。

第十一章 成本報表的編製和分析

作為成本會計工作的重要環節，成本會計報表的編製和分析對企業的成本控制、經營管理等有很大的作用。本章在分析成本報表作用、種類和特點的基礎上，重點介紹全部產品生產成本表、主要商品單位成本表和各種費用明細表的編製方法、內容結構和分析方法。

第一節 成本報表的作用和種類

成本報表是根據產品成本和期間費用的核算數以及其他有關數據編製的，用以反應產品成本的構成及水準，考核和分析成本計劃執行情況的書面報告。成本報表不同於資產負債表、利潤表、現金流量表等財務報表，它主要是為滿足內部管理需要而編製的，不對外報送，屬於企業內部報表，因此內容和格式相對靈活，可根據不同的管理需要，由企業自行決定。

一、成本報表的作用

成本報表是進行成本分析的主要依據，它的主要作用是向管理職能部門、企業領導和上級主管部門以及企業職工提供成本信息，用以加強成本管理，促進和挖掘成本的潛力。成本報表的作用主要表現在：

（1）成本報表提供的實際產品成本和費用支出的資料，可以滿足企業車間和部門加強日常成本、費用管理的需要，而且其還是企業進行成本、利潤的預測、決策，制訂產品價格的重要依據。

（2）企業可以根據成本報表反應的有關報告期間成本情況的資料，結合對下一會計期間有關材料、人工費用水準變化的預測、生產計劃的安排以及市場前景的預期等信息，有針對性地編製下期的成本計劃，制定成本策略。

（3）通過成本報表分析，可以揭示影響產品成本指標和費用項目變動的因素和原因，從生產技術、生產組織和經營管理等各個方面挖掘減少費用支出和降低產品成本的潛力，增加企業的經濟利潤。

（4）企業和主管企業的上級機構可以利用成本報表，檢查成本計劃執行情況，考核企業成本工作績效，瞭解企業的整體水準。同時，與同行業各企業間進行交流對比，還將有助於主管部門瞭解企業對國家有關政策、法規、制度的執行情況，從而加強對企業成本管理工作的指導。

二、成本報表的種類

由於成本報表主要是服務於企業內部經營管理目的的報表，因此，它沒有固定的種類、格式和內容，其編製方法、編報日期、報送對象由企業自行決定，或由主管企業的上級機構同企業共同商定。為了方便信息使用者更方便快捷地獲取企業成本費用的情況，成本報表的設置既要全面反應成本費用情況，又要滿足企業內部管理的需要，同時還應進行適當的簡化。

成本報表按反應的內容可以分為以下幾種：

1. 反應成本計劃情況的報表

反應成本計劃情況的報表主要是指反應企業為生產一定種類和數量的產品所支出的生產費用的水準及其構成情況的報表，一般包括產品生產成本表、主要產品單位成本表、製造費用明細表等。

2. 反應費用支出情況的報表

反應費用支出情況的報表主要是指反應企業在一定時期內各種費用總額及其構成情況的報表，一般包括管理費用明細表、銷售費用明細表和財務費用明細表。

3. 反應生產經營情況的報表

反應生產經營情況的報表主要是指反應企業在一定時期內的生產情況及材料耗費情況的報表，一般包括生產情況表、材料耗用表、材料差異分析表等。

除了上述報表外，會計部門根據會計核算一般原則的要求，也可以將成本報表按照編製的時間劃分為年報、季報、月報、旬報、周報、日報等，並及時提供給有關部門和相關人員，促使其採取及時措施，解決生產經營中的問題。企業可以根據不同的需要，採取不同的編製和分類方法。但同時企業應本著實質重於形式的原則，力求簡明扼要，講求實際。

在編製成本會計報表的時候，要盡量做到內容完整、表述清楚，即表中的項目分類應齊全完備，基本資料和補充資料完整，保持計算方法和計算口徑的一致，保證計算準確、數字真實。成本報表中的數字大都來源於當期的帳簿記錄，因此，為了準確記錄成本報表的數字，首先應保證帳簿記錄的真實、準確性，做到帳證、帳帳、帳實相符；其次，應保證編製、報送的及時性，能根據企業營業部門需要迅速提供各種成本報表。

第二節　成本報表分析的程序和方法

　　成本報表分析是成本分析中一項十分重要的工作，它以成本報表所提供的反應企業一定時期成本水準和構成情況的核算資料為依據，運用科學的分析方法，通過對各項指標的變動以及指標之間的相互關係進行分析，揭示企業各項成本指標計劃的完成情況和原因，從而對企業一定時期的成本工作情況有一個比較全面的、本質的認識。它以企業完成的成本報表為依據，因此它屬於事後分析。

一、成本報表分析的一般程序

　　成本報表分析應以全面、發展的觀點，對企業成本工作進行評價。
　　（1）分析成本報表。應從全部產品成本計劃完成情況的總評價開始，然後按照影響成本計劃完成情況的因素逐步深入、具體地分析。
　　（2）在分析成本指標實際脫離計劃差異的過程中，應將影響成本指標變動的各種因素進行分類，衡量它們的影響程度，並從這些因素的相互關係中找出起決定作用的主要因素。
　　（3）相互聯繫地研究生產技術、工藝、生產組織和經營管理等方面的情況，查明各種因素變動的原因，挖掘降低產品成本、節約費用開支的潛力。

二、成本報表分析的方法

　　在對成本報表進行分析時，研究各項成本指標的數量變動和指標之間的數量關係的方法常見的有以下幾種：

（一）比較分析法

　　比較分析法是將分析期的實際數據與選定的基準數據進行對比，瞭解成本管理中的業績與問題的一種分析方法。比較分析法的主要作用在於揭示兩者之間存在的差距，並為進一步分析指出方向。比較分析通常有以下幾種形式：
　　（1）將成本實際指標與計劃（定額指標、目標指標等）進行對比，瞭解計劃完成情況或對比程度。
　　（2）將本期實際成本與上期（上年同期）進行比較，考察成本的變化趨勢，瞭解生產經營改進情況。
　　（3）將實際成本指標與本企業歷史（行業）先進水準進行比較，或與國內外同行業先進指標進行對比，發現存在的差距，促進企業改進經營管理。

由於比較分析法只適用於同質指標的數量對比，因此，要注意對比指標之間的可比性，即主要指標內容可比、計算口徑一致、計算時間同期。

(二) 比率分析法

比率分析法是將企業同一時期具有內在聯繫的經濟技術指標進行對比，計算相關指標間的比率，以便從經濟活動的客觀聯繫中，深入地認識企業的生產經營狀況。比率分析法在經濟分析中應用十分廣泛，主要有以下幾種方法：

1. 相關指標比率分析法

相關指標比率分析法是對兩個性質不同而又相關的指標比率進行數量分析，然後再將實際數與計劃數進行對比分析的方法。這種方法便於我們從經濟活動的客觀聯繫中深入認識企業的生產經營情況。

主要指標的計算公式如下：

產值成本率＝產品成本÷商品產值×100%

銷售成本率＝產品成本÷產品銷售收入×100%

成本利潤率＝利潤總額÷產品成本×100%

2. 構成比率分析法

構成比率分析法是指利用某個指標的各個組成部分占總體的比重來分析其構成情況的方法。這種方法將構成產品成本的各個成本項目同產品成本總額相比，計算其占成本的比重，確定成本的構成比率，然後將不同時期的成本構成比率相比較。以產品成本構成為例，其主要的指標計算如下：

原材料費用比率＝原材料費用÷產品成本×100%

直接人工費用比率＝直接人工費用÷產品成本×100%

製造費用比率＝製造費用÷產品成本×100%

3. 動態比率分析法

動態比率分析也稱趨勢分析，它是將不同時期同類指標的數值進行對比，求出比率，進行動態比較，據以分析該項指標的增減速度和變動趨勢，從而發現企業在生產經營方面的成績或不足。動態比率按計算時基數的不同，可分為定基比率和環比比率。

【例 11-1】假定某企業甲產品某年四個季度實際單位成本分別為 80 元、82 元、85 元、84 元。

如果以第一季度為基期，以該季度單位成本 80 元為基數，規定為 100%，可以計算出其他各季度產品單位成本與之相比的定基比率：

第二季度：82÷80×100% = 102.5%

第三季度：85÷80×100% ≈ 106.3%

第四季度：84÷80×100% = 105%

通過以上計算，可以看出第二季度、第三季度的甲產品單位成本較第一季度有上升的趨勢，但第四季度又有所下降。

如果分別以上季度為基期，可以計算出各季度環比的比率：

第二季度比第一季度：82÷80×1000% = 102.5%

第三季度比第二季度：85÷82×100% ≈ 103.7%

第四季度比第三季度：84÷85×100% = 98.8%

通過以上計算可以看出，甲產品的單位成本變動趨勢呈倒馬鞍型，第二季度、第三季度呈上升趨勢，第四季度又有所下降。

(三) 因素分析法

因素分析法也稱連環替代法，它是把綜合經濟指標分解為各個經濟因素，再從數值上測定各個相互聯繫的因素對有關經濟指標變動影響程度的一種分析方法。一般計算程序如下：

(1) 確定分析對象，根據各因素之間的數學運算關係，列出該指標的計算公式。

(2) 按照一定的替換順序，依次以每個因素的實際數替換計劃數，有幾個因素就替換幾次。每次替換後要計算出替代指標，然後將替代指標減去替換前的指標，差額就是該替換因素對計劃完成結果的影響程度。

(3) 將各個因素的影響值相加，就是指標的實際數與計劃之間的總差額。

【例11-2】2004年9月，企業某種原材料費用的實際值是9,240元，而其計劃值是8,000元，實際值比計劃值增加1,240元。由於原材料費用是由產品產量、單位產品材料消耗用量和材料單價三個因素的乘積構成的，因此，可以將材料費用這一總指標分解為三個因素，然後逐個分析它們對材料費用總額的影響方向和程度。現假定這三個因素的數值如表11-1所示。

表11-1　　　　　　　　　材料費用的影響因素及數值情況表

項目	單位	計劃值	實際值
產品產量	件	100	110
單位產品材料消耗量	千克	8	7
材料單價	元	10	12
材料費用總額	元	8,000	9,240

由上表資料可知，材料費用總額實際值較計劃值增加了1,240元。運用連環替代法，可以計算出各因素變動對材料費用總額的影響方向和程度：

計劃值 = 100×8×10 = 8,000（元）　①

第一次替代（產品產量因素）：110×8×10＝8,800（元）②
第二次替代（單位材料消耗量因素）：110×7×10＝7,700（元）③
第三次替代（材料單價因素）：110×7×12＝9,240（元）④
總影響：④-③+③-②+②-①＝1,240（元）
從結果中我們可以看出，1,240元就是該項經濟指標的對比差異數。

（四） 差額分析法

差額分析法是連環替代法的一種簡化形式，它的應用原理與連環替代法一樣，只是計算程序不同。它是利用各個因素的實際數與基數之間的差額，直接計算各個因素對綜合指標差異的影響數值的一種技術方法。運用這一方法時，先要確定各因素實際數與計劃數之間的差異，然後按照各因素的排列順序，依次求出各因素變動的影響程度。差額計算法由於計算簡便，所以應用比較廣泛，特別是在影響因素只有兩個時更為合適。

承【例11-2】，用差額分析法分析如下：
產量對材料費用的影響：（110-100）×8×10＝800（元）
材料消耗對材料費用的影響：110×（7-8）×10＝-1,100（元）
材料單價對材料費用的影響：110×7×（12-10）＝1,540（元）
這三個因素對材料費用總額的影響為：
800-1,100+1,540＝1,240（元）

第三節　主要產品單位成本表的編製與分析

主要產品單位成本表是反應企業在報告期內生產的各種主要產品單位成本構成情況和各項主要技術經濟指標執行情況的報表，是產品生產成本表的補充報表。該表應按主要產品分別編製，是產品生產成本表中某些主要產品成本的進一步反應。

一、主要產品單位成本表的結構

主要產品單位成本表的結構分為上半部和下半部。上半部是反應單位產品的成本項目，並分別列出歷史先進水準、上年實際平均、本年計劃、本月實際和本年累計實際平均的單位成本。下半部是補充資料部分，用來反應單位產品的主要技術經濟指標，主要反應原料、主要材料、燃料和動力等消耗數量。主要產品單位成本表的一般格式如表11-2所示。

表 11-2　　　　　　　　　　　　主要產品成本表

編製單位：××工廠　　　　　　20××年 12 月

產品名稱		甲產品		本月計劃產量		250
規格		—		本月實際產量		234
計量單位		臺		本年累計計劃產量		2,360
銷售單價		—		本年累計實際產量		2,400
成本項目		歷史先進水準	上年實際平均	本年計劃	本月實際	本年累計實際平均
直接材料（元）		200	216	206	210	204
直接人工（元）		120	128	124	122	132
製造費用（元）		100	114	116	112	110
合計（元）		420	458	446	444	446
主要技術經濟指標	①普通鋼材（千克）	120	134	128	136	132
	②工時（小時）	20	22	20	24	22

二、主要產品單位成本表的填列方法

（1）「本月計劃產量」和「本年累計計劃產量」欄項目，分別根據本月和本年產品產量計劃填列。

（2）「本月實際產量」和「本年累計實際產量」欄項目，根據統計提供的產品產量資料或產品入庫單填列。

（3）「成本項目」欄各項目，應按具體規定填列。

（4）「主要技術經濟指標」欄項目，反應每一單位主要產品產量所消耗的主要原材料、燃料、工時等的數量。

（5）「歷史先進水準」欄各項目，反應本企業歷史上該種產品成本最低年度的實際平均單位成本和實際單位用量，應根據有關年份成本資料填列。

（6）「上年實際平均」欄各項目，反應上年實際平均單位成本和單位用量，應根據上年度本表的「本年累計實際平均」單位成本和單位用量的資料填列。

（7）「本年計劃」欄各項目，反應本年計劃單位成本和單位用量，應根據年度計劃資料填列。

（8）「本月實際」欄各項目，反應本月實際單位成本和單位用量，應根據「本月產量成本明細帳」等有關資料填列。

（9）「本年累計實際平均」欄各項目，反應本年年初至本月末該類產品的平均實際單位成本和單位用量，應根據年初至本月末已完工產品成本明細帳等有關資料，採用加權平均計算後填列。

三、主要產品單位成本表的分析

（一）主要產品單位成本表的一般分析

對主要產品單位成本表的一般分析是將主要產品的本期實際單位成本與計劃、上年、歷史先進水準等進行比較，分析其升降情況，如表 11-3 所示。

表 11-3　　　　　　　　　　　產品單位成本分析表

產品名稱：×產品　　　　　　　　　20××年　　　　　　　　　　　單位：元

成本項目	歷史先進水準	上年平均實際單位成本	計劃單位成本	本年平均實際單位成本	降低（+）或超支（-）		
					同歷史先進水準比	同上年比	同計劃比
直接材料	252	243	242	244	8	-1	-2
直接人工	180	194	190	191	-11	3	-1
製造費用	58	78	68	75	-17	3	-7
製造成本	490	515	500	510	-20	5	-10

從表中可以看到，甲產品單位製造成本比歷史先進水準超支了 20 元，比上年降低了 5 元，比計劃超支了 10 元。同時還可以看到各成本項目較歷史先進水準、計劃成本、上年成本的升降情況。但這些都只是表面現象，要想知道成本真正升降的原因，就需對每個成本項目的完成情況進行分析。

（二）技術經濟指標變動對主要產品單位成本表影響的分析

（1）產量變動對單位成本影響的分析。產品成本包含變動費用和固定費用兩部分。在一定範圍內，單位產品變動成本不會隨著產量的變動而變動，但是產量的增減變動會使單位產品中分攤的固定成本的份額相應地減少或增加，從而間接地影響單位產品的實際成本。因此，現代大企業一般將提高產量作為降低成本的重要手段。

（2）產品質量變動對單位成本影響的分析。產品質量指標一般有反應產品本身質量的指標和反應生產工作質量的指標兩大類。前者用等級產品表示，後者則用合格品率、返修率和廢品率表示。產品質量對單位成本的影響，可以從不同角度進行分析。

（3）產品設備利用率變動對產品單位成本影響的分析。設備利用包括設備時間利用和設備單位時間加工能力利用兩個方面。時間利用指設備運轉時間，能力利用指設備單位時間加工的產品產量。提高設備利用率能通過增加產量、減少單位成本中的固定成本的方式，達到降低產品成本的目的。

（4）勞動生產率變動對單位成本影響的分析。一方面，勞動生產率提高意味著單位產品所消耗的工時減少，從而負擔的工資成本相應減少，並且勞動生產率提高又為產量增加創造了條件，從而還會降低單位產品成本中的固定成本。但另一方面，勞動生產率的增長往往伴隨著工資率的增長，使得單位產品的工資費用增加。因此，只有勞動生產率的增長速度超過工資率的增長速度時，才能使產品成本降低。

（5）材料消耗量變動對單位成本影響的分析。降低材料消耗量必然使單位成本中的材料成本降低。企業降低材料消耗一般採用的措施有降低材料單耗、綜合利用原材料、採用代用材料以及改進產品設計、減輕產品重量等。

第四節　各種費用報表的編製和分析

各種費用是指在企業生產經營過程中，各個車間、部門發生的與企業的生產經營、組織和營業等息息相關的各種耗費，包括製造費用、管理費用、銷售費用和財務費用。其中，製造費用屬於產品成本的組成部分，管理費用、銷售費用及財務費用屬於期間費用。費用明細表的分析通常採用比較分析法、比率分析法等。下面以製造費用明細表的年度分析為例，說明各項費用分析的一般方法。

製造費用明細表是反應企業在一定時期內發生的各項製造費用及其構成情況的成本報表，編製本表是為了分析製造費用的構成和增減變動情況，考核製造費用預算的執行情況，發現費用項目超支或節約的原因，以便加強監督，採取措施，節約開支，降低費用，並為編製計劃和預測未來水準提供依據。

表中的各明細項目，應包括企業各個生產單位為組織和生產發生的各項費用。製造費用明細表是按製造費用項目設置的，分欄反應了各費用的本年計劃數、上年同期實際數、本月實際數、本年累計實際數。

【例11-3】假定某企業201×年12月份的製造費用明細表如表11-4所示。

表11-4　　　　　　某企業的製造費用明細表　　　　　　單位：千元

費用項目	本年計劃數（應根據企業本年度編製的製造費用計劃數進行填列）	上年同期實際數（應根據企業上年同期該表上的實際數進行填列）	本月實際數（應根據本月各製造費用明細帳合計數匯總填列）	本年累計實際數（應根據本年製造費用明細帳累計實際發生額進行填列）
職工薪酬	260	240	250	3,000
材料費	210	202	230	2,760
折舊費	140	120	120	1,450

表11-4(續)

費用項目	本年計劃數 (應根據企業本年度編製的製造費用計劃數進行填列)	上年同期實際數 (應根據企業上年同期該表上的實際數進行填列)	本月實際數 (應根據本月各製造費用明細帳合計數匯總填列)	本年累計實際數 (應根據本年製造費用明細帳累計實際發生額進行填列)
電費	225	204	230	2,400
修理費	79	77	75	900
差旅費	30	26	25	300
勞動保護費	18	16	17	204
保險費	24	21	22	249
其他支出	3.4	3.1	4	39
合計	989.4	909.1	973	11,302

企業根據營業的需要，也可以將製造費用按成本性態劃分為變動製造費用成本和固定製造費用成本，其格式如表11-5所示。

表 11-5　　　　　　某企業的製造費用明細表　　　　　單位：千元

費用項目	本年計劃數 (應根據企業本年度編製的製造費用計劃數進行填列)	上年同期實際數 (應根據企業上年同期該表上的實際數進行填列)	本月實際數 (應根據本月各製造費用明細帳合計數匯總填列)	本年累計實際數 (應根據本年製造費用明細帳累計實際發生額進行填列)
變動製造費用：				
電費	225	204	230	2,400
修理費	79	77	75	900
差旅費	30	26	25	300
勞動保護費	18	16	17	204
保險費	24	21	22	249
其他支出	3.4	3.1	4	39
小計	379.4	347.1	373	4,092
固定製造費用：				
職工薪酬	260	240	250	3,000
材料費	210	202	230	2,760
折舊費	140	120	120	1,450
小計	610	562	600	7,210
合計	989.4	909.1	973	11,302

製造費用、銷售費用、管理費用和財務費用，都是與企業的經營利潤息息相關的，因此對各項費用明細表的分析顯得尤為重要。其中，製造費用作為生產費用，直接計入產品成本，而後三者則作為期間費用，直接計入當期損益。不同的經濟性質決定了它們的經濟用途各不相同。通過對這些費用明細表的編製和分析，可以瞭解企業行政營業部門和生產車間工作的質量和有關責任制度、節約制度的貫徹執行情況，有利於企業節約各項費用支出，減少浪費損耗，為企業降低成本和增加利潤提供可靠的途徑。同時，深入分析和研究費用的支出情況，也在一定程度上提高了企業的工作效率，為其生產經營工作的改進指明了方向。

對上述各種費用明細表進行分析時，應做到如下幾點：

（1）根據表中資料，將各項費用的本年實際數與本年計劃數進行比較，確定實際脫離計劃差異，然後分析差異產生的原因。在確定費用實際支出脫離計劃差異時，應按各種費用組成項目分別進行，而不能只檢查各種費用總額計劃的完成情況。

（2）在按費用組成項目進行分析時，由於各種費用的明細項目很多，要對其中費用比重大的、與預算偏差大的、非生產性的存貨盤虧或損毀等費用項目進行重點分析，並從動態上觀察比較其變動情況和變動趨勢，以瞭解企業成本營業工作的改進情況。

（3）分析時要與經濟效益聯繫，注意具體費用項目的支出特點。不同的費用項目具有不同的經濟性質和經濟用途，其發生差異也有不同的原因，故分析時應採用不同的程序分別進行。不能按照比較結果簡單地將任何超過計劃的費用支出都看作是不合理的，並做出草率的評價。不能孤立地看費用是超支了還是節約了，而應結合其他有關情況，結合各項技術的實施效果來分析，結合各項費用支出的經濟效益進行評價。

（4）分析時，應注意費用預算（計劃）的合理性。除了將本年實際數與本年計劃數相比以檢查計劃完成情況外，為了從動態上觀察、比較各項費用的變動情況和變動趨勢，還應將本月實際數與上年同期實際數或歷史先進水準進行對比，以瞭解企業工作的改進情況，並將這一分析與推行經濟責任制相結合，與檢查各項費用營業制度的執行情況相結合，以推動企業改進經營管理，提高工作效率，降低各項費用支出。

為了深入地研究製造費用、管理費用、銷售費用和財務費用變動的原因，評價費用支出的合理性，尋求降低各種費用支出的途徑和方法，也可按費用的用途及影響費用變動的因素進行研究。

國家圖書館出版品預行編目（CIP）資料

成本會計實務 / 蘇黎, 劉莉莉　主編. -- 第一版.
-- 臺北市：崧博出版：崧燁文化發行, 2019.05
　　面；　公分
POD版

ISBN 978-957-735-823-3(平裝)

1.成本會計

495.71　　　　　　　　　　　　　　108006271

書　　名：成本會計實務
作　　者：蘇黎、劉莉莉 主編
發 行 人：黃振庭
出 版 者：崧博出版事業有限公司
發 行 者：崧燁文化事業有限公司
E - m a i l：sonbookservice@gmail.com
粉 絲 頁：　　　　網　址：
地　　址：台北市中正區重慶南路一段六十一號八樓 815 室
8F.-815, No.61, Sec. 1, Chongqing S. Rd., Zhongzheng
Dist., Taipei City 100, Taiwan (R.O.C.)
電　　話：(02)2370-3310　傳　真：(02) 2370-3210
總 經 銷：紅螞蟻圖書有限公司
地　　址：台北市內湖區舊宗路二段 121 巷 19 號
電　　話：02-2795-3656 傳真:02-2795-4100　　網址：
印　　刷：京峯彩色印刷有限公司（京峰數位）

　　本書版權為西南財經大學出版社所有授權崧博出版事業股份有限公司獨家發行電子
　　書及繁體書繁體字版。若有其他相關權利及授權需求請與本公司聯繫。

定　　價：380 元
發行日期：2019 年 05 月第一版
◎ 本書以 POD 印製發行